普通高校计算机类应用型本科
系列规划教材

数据库原理及应用

主编　梁宝华　张　冲

Database Principle and Application

中国科学技术大学出版社

内 容 简 介

本书系统全面地阐述了数据库系统的基础理论、基本技术及基本使用方法。分 4 个部分进行展开:第一部分为基础理论,包括绪论、关系数据库、关系数据库语言(SQL)、数据库的完整性及安全性 4 章;第二部分为应用开发,包括关系规范化理论、数据库设计过程、存储过程 3 章;第三部分为系统规划篇,包括备份和恢复、数据库并发 2 章;第四部分为扩展篇,包括数据库技术新进展 1 章。

本书可作为高等学校计算机类专业、信息管理与信息系统等相关专业数据库课程的教材,也可供从事数据库系统开发和应用的研究人员和工程技术人员参考。

图书在版编目(CIP)数据

数据库原理及应用/梁宝华,张冲主编. —合肥:中国科学技术大学出版社,2017.8
(2021.8 重印)

ISBN 978-7-312-04122-8

Ⅰ.数⋯　Ⅱ.①梁⋯ ②张⋯　Ⅲ.数据库系统—高等学校—教材　Ⅳ.TP311.13

中国版本图书馆 CIP 数据核字(2017)第 089052 号

出版	中国科学技术大学出版社
	安徽省合肥市金寨路 96 号,230026
	http://press.ustc.edu.cn
	https://zgkxjsdxcbs.tmall.com
印刷	安徽国文彩印有限公司
发行	中国科学技术大学出版社
经销	全国新华书店
开本	787 mm×1092 mm　1/16
印张	16.75
字数	429 千
版次	2017 年 8 月第 1 版
印次	2021 年 8 月第 2 次印刷
定价	40.00 元

编　委　会

主　编　梁宝华　张　冲

副主编　（以姓氏拼音为序）

　　　　　卜华龙　刘　拥　徐秋月

　　　　　许芳芳

编　委　（以姓氏拼音为序）

　　　　　卜华龙　丁为民　金加卫

　　　　　梁宝华　刘　拥　徐秋月

　　　　　许芳芳　张　冲　郑尚志

前　言

数据库技术从诞生到现在,在不到半个世纪的时间里,形成了坚实的理论基础、成熟的商业产品和广泛的应用领域,吸引了越来越多的研究者加入。它的诞生和发展给计算机信息管理带来了一场巨大的革命。几十年来,国内外已经开发了成千上万个数据库。数据库已成为企业、部门乃至个人日常生活的基础设施。同时,随着应用的扩展与深入,数据库的数量和规模越来越大,数据库的研究领域也已经大大地被拓广和深化了。

目前,数据库技术已成为计算机领域中一个重要部分。关于数据库系统的课程已成为计算机科学技术、软件工程、信息管理系统、电子商务等专业的核心课程,也是许多 IT 技术相关专业的重要选修课程。

本书共分 10 章。第 1 章绪论,主要介绍数据库相关数据、数据库管理系统、三级模式等;第 2 章关系数据库,包括关系模型、关系完整性、关系代数等;第 3 章关系数据库语言 SQL,主要介绍 SQL Server 2008 数据库基础及 SQL 的基本操作,视图的建立、更新操作等;第 4 章数据库的完整性及安全性,介绍完整性约束及安全性控制,包括实体完整性约束、参照完整性约束、用户自定义约束、触发器及 SQL Server 2008 介绍等;第 5 章关系规范化理论,介绍规范化基本概念及方法等;第 6 章数据库设计过程,主要介绍数据库设计,包括数据库设计规律、数据库设计的基本方法与步骤等;第 7 章存储过程,主要介绍数据库编程的方法与步骤及如何调用存储过程等;第 8 章备份和恢复和第 9 章数据库并发,主要介绍备份与还原、数据库的并发控制理论及方法等;第 10 章数据库技术新进展,主要介绍数据库新技术及相关研究领域。

SQL Server 为一种大型数据库,是当前应用较广泛的数据库系统之一,因此本书选择 SQL Server 2008 数据库作为实例贯穿,希望读者在学习数据库基础理论的同时,能够了解一种数据库产品,掌握一种数据库环境的基本操作,并结合课程设计,能够进行数据库应用系统的开发。

本书由巢湖学院、铜陵学院、池州学院联合编写。第 1、2 章由巢湖学院徐秋月编写,第 3 章由铜陵学院张冲编写,第 4、5 章由池州学院许芳芳编写,第 6 章由巢湖学院梁宝华编写,第 7、8 章由巢湖学院卜华龙编写,第 9、10 章由巢湖学院刘拥编写,巢湖学院郑尚志、丁为民、金加卫参与本书课后习题及部分内容的编写。全书由巢湖学院梁宝华统稿。

在本书的编写过程中,所有参编者都力求紧跟数据库学科最新的技术水平和发展方向,引入新的技术和方法。但由于水平有限,书中疏漏之处在所难免,殷切希望同行专家和读者批评指正。

编　者

2017 年 7 月

目　录

第1章 绪 论

本章介绍数据管理技术的发展历程以及数据库的基本概念。在本章,读者需要了解数据管理技术的发展过程中,人工管理、文件管理以及数据库管理各阶段的不同特点;掌握概念模型、逻辑模型和物理模型之间的联系;了解并掌握数据模型的3个要素,理解数据层次模型、网状模型和关系模型的不同特点;学习并了解数据库系统的三级模式结构(外模式、模式、内模式)以及两种映射(外模式/模式映射、模式/内模式映射);了解数据库的组成和分类。

1.1 数据管理技术的发展历程

今天我们所处的信息时代,信息资源已成为社会的重要资源和财富。用来管理信息资源的信息系统的形式也越来越丰富。从小型单项事务处理系统到大型信息系统,从联机事务处理(On-Line Transaction Processing,OLTP)到联机分析处理(Online Analytical Processing,OLAP),从一般企业管理到计算辅助设计及制造(Computer Aided Design,CAD/Computer Aided Manufacturing,CAM)、计算机集成制造系统(Computer/Contemporary Integrated Manufacturing Systems,CIMS)、电子政务(Electronic Government,E-Government)、电子商务(Electronic Commerce,E-Commerce)、地理信息系统(Geographic Information System,GIS)等,这些都是信息资源和信息技术在社会各领域的具体应用,作为信息系统的核心和基础的数据库技术,是进行决策管理和科学研究的重要技术手段。

随着互联网技术的发展,广大用户更是可以直接访问并使用数据库,例如通过网络订购图书、火车票,通过网上银行转账、存款、取款及进行检索、管理账户等。可以说,数据库的规模、数据信息量的大小和使用频度已成为衡量一个社会信息化程度的重要标志之一。

1.1.1 数据管理技术的发展动力

数据、计算机硬件、相关技术和应用需求是推动数据管理发展的四大主要动力。

自 20 世纪 50 年代人工管理数据开始,数据管理的对象就已经产生了巨大的变化,呈现出以下 4 个主要特征:

① 数据本身呈现新的特点,表现在多维性、易变性和多态性上;

② 数据结构越来越复杂;

③ 数据量越来越巨大;

④ 数据源越来越分布化和自治化。

数据的这些变化特征对数据库的管理提出了新的要求。

现代计算机硬件技术发展非常迅速,呈现出磁盘和内存容量越来越大、成本越来越低、CPU 越来越快、新技术不断呈现等主要特征。现代处理器的乱序行(out‐of‐order execution)、多线索(multi‐threading)、多级缓存(multi‐level memory hierarchies)、多核技术(multi core)的实现都在很大程度上提高了处理器自身的计算能力,采用新技术(如微机电系统 MEMS)研制的存储设备使数据可以并行化存取。如何充分利用硬件技术的进步来改进数据管理,是人们面临的一个重大挑战。

数据管理相关技术也在不断地发展,呈现出多学科交叉融合的趋势,数据库技术与多学科技术的有机结合是当前数据管理技术发展的重要特征。例如,计算机网络技术、分布式计算技术、信息处理技术、实时处理技术、云计算技术的迅速发展使得实时存取分布在网络不同节点上的信息成为可能;另外,与面向对象程序设计技术、并行处理技术、人工智能技术、Web 技术等结合,建立和实现了一系列新的数据库,如面向对象数据库系统、并行数据库系统、演绎数据库系统、知识库系统、主动数据库系统、Web 数据库系统等。总的来说,数据管理领域在充分吸收并结合相关计算机技术的同时,还面临着一个又一个重大挑战,需要不断地进行创新性的研究和开发。

数据库应用领域正不断地发生着变化。首先是应用领域越来越广泛。数据库的应用更加多元化,出现了许多适合各应用领域的数据库技术,如数据仓库、工程数据库、统计数据库、科学数据库、空间数据库、地理数据库等。其次是用户要求共享更多更好的数据。随着 Internet 技术的发展以及通信设备的普及,人们越来越享受到共享带来的好处。电子商务、电子政务、Web 医院、Web 信息管理、Web 信息检索、远程教育等,越来越多的数据加入网络中来,共享的方式越来越便捷高效,通过共享得到的数据质量越来越得到访问者的认可。最后是服务对象更加广泛。数据库技术作为现代信息系统的基础和核心已在各行各业中被广泛应用,为推动企业数据管理作出了不可替代的贡献。但在世界进入全球化 3.0 后,新的数据管理技术将由服务于企业的管理而过渡到个人的管理需求上来。

因此可以说,数据将成为未来计算机技术的核心。随着数据、计算机硬件、相关技术和应用需求这四大因素的推动,我们需要一系列合适的数据管理技术来使用和管理这些海量的数据。

1.1.2 人工管理阶段

20 世纪 50 年代中期以前,计算机主要用于科学计算。当时硬件设备的状况是,没有磁盘等直接存取的存储设备,外存只有纸带、磁带、卡片。软件方面没有操作系统,没有管理数据的专门软件。数据处理的方式是批处理。

人工管理数据具有如下特点：

（1）数据不保存

当时计算机主要用于科学计算，在计算某一项任务时输入数据，任务结束时数据随同应用程序一起撤离，因此数据一般不需要长期保存。

（2）程序员管理数据

没有专门的软件对数据进行管理，每个应用程序都需要程序员自己设计、定义和管理数据。程序员不仅要编写应用程序，还要设计数据的逻辑结构、安排数据的物理存储，因此程序员负担很重。

（3）数据不共享

数据是面向程序的，一组数据只能对应一个程序。当多个应用程序涉及或使用某些相同的数据时，必须各自定义，无法互相利用、互相参照，因此应用程序之间有大量的数据冗余，相同数据之间也容易产生不一致性。

（4）数据不具有独立性

数据完全依赖于应用程序，缺乏独立性。如果数据的逻辑结构或物理结构发生变化，就必须对应用程序做出相应的修改。这样不仅导致软件的维护成本增加，也加重了程序员的负担。

在人工管理阶段，应用程序和数据之间的关系可以用图 1.1 表示。

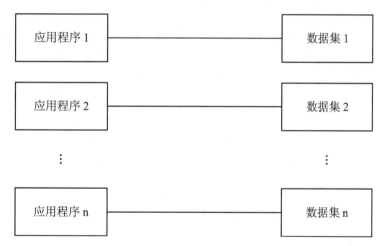

图 1.1　人工管理阶段应用程序与数据之间的一一对应关系

1.1.3　文件系统阶段

20 世纪 50 年代后期到 20 世纪 60 年代中期，硬件方面出现了磁鼓、磁盘等直接存储设备；软件方面，新的数据处理系统迅速发展起来，有了专门的数据管理软件，一般称为文件系统；数据处理方面，不仅有了批处理，而且能够联机实时处理。

文件系统是把计算机中的数据组织成相互独立的数据文件，系统可以按照文件的名称对其进行访问，对文件中的记录进行存取。文件系统管理数据主要有以下特点：

（1）数据可以长期保存

数据以文件形式可以长期保存在外存上，可以反复进行查询、更新等操作。

（2）数据共享性差，冗余度大

文件系统实现了记录内的结构化，即给出了记录内各种数据间的关系。但是，文件从整体来看却是无结构的。其数据面向特定的应用程序，即使不同的应用程序具有部分相同数据，也必须建立各自的文件，而不能共享相同的数据，因此冗余度大，浪费存储空间。同时相同数据重复存储、各自管理，容易造成数据的不一致性，也给数据的管理和维护带来麻烦。

（3）数据独立性不够

相对于人工管理阶段，数据不再和程序捆绑在一起，而是由文件系统来进行读写、存取操作。但文件系统中的文件是为某一特定应用程序服务的，文件的逻辑结构是针对具体的应用来设计和优化的。一旦数据的逻辑结构改变，应用程序中对文件结构的定义和数据的使用也要改变，因此数据仍然依赖于应用程序，缺乏独立性。

（4）未能反映现实事物间的联系

文件系统实现了记录内的结构化，但是文件之间仍然是孤立的，因此文件系统是一个不具有弹性的、无整体结构的数据集合，不能反映现实事物之间的内在联系。

1.1.4　数据库管理阶段

20 世纪 60 年代后期以来，计算机硬件的价格大幅度下降，可靠性增强，已经有了大容量磁盘。为数据管理技术的发展奠定了物质基础。而软件价格的上升，编制和维护系统软件及应用程序的成本相对增加，对数据统一处理提出了更迫切的需求。在处理方式上，联机实时处理要求更多，并开始提出和考虑分布式处理。与此同时，计算机被用于管理的规模日益增大，数据量急剧增加。

在这种背景下，文件系统已经不能满足应用的需求。为使多用户、多应用能共享数据，减少数据的冗余，同时要求程序和数据具有较高的独立性，以降低应用程序研制与维护的费用，需要以数据为中心组织数据库，这就出现了统一管理数据的专门软件系统——数据库管理系统。

从文件系统发展到数据库系统，标志着数据管理技术的飞跃。在文件系统阶段，程序设计占主导地位，人们在信息处理中关注的中心问题是系统功能的设计；而在数据库方式下，数据开始占据了中心位置，人们更关心数据的结构设计。

关于更详细的数据库技术在 1.4 节讨论。

1.2　数　据　模　型

模型是对现实世界中某个独享特征的模拟和抽象。我们对于具体的模型并不陌生，例如一张地图、一组建筑设计沙盘、一架精致的航模飞机等，这些都是生活中具体事物的模型。

数据模型(data model)也是一种模型,是对现实世界数据特征的抽象,用来描述数据、组织数据和对数据进行操作。通俗地讲,现实世界中具体的人、物、活动、概念用数据模型这个工具来抽象、表示和处理。由于计算机不能直接处理现实世界中具体事物,必须先把具体事物转换成计算机能够处理的数据,因此数据模型同样也是现实世界的模拟。

数据模型是数据系统的核心和基础。数据模型应该满足3个方面的要求:一是能比较真实地模拟现实世界;二是容易被人理解;三是便于在计算机上实现。目前,用一种数据模型能同时满足这三方面的要求还无法实现,因此,我们针对不同的使用对象和应用目的,把它们分成两大类:第一类为概念模型;第二类为逻辑模型和物理模型。它们属于两个不同的层次。

第一类概念模型(conceptual model)也称信息模型,按照用户的观点对数据和信息建模,用于数据库设计。从现实世界到概念模型的转换是由数据库设计人员完成的。

第二类中的逻辑模型(logic model)是从计算机的角度对数据建模的,根据数据结构组织的不同,分为层次数据模型、网状数据模型、关系数据模型、面向对象数据模型、对象关系数据模型、半结构化数据模型等。从概念模型到逻辑模型的转化,可以由数据库设计人员完成,也可以借助数据库设计工具的协助完成,例如统一建模语言(Unified Modeling Language,UML)。

第二类中的物理模型(physical model)是面向计算机系统的,描述系统内部或者外部存储设备上数据的存储方式和存取方法,它是对数据最底层的抽象。从逻辑模型到物理模型的转换,由数据库管理系统完成。数据库设计人员要了解和选择物理模型,最终用户不必考虑物理级的细节。

概念模型、逻辑模型、物理模型之间的联系可以用图1.2来表示。

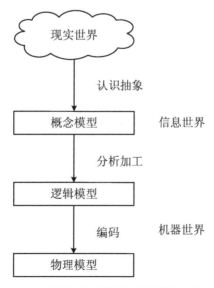

图1.2 概念模型、逻辑模型、物理模型之间的联系

1.2.1 概念模型

从图 1.2 可以看出,概念模型实际上是从现实世界到机器世界的一个中间层次。数据设计人员可通过概念模型对客观试题及其联系进行抽象描述,因此有较强的语义表达能力,同时也简单、清晰,易于被用户理解。下面介绍概念模型的基本要素。

1. 基本概念

(1) 实体(entity)

客观存在并可以相互区别的事物称为实体。要注意的是,在这里,实体的概念不仅是具体的人、事、物,也可以是抽象的概念或者联系。例如,具体的事物包括一所学校、一个学生、一门课程等,抽象的联系包括学生的一次选课、一次借书,教师与院系的工作关系等,都是实体。

(2) 实体集(entity set)

具有相同特征实体的集合,成为实体集。例如全体学生、全体教师等,都是实体集。

(3) 属性(attribute)

实体具有的某一特性称为属性。一个实体可以有很多特征,因此也就可以有很多属性。例如学生实体可以由学号、姓名、性别、出生年月、所在专业等属性组成。例如(201515001,李小平,男,19951012,计算机系)这些属性值组合起来即描述了一位学生的特征。

(4) 关键(key)字或码

能唯一标识实体的属性集称为码。例如,学号是学生实体的码,但姓名不是(因为学生可能重名,姓名不能唯一标识学生实体)。

(5) 实体型(entity type)

具有相同属性的实体必然具有共同的特征和性质。用实体名集及其属性名集合来抽象和描述同类实体,称之为实体集。例如,学生(学号,姓名,性别,出生年月,所在专业)就是一个实体型,用来描述学生这个实体的集合。

2. 3 种联系

在现实世界中,事物和事物之间存在联系,这些联系在概念模型中反映为实体集与实体集之间的联系,具体可以分为 3 种:

(1) 一对一联系

如果对于实体集 A 中的每一个实体,实体集 B 中至多只有一个(也可以没有)实体与之联系,反之亦然。我们则称实体集 A 与实体集 B 有一对一的联系,记为 1:1。

例如,一个学校只有一个正校长,而一个校长只能在一所学校任职(不考虑兼任多个学校的校长),则学校与校长之间是一对一联系。

(2) 一对多联系

如果对于实体集 A 中的每一个实体,实体集 B 中有 $n(n \geq 0)$ 个实体与之联系,反之,如果对于实体集 B 中的每一个实体,实体集 A 中至多有一个实体与之联系,我们则称实体集 A 与实体集 B 有一对多的联系,记为 1:n。

例如,一所学校可以有若干名职工,而一名职工只能在一所学校任职(不考虑兼职的情况),则学校与职工之间是一对多的联系。

（3）多对多联系

如果对于实体集 A 中的每一个实体,实体集 B 中有 n(n≥0)个实体与之联系,反之,如果对于实体集 B 中的每一个实体,实体集 A 中有 m(m≥0)个实体与之联系,我们则称实体集 A 与实体集 B 有多对多的联系,记为 m：n。

例如,在学校的课程选课过程中,一个学生可以选修多门课程,而一门课程可以被多个学生选修,则课程与学生之间是多对多联系。

注意：我们可以看到,一对一联系可以看成是一对多联系的特例,而一对多联系又可以看成是多对多联系的特例。

此外,在同一个实体集内部,实体和实体之间也可以有以上 3 种联系。不妨把以上三个定义中的实体集 A 和实体集 B 看成是相同的集合,即 A＝B,结果就是实体集内部的联系。关于这方面的例子,在后面的内容中会详细介绍。

3. 实体-联系方法(entity‐relationship approach)

概念模型是对信息世界的建模,在了解了以上基本概念以及实体联系之后,我们介绍一种建模的方法。该方法就是 P. P. S. Chen 于 1976 年提出的实体-联系方法,也称 E‐R 方法。该方法用 E‐R 图来描述现实世界的概念模型,也称为 E‐R 模型。

如何认识和分析现实世界,以及如何从中抽取实体和实体间的联系,建立概念模型,如何画出 E‐R 图,将在第 6 章中作详细介绍。

1.2.2 数据模型的组成要素及分类

数据模型是在数据世界中对概念模型的数据描述。因为在计算机世界中,人们要经常考虑数据的存储、数据的操作、操作的效率与性能以及数据可靠性等因素,因此,目前通常在定义数据模型的时候,通常要从 3 个方面来考虑:数据结构、数据操作和完整性约束。也称之为数据模型的三要素。

1. 数据结构

数据结构是指数据的逻辑组织结构,而不是指具体的在计算机磁盘上的存储结构,它是对系统静态特性的描述,也是其他两个要素的基础,是数据模型中最基础、最重要的部分。

2. 数据操作

数据操作定义了数据库所有合法操作的规则。通常数据库的操作主要有:查询和更新(插入、删除和修改)两大类操作。因此,数据操作是对数据库动态特性的描述。

3. 完整性约束

为了提高数据库的正确性和相容性,人们有必要对数据的改变或数据库的状态进行一定的规则限制。这些数据的约束条件和变化规则成为数据库的完整性约束。例如,人的年龄一般为整数,且不可能是负数,由于误操作输入了错误的数字或者字符,该数据就变得毫无意义。因此我们定义年龄时将其限定为正的整数,就避免了此类错误的发生。

1.2.3　常用的数据模型

由于数据结构是数据库中最核心的要素,数据模型的类别也是根据数据结构的不同来划分的。目前,数据库领域最常用的数据模型有以下几种:

① 层次模型;

② 网状模型;

③ 关系模型;

④ 面向对象数据模型;

⑤ 对象关系数据模型;

⑥ 半结构化数据模型。

其中层次模型和网状模型被称为格式化模型。格式化模型数据库系统在20世纪70年代至80年代占主导地位,但由于在使用和实现上都要涉及数据库物理层的复杂结构,现在已经逐渐被关系模型的数据库系统所取代。早期开发的应用系统都是基于层次数据库或网状数据库的,因此在美国和欧洲一些国家,目前这类数据库仍有一些被继续使用。

20世纪80年代以来,面向对象的方法和技术在计算机的各个领域得到广泛应用,例如程序设计语言、软件工程、计算机硬件设计等方面,这也促进了面向对象数据库的研究和发展。一些数据库厂商为了支持面向对象模型,对关系模型进行扩展,产生了对象关系数据模型。

随着互联网的迅速发展,网络世界产生了大量的各种半结构化、非结构化的数据,产生了以XML为代表的半结构化数据模型和非结构化数据模型。

与此同时,大数据已成为当下的研究热点。大数据的主要特征在于数据体量巨大、类型繁多、价值密度低以及处理速度快,大数据的出现将改变数据处理对算法和模型的依赖,弱化因果关系,将更有效地处理和利用大量的半结构化和非结构化的数据,因此大数据的发展对信息科学的影响不容小觑。

本节将介绍前3种模型,其中关系模型是重点。数据以及数据库系统的一些新的发展趋势将在本书后面的章节做介绍。

1.2.3.1　层次模型

层次模型是数据库系统中最早出现的数据模型。1968年IBM公司推出的第一个大型商用数据库管理系统IMS(Information Management System)就是层次型数据库系统的典型代表,曾经在20世纪70年代得到广泛应用,现在已基本退出历史舞台。

它采用层次结构作为数据的组织方式。现实生活中,人们也常用层次结构来表达实体间的关系,例如行政机构、家族关系等。

1. 层次结构的数据结构

我们定义满足以下两个条件的基本层次联系的集合为层次模型:① 有且只有一个结点的双亲结点,这个结点称为根结点;② 根结点以外的其他结点有且只有一个双亲结点。

在层次模型中,同一个双亲的子女结点称为兄弟结点(twin或sibling),没有子女结点的称为叶子结点。每个结点表示一个记录类型,记录结点之间的联系用连线(有向边)

表示,这种联系是父子之间的一对多联系,这就使得层次数据库一般只能处理一对多的实体联系。图 1.3 给出了一个层次模型的例子。从图上可以看出,层次模型像一棵倒立的树。

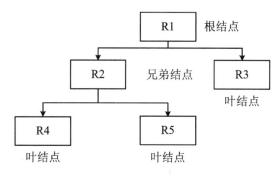

图 1.3　层次模型

2. 层次模型的优缺点

层次模型有一些优点。因为数据结构比较简单清晰,一般通过指针来实现,因此查询效率高,性能上优于关系数据库,不低于网状数据库。

但层次模型也有一些缺点。一是很难表示多对多联系,虽然可以采用其他办法来实现,但都很笨拙。此外,由于数据间的联系简单,结构严密,层次命令趋于程序化,相应的应用程序就比较复杂,难以维护。

由于该模型已基本退出历史舞台,关于层次模型的数据操作及完整性约束就不再赘述。

1.2.3.2　网状模型

现实世界中,很多实体间的关系是非层次型的,用网状数据模型来表示可以克服层次模型的弊端。

20 世纪 70 年代美国数据系统语言研究会(Conference on Data System Language, CODASYL)下属的数据库任务组(Data Base Task Group,DBTG)提出的网状数据库模型以及数据定义和数据操纵语言的规范说明,推出了第一个正式 DBTG 报告,成为数据库历史上具有里程碑意义的文献。20 世纪 70 年代的 DMBS 产品大部分都是网状模型,当然,现在也基本退出历史舞台。

1. 网状模型的数据结构

网状模型要满足的两个条件:

① 允许一个以上结点无双亲结点;

② 一个结点可以有多于一个双亲结点。

与层次结构相同的是,网状模型中每个结点同样表示一个记录类型(实体),每个记录类型可以包含多个字段(属性),结点间的连线表示记录类型间的联系。

从定义不难知道,层次模型中子女结点与双亲结点的联系是唯一的,而网状模型中这种联系可以不唯一。因此要为每个联系命名。如图 1.4(a)所示,R3 与两个双亲结点记录 R1 和 R2 之间的联系,分别命名为 L1 和 L2。图 1.4(b)也是网状模型的例子。

下面我们以学生选课为例,说明网状模型是如何实现实体间的多对多联系的。

按照一般规则,一个学生可以选修多门课程,一门课程也可以被多个学生选修,学生和课程都是记录类型,因此学生与课程之间是多对多联系。在这里,需要引进一个选课的连接记录,它由 3 个数据项组成:学号、课程号和成绩。这样,数据库就有 3 个记录:学生、课程和选课。

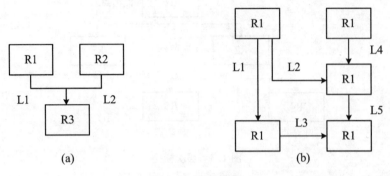

图 1.4　网状模型

一个学生可以对应多个选课记录,选课记录中的一个值,只能与某个具体的学生记录值对应,因此学生和选课之间是一对多的联系。同样道理,一个课程可以对应多个选课记录,但选课记录中的一个值,也只能与某个具体的课程记录值对应,课程和选课之间也是一对多的联系。这样,学生和课程之间的多对多联系被表示成了两个一对多联系,看起来像一张网,如图 1.5 所示。

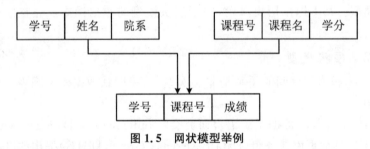

图 1.5　网状模型举例

2. 网状模型的优缺点

网状模型和层次模型都能很好地描述现实世界中实体间的多种联系。网状模型的存取和查询效率较高,不用遍历所有的记录即可快速地找到相应的记录,因此具有较好的性能。

同时网状模型的缺点也很明显,就是结构比较复杂。联系越多结构就越复杂,给用户的使用和应用程序的编写都带来了负担。

1.2.3.3　关系模型

关系模型是最重要的一种数据模型。关系模型及系统的出现是一个由理论到实践的过程。1970 年美国 IBM 公司 San Jose 研究室的数学家 E. F. Codd 首次提出了关系模型的数学理论,为数据库技术奠定了理论基础。由于他在这方面的杰出贡献,他于 1981 年获得 ACM 图灵奖。

20 世纪 80 年代以来,数据库厂商推出的数据库管理系统几乎都支持关系模型,非关系模型系统的产品也大都加上了关系接口,关系数据库越来越流行,占据了绝大部分市场。尽管后来又出现了更高级的数据库系统，如面向对象的数据库系统，但目前关系数据库仍是主流。本书的重点也放在介绍关系数据库上，关系模型的具体内容将在第 2 章作详细介绍。

1.3 数据库系统结构

我们可以从不同的角度考察数据库系统的结构。从数据库最终用户角度看，数据库系统结构分为单用户结构、主从式结构、分布式结构、客户-服务器结构、浏览器-服务器结构等，这是数据库外部的体系结构。从数据库应用开发人员角度看，数据库通常采用三级模式结构，就是外模式、模式和内模式。这是数据库系统内部的系统结构。

本章主要介绍数据库系统的模式结构。

1.3.1 三级模式结构

数据库系统的三级模式结构是指数据库系统由外模式、模式和内模式三级模式构成，如图 1.6 所示。

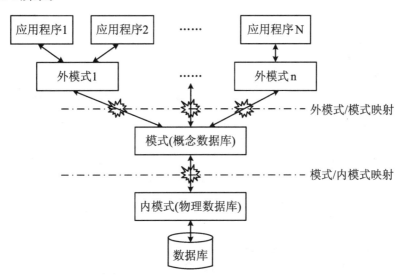

图 1.6 数据库系统的三级模式结构

1. 模式(schema)

模式也称概念模式或逻辑模式，它是数据库中全部数据的逻辑结构的描述。它既不涉及用户和应用程序，也不涉及数据的物理存储结构。模式是数据库系统中最重要的部分。

模式实际上是数据库在逻辑上的视图。一个数据库只有一个模式。数据库模式以某一种数据模型为基础，综合考虑了所有用户的需求，并将这些需求有机地结合成一个逻辑整体。在定义模式时，不仅要定义数据的逻辑结构，而且要定义数据之间的关系，定义与数据有关的安全性、完整性要求。

数据库管理系统提供模式数据定义语言(Data Definition Language,DDL)来严格定义模式。

2. 外模式(external schema)

外模式也称子模式(subschema)或用户模式,是数据库用户能看到或使用的部分数据的逻辑描述。

外模式通常是模式的一个子集,一个数据库可以有多个外模式。由于它是各个用户的数据视图,如果不同用户在对数据的应用需求、保密要求等方面存在差异,则其外模式的描述就是不同的。因此一个数据库可以有一个或一个以上外模式。外模式是保证数据安全的一个重要手段,它可以限制用户访问数据的范围。

数据库管理系统提供外模式数据定义语言(外模式 DDL)来严格定义外模式。

3. 内模式(internal schema)

内模式也称存储模式,是数据库在物理存储方面的描述。它定义所有的内部记录的类型、索引和文件的组织方式等。由于它描述的是数据的实际物理存储,因此一个数据库只有一个内模式。

1.3.2 数据库系统的二级独立性

以上介绍的数据库的三级模式,实际上是对同一个数据库的 3 种不同层面的描述。为了能够实现以上 3 个模式的联系和转换,数据库管理系统提供了两种映射:外模式/模式映射、模式/内模式映射。

1. 外模式/模式映射

外模式/模式映射用来定义外模式到模式的对应关系。由于模式描述的是全局逻辑结构,外模式描述的是模式的子集,一个模式可以对应多个外模式,对于每个外模式,数据库管理系统都有一个外模式/模式映射,这些映射一般放在外模式的定义中。

当模式发生改变时,例如增加新的关系或者属性,由数据库管理员对外模式/模式影像作出改变,而外模式可以保持不变。应用程序是依据外模式编写的,因此,不需要修改应用程序,从而保证了程序和数据的逻辑独立性,我们称之为数据的逻辑独立性。

2. 模式/内模式映射

模式/内模式映射用来定义模式与内模式之间的转换。由于模式和内模式都是唯一的,所以模式/内模式映射也是唯一的,通常包含在模式描述中。当数据库的存储结构发生改变时,有数据库管理员对模式/内模式映射作相应的改变,而模式可以保持不变,应用程序也可以保持不变,保证了数据与程序的物理独立性,我们称之为数据的物理独立性。

数据库的这种三级模式与二级映射的结构最大的优点是:保持了数据与程序的相互独立性(包括逻辑独立性和物理独立性)。一方面,这种相互独立的特性使数据的定义和描述可以从应用程序中分离出去;另一方面,数据的存储由数据库管理系统管理,简化了应用程序的编制,从而大大降低了应用程序维护的成本。

1.4　数据库系统(DBS)

1.4.1　数据库系统的组成

数据库系统一般由数据库、数据库管理系统(及其应用开发工具)、应用程序和数据库管理员构成,如图1.7所示。

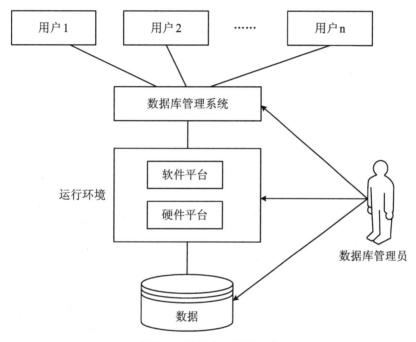

图1.7　数据库系统的组成

1. 数据库

数据库是关于组织的全部数据的集合,包括两部分:一是对数据结构的所有描述,存储于数据字典中;二是数据本身,它是数据库的主体。

2. 运行环境

数据库系统的运行环境由硬件平台和软件平台构成。

(1) 硬件平台

数据库系统的数据量比较大,加上数据库管理系统功能丰富,使得其自身规模也很大,对硬件资源提出了较高的要求。这些要求包括:

① 要有足够大的内存存储软件及缓冲数据;

② 要有较大的直接存储设备,如硬盘,最好使用磁盘阵列以提高存取速度;

③ 要求系统有较高的传送数据的通道能力。

13

（2）软件平台

数据库系统的软件主要包括：

① 计算机操作系统；

② 具有与数据库接口的高级语言及其编译系统，可以开发应用程序；

③ 其他的一些应用开发工具。

3. 数据库管理系统（DBMS）

数据库管理系统是数据库系统的核心部分。一般具有以下功能：

（1）数据库的定义

数据库管理系统提供了数据定义语言，对数据库的三级模式以及二级映射进行定义，并且定义数据库的完整性约束、保密限制等。这些定义都存储在"数据字典"中。

（2）数据的操作

数据库管理系统提供数据操作语言，对数据库进行查询、插入、修改、删除等操作。

（3）数据库的运行和管理

数据库管理系统对数据库运行和管理提供支持，一般由以下 4 个子系统来实现：

① 数据库的完整性控制：保证数据库中的数据始终处于正确状态，防止对数据的错误操作。

② 数据库的并发控制：在多用户环境下，负责对数据的同时操作提供并发控制、防止造成数据错误或者死锁，以保证数据库的正常运行。

③ 数据库的恢复：在系统出现故障、数据库被破坏或者数据出现错误的状态时，能够把数据恢复到先前的某一正确状态。

④ 数据的安全控制：对没有权限的用户操作、无意或者恶意的错误操作以及对数据库入侵进行限制，以免数据被泄露、更改或者破坏。

（4）数据库的建立与维护

数据库管理系统负责对数据库进行初始建立、数据的转换、数据库的转储与恢复、对数据库系统的性能进行检测与分析，以及在必要时对数据库进行重组等。

（5）数据库管理系统的其他功能

数据库管理系统还负责网络通信功能、不同数据库管理系统之间的互访与互操作功能。

4. 数据库管理员

一个完整的数据库系统，需要有数据库管理员去维护。数据库管理员的工作对于保障数据库的正常运行以及提高数据库性能非常重要。他主要负责：

（1）参与数据库的设计与建立

数据库管理员在数据库分析设计阶段要参与进来，与系统分析员、用户等共同合作，做好数据库的设计与实施工作。

（2）定义与管理数据库的安全性要求和完整性要求

数据库管理员负责确定和管理用户对数据库的访问权限、数据的保密性级别、完整性约束条件。

（3）数据库的转储与恢复

数据库管理员应定期对数据库的数据、日志文件等进行备份或者转储，并在必要时把数据库恢复到以前的某一正确状态。这也是数据库管理员经常性的、繁重的且最重要的工作。

（4）监控数据库系统的运行

数据库管理员的另一重要职责就是监视数据库系统的运行情况，及时处理运行过程中出现的问题。对数据库系统的访问速度、存储空间利用率、访问流量等指标进行记录、统计和分析。

（5）数据库的重组、改进与重构

数据库管理员在对数据库各种指标进行记录、统计、分析的基础上，根据需要以及经验对数据库的存储方式进行改进，以使数据库的性能达到最优。在数据库的运行中，大量的数据不断地插入、删除、修改，数据的组织结构会受到严重影响，数据库管理员需要对数据库进行重组，以改善系统性能。当用户的需求发生改变时，数据库管理员还要对数据库进行较大的改造，包括修改部分设计等，即数据库的重构。

5. 数据库用户

这里的用户指终端用户（end user）。终端用户包括使用应用程序的各种计算机操作人员，比如：银行的柜员、企业的行政管理人员、超市的售货员等，特别是 Internet 流行以后，终端用户的范围更广。终端用户通过应用程序的用户接口使用数据库，常见的接口方式有：浏览器、菜单驱动、表格操作、图形显示等。

1.4.2 数据库系统的分类

数据库系统的分类有不同的方式，常见的方式有：

1. 按照数据库管理系统的种类划分

前面的章节已经作了介绍，常见的可分为：层次数据库系统、网状数据库系统、关系数据库系统以及面向对象数据库系统等。

2. 按照数据库系统全局结构来划分

按照这种划分方式可以分为：集中式、客户机/服务器式、并行式和分布式。

（1）集中式

集中式数据库系统运行在单个的计算机系统中，与其他的计算机系统没有联系，这种数据库系统被称为集中式数据库系统。

（2）客户机/服务器式

当数据系统的数据库及数据库管理系统放在服务器端，但处理功能分别放在服务器端和客户端，一般会依照增加可靠性和减少网络通信量的原则，具体分配其处理功能。这种数据库系统称为客户机/服务器数据库系统。

（3）并行式

并行系统采用多个 CPU 与多个磁盘并行操作，它们的存储量可高达 T（1000 G）级，CPU 可达数千个。对于数据量很大或者性能要求很高的数据库系统来说，并行系统是理想的选择。

（4）分布式

分布式数据库系统是利用计算机网络连接起来的多个数据库系统的集合，每个站点有独自的数据库系统。分布式数据库系统的数据不是存储在同一个地点,但具有逻辑整体性,因此对于用户来说,它看起来仍像一个整体。

3. 按照数据库系统的应用领域来划分

常见的数据库系统有很多,比如:商用的数据库系统、多媒体数据库系统、工程数据库系统、专家系统、地理信息系统等,在此不作详细介绍。

1.4.3　数据库技术的发展

经过三十多年的发展,数据库技术已经得到了极大的完善,尤其是关系型数据库管理系统。随着数据库技术不断向新的应用领域的渗透,新技术的不断涌现,数据库技术将在以下几个方面得到很大的发展:

1. 对象-关系数据库(Object‐Related Database,ORDB)

关系数据库几乎是当前数据库系统的标准,关系语言与常规语言一起几乎可以完成任意的数据库操作,但其较弱的建模能力、有限的数据类型、程序设计中数据结构的制约等却成为关系型数据库发挥作用的瓶颈。面向对象方法起源于程序设计语言,它本身就是以现实世界的实体对象为基本元素来描述复杂的客观世界的,但功能不如数据库灵活。因此将面向对象的建模能力和关系数据库的功能进行有机结合是未来数据库技术的一个发展方向。

2. 数据仓库(Data Warehouse,DW)与数据挖掘(Data Mining,DM)

数据仓库技术是从数据库技术发展而来的,是面向主题的、稳定的、综合的、随时间变化的数据集合。创建数据仓库的主要目标是使各种各样的数据源数据能让那些急需的人——执行官、经理、分析家易于访问并且帮助他们作出符合发展规律的决策。随着商业竞争愈来愈激烈,我们相信,数据仓库、数据发掘技术的应用会越来越普遍,其产品会更加成熟。

3. 实时数据库(Real Time Database,RTDB)技术

实时数据库管理系统是数据库系统发展的一个分支,它适用于处理不断更新的、快速变化的数据以及具有时间限制的事务处理。实时数据库技术是实时系统和数据库技术相结合的产物,利用数据库技术来解决实时系统中的数据管理问题,同时利用实时技术为实时数据库提供时间驱动调度和资源分配算法。我们相信它必将对传统数据库系统的发展产生巨大的推动作用,从而推动数据库技术在现代信息社会中得到更广泛的应用。

4. Web数据库(Web Database,Web‐DB)

基于Web的数据库应用系统,是将数据库和Web技术结合,通过浏览器访问数据库并可实现动态的信息服务系统。利用扩展技术和一些相应的软件将数据库和Web结合起来,在Web上提供用户访问和修改数据库的接口,用户就能通过浏览器在任何地方访问这些数据库。

当今社会对数据库技术有着广泛的应用需求,这必将对数据库技术起到巨大的推动作用。另外,数据库技术与新出现的各种技术相互结合、相互渗透,也必将数据库技术推广到更广泛的应用领域。

本章小结

　　本章介绍了：数据管理技术的发展经历了人工管理阶段、文件系统阶段、数据库管理阶段以及各自的特点；数据模型的概念及其组成三要素，3 种常见的数据模型及其特点；数据库系统的外模式、模式及内模式三级模式；本级模式间组成外模式／模式、模式／内模式等二级映射体系结构，构成了数据库系统的逻辑独立性、物理独立性；数据系统的组成、分类以及发展趋势。

习　题

　　1. 试述数据库、数据库系统、数据库管理系统这几个概念。
　　2. 试述数据管理技术的 3 个阶段及其特点。
　　3. 什么是数据模型及其三要素？
　　4. 实体集之间的联系分哪几种？试举例说明。
　　5. 试述层次模型、网状模型、关系模型这几个概念。
　　6. 试述数据库系统的三级模式与二级映射的结构，其优点是什么？
　　7. 在数据库中数据的逻辑独立性和物理独立性分别代表什么含义？
　　8. 试述数据库系统的组成。
　　9. 数据库管理员的职责是什么？
　　10. 数据库技术的未来发展趋势如何？

第2章 关系数据库

本章介绍关系数据库,主要包括3个部分:关系模型的数据结构、关系的完整性、关系代数及其演算。在本章中,读者需要熟练掌握关系数据结构中的一些基本概念和定义;学习并理解关系数据库的3类完整性约束,即实体完整性、参照完整性和用户定义完整性的含义;学习并掌握关系数据库操作语言,并能通过实例完成不同的关系数据库操作演练。

数据库模型依赖于数据的存储模式,即数据存储的模式不同,数据库的性质亦不同。以关系模型作为数据的组织存储方式的数据库称为关系数据库。

关系数据库采用二维表的方式来组织数据,并运用数学的方法来处理数据库中的数据,是建立在严密的数学基础之上的一种数据组织存储方式。关系数据库理论是 IBM 公司的 E. F. Codd 提出来的,1970 年他在美国计算机学会会刊上发表了题为《A Relational Model of Data for Shared Data Base》的论文,开创了数据库系统的新纪元。此后他连续发表了多篇论文,奠定了关系数据库的理论基础。

从 1975 年到 1979 年,关系方法的理论和软件系统的研制取得了很大成功,IBM 公司的 San Jose 实验室在 IBM 370 系列机上研制成功了一个实现 SQL 语言的关系数据库实验系统原型 System R。1981 年 IBM 公司又宣布具有 System R 全部特征的新的数据库软件产品 SQL/DS 问世。之后,IBM 公司又将 SQL 语言引入到 DB2(IBM Data Base 2)中,配置在 MVS 上运行,并于 1983 年推出了 DB2 产品。

20 世纪 70 年代末期,美国加州大学伯克利分校也研制了 Ingres 关系数据库实验系统,并由 Ingres 公司发展成为 Ingres 数据库产品。

四十多年来,关系数据库系统的研究和开发取得了辉煌的成就。关系数据库系统从实验室走向了社会,成为当今最重要、应用最广泛的数据库系统,大大促进了数据库应用领域的扩大和深入。

本章将重点介绍关系模型的数据结构、关系的完整性、关系代数及其演算等内容。

2.1 关系数据结构

关系数据库系统是支持关系模型的数据库系统。按照数据模型的 3 个要素,关系模型是由关系数据结构、关系完整性约束和关系操作集合 3 个部分组成的。下面将对这 3 个部分内容分别进行介绍。

2.1.1 基本结构

关系数据模型的数据结构非常简单,只包含单一的数据结构——关系。

在用户看来,关系模型中数据的逻辑结构是一张扁平的二维表,数据结构简单,容易被用户理解,能够表达丰富的语义,描述出现实世界的实体以及实体之间的各种联系。也就是说,在关系模型中,现实世界的实体以及实体间的各种联系均用单一的结构类型即关系进行表示。

关系模型有 3 个要素:即关系数据结构、关系操作集合和关系完整性约束。前面已经非形式化地介绍了关系模型以及有关的基本概念。关系模型是建立在集合代数的基础之上的,这里从集合论角度给出关系数据结构的形式化定义。

1. 域(domain)

定义 2.1 域是一组具有相同数据类型的值的集合。

例如:自然数、整数、实数、$\{0,1\}$、$\{男,女\}$、人的年龄取值在 $0 \sim 130$ 岁之间等,这些都可以是域。

2. 笛卡儿积(Cartesian product)

定义 2.2 笛卡儿积是域上面的一种集合运算。

给定一组域 $D_1, D_2, \cdots, D_n$,这些域中可以有相同的域。$D_1, D_2, \cdots, D_n$ 的笛卡儿积为

$$D_1 \times D_2 \times \cdots \times D_n = \{(d_1, d_2, \cdots, d_n) \mid d_i \in D_i, i = 1, 2, \cdots, n\}$$

其中每一个元素 $(d_1, d_2, \cdots, d_n)$ 叫作一个 n 元组(n - tuple)或简称元组(tuple)。元组中的每个值 d_i 叫作一个分量(component)。

若 $D_i(i = 1, 2, \cdots, n)$ 为有限集,其基数(cardinal number)为 $m_i(i = 1, 2, \cdots, n)$,则 $D_1 \times D_2 \times \cdots \times D_n$ 的基数 M 为

$$M = \prod_{i=1}^{n} m_i$$

笛卡儿积可表示为一个二维表。表中的每一行对应一个元组,表中的每一列的值来自一个域。例如,给出 3 个域:

$D_1 =$ 导师集合 SUPERVISOR(张清枚,刘逸)

$D_2 =$ 专业集合 SPECIALITY(计算机专业,信息专业)

$D_3 =$ 研究生集合 POSTGRADUATE(李勇,刘晨,王敏)

则 D_1、D_2、D_3 笛卡儿积如表 2.1 所示。

表 2.1 D_1、D_2、D_3 笛卡儿积

SUPERVISOR	SPECIALITY	POSTGRADUATE
张清枚	计算机专业	李勇
张清枚	计算机专业	刘晨
张清枚	计算机专业	王敏
张清枚	信息专业	李勇
张清枚	信息专业	刘晨
张清枚	信息专业	王敏
刘逸	计算机专业	李勇
刘逸	计算机专业	刘晨
刘逸	计算机专业	王敏
刘逸	信息专业	李勇
刘逸	信息专业	刘晨
刘逸	信息专业	王敏

注：本书中出现的用于举例和数据分析的姓名均为虚构。

该笛卡儿积的基数为：$2 \times 2 \times 3 = 12$，也就是 $D_1 \times D_2 \times D_3$ 一共有 12 个元组。

3. 关系(relation)

定义 2.3 $D_1 \times D_2 \times \cdots \times D_n$ 的子集叫作在域 $D_1, D_2, \cdots, D_n$ 上的关系，表示为

$$R(D_1, D_2, \cdots, D_n)$$

式中，R 表示关系的名字，n 表示关系的目或度。关系是笛卡儿积的有限子集，所以关系也是一张二维表，表的每一行对应一个元组，每一列对应一个域。由于域可以相同，为了加以区分，必须给每一列起一个名字，称为属性，n 目关系有 n 个属性。

候选码 若关系中某一属性组的值能唯一地标识一个元组，则这个属性组为候选码(candidate key)。

主码 若一个关系中有多个候选码，则选定其中的一个为主码(primary key)。

主属性 包含在任一候选码中的属性称为主属性(prime attribute)，不包含在任何候选码中的属性称为非主属性(non‐prime attribute)或非码属性(non‐key attribute)。

在最简单的情况下，候选码只包含一个属性；在最极端的情况下，候选码包含全部属性，这种情况称为全码(all‐key)。

4. 关系的性质

关系的性质如下：

① 列是同质的(homogeneous)，即每一列的分量的类型是相同的，来自同一个域；

② 不同的列可出自相同的域，但每一列都是一个属性；

③ 列的顺序无所谓；

④ 任意两个元组的候选码不能相同；

⑤ 行的顺序无所谓;

⑥ 分量必须取原子值,即每个分量必须是不可分割的最小数据项。

2.1.2 关系模式

在数据库中要区分型和值。关系数据库中,关系模式是型,关系是值。关系模式是对关系的描述,关系应描述两个方面内容:元组集合的结构(由哪些属性构成);关系通常由赋予它的元组语义来确定,元组语义实际上是一个 n 目谓词(n 是属性集中属性的个数)。凡是使 n 目谓词为真的笛卡儿积中的元素(或者说凡符合元组语义的那部分元素)的全体就构成了关系模式的关系。

定义 2.4 关系的描述称为关系模式(relation schema)。它可以形式化的表示为
$$R(U,D,DOM,F)$$
其中,R 为关系名;U 为组成关系的属性名集合;D 为属性组 U 中属性所来自的域;DOM 为属性向域的影响集合;F 为属性间数据的依赖关系集合。

一般来说关系模式可以简记为:$R(U)$。

关系是关系模式在某一时刻的状态或内容。关系模式是静态的、稳定的,而关系是动态的、随时间不断变化的,因为关系操作在不断地更新着数据库中的数据。有时在实际生活中将关系和关系模式笼统地称为关系。

2.2　关系的完整性

关系模型的完整性规则是对关系的某种约束条件。也就是说关系的值随着时间变化应该满足一些约束条件。这些约束条件实际上是现实世界的要求。任何关系在任何时刻都要满足这些语义约束。

关系模型中有 3 类完整性约束:实体完整性、参照完整性和用户定义完整性。其中实体完整性和参照完整性是关系模型必须满足的完整性约束条件,被称作是关系的两个不变性,应该由关系系统自动支持。用户定义完整性是应用领域需要遵循的约束条件,体现了具体领域的语义约束。

为更好地描述本节内容,此节将以学生-课程数据库为例进行操作。学生-课程数据库所涉及的 3 个表如表 2.2~表 2.4 所示。

表 2.2　Student(学生表)

Sno(学号)	Sname(姓名)	Ssex(性别)	Sage(年龄)	Sdept(所在系)
97001	李勇	男	20	CS
97002	刘晨	女	19	IS
97003	王敏	女	18	MA
97004	张立	男	19	IS

表 2.3　Course(课程表)

Cno(课程号)	Cname(课程名)	Cpno(先行课)	Ccredit(学分)
1	数据库	5	4
2	数学		2
3	信息系统	1	4
4	操作系统	6	3
5	数据结构	7	4
6	数据处理		2
7	C 语言	6	4

表 2.4　SC(选课表)

Sno(学号)	Cno(课程号)	Grade(成绩)
97001	1	92
97001	2	85
97001	3	88
97002	2	90
97002	3	80

2.2.1　实体完整性

规则 2.1　实体完整性规则:若属性(指一个或一组属性)A 是基本关系 R 的主属性,则 A 不能是空值。

所谓空值就是"不存在"或"不知道"的值,它并不是 0。

按照实体完整性规则的规定,基本关系的主码都不能取空值,如果主码由若干属性构成,则这些属性都不能有空值。主码唯一确定关系中的一个元组,如果主码不确定则元组就不能确定了。

如选课表 SC(Sno,Cno,Grade),Sno 和 Cno 都不能取空值。

对实体完整性规则说明如下:

① 实体完整性规则是针对基本关系(表)而言的;

② 现实世界中实体是可区分的,即它们具有某种唯一性标识;

③ 相应的关系模型中以主码作为唯一标识;

④ 主码中的属性即为主属性,不能取空值。

2.2.2　参照完整性

现实世界中的实体往往存在某种联系,在关系模型中实体及实体之间的联系都是用关系来描述的。这样自然存在着关系与关系间的引用。

【例 2.1】 学生、课程,学生与课程之间的多对多关系,可以用如下 3 个关系表示:

学生(<u>学号</u>,姓名,性别,专业号,年龄)

课程(<u>课程号</u>,课程名,学分)

选课(<u>学号</u>,<u>课程号</u>,成绩)

这 3 个关系之间就存在着属性的引用,选课关系中引用了学生关系中的"学号"和课程关系中的"课程号"。同时选课关系中的学号必须是学生表中已经存在的值,课程号必须是课程表中存在的值。换句话说,选课关系中的某些属性值需要参照学生关系和课程关系中的某些属性值。

为了介绍关系之间的参照完整性约束,我们先来看一个定义。

定义 2.5 设 F 是基本关系 R 的一个或一组属性,但不是 R 的主码。Ks 是基本关系 S 的主码,若 F 与 Ks 相对应,则称 F 为 R 的外码(foreign key),并称基本关系 R 为参照关系(referencing relation),S 为被参照关系(referenced relation)或目标关系(target relation)。关系 R 和关系 S 不一定是不同的关系。(F 和 Ks 必须定义在同一个域。)

【例 2.2】 有关系:学号,姓名,性别,专业号,年龄,班长,其中学号为主码,"班长"表示该学生所在班级的班长的学号,它引用了本关系"学号"属性,即"班长"必须是确实存在的学生的学号。

选修关系参照学生关系,同时参照课程关系:

学生关系 ←——— 选修关系 ———→ 课程关系

规则 2.2(参照完整性规则) 若属性(或属性组)F 是基本关系 R 的外码,它与基本关系 S 的主码 Ks 相对应(基本关系 R 和 S 不一定是不同的关系),则对于 R 中的每一个元组在 F 上的值必须为:

① 或者等于空值;

② 或者等于 S 中某个元组的主码值。

对于例 2.1 中提到的 3 个关系,选课关系就是参照关系,而学生关系和课程关系为被参照关系,选课关系中学号和课程号单独拿出来都不能作为其主码,但是这两个属性却是学生关系和课程关系的主码。所以学号和课号都可以称为选课关系的外码,它们的值要参照学生关系和课程关系。

2.2.3 用户自定义完整性

任何关系数据库都支持实体完整性和参照完整性,这是关系模型所要求的。除此之外,不同的关系数据库系统根据其应用环境的不同,往往还需要一些特殊的约束条件。用户定义完整性就是针对某一具体关系数据库的约束条件。它反映某一具体应用所涉及的数据必须满足的语义要求。例如选课的成绩属性值必须在 0～100 之间,学生关系的姓名不能为空值等。

在关系数据库中,不满足约束条件的操作都将被拒绝执行,并提示相应的错误信息。

2.3 关 系 代 数

关系模型由关系数据结构、关系完整性约束和关系操作三部分组成,前面我们已经介绍了关系数据结构和关系完整性,本节主要介绍关系操作。关系代数是一种抽象地查询语言,它用对关系的运算来表达运算。

任何一种运算都是将一定的运算符作用于一定的运算对象上,得到预期的运算结果。所以运算对象、运算符、运算结果是运算的三大要素。

关系运算的对象是关系,运算结果也是关系。关系运算包括的运算符包括 4 类:集合运算符、专门的关系运算符、比较算术符和逻辑运算符,如表 2.5 所示。

表 2.5　关系代数运算符

运算符		含义	运算符	含义
集合运算符	$\cup$	并	比较运算符	$>$	大于
	$-$	差		$\geqslant$	大于等于
	$\cap$	交		$<$	小于
	$\times$	广义笛卡儿积		$\leqslant$	小于或等于
				$=$	等于
				$\neq$	不等于
专门的关系运算符	σ	选择	逻辑运算符	$\urcorner$	非
	π	投影		$\wedge$	与
	$\bowtie$	连接		$\vee$	或
	$\div$	除			

早期的关系操作能力通常用关系代数方式或逻辑方式来表示,分别称为关系代数(relational algebra)和关系演算(relational calculus)。关系代数是用对关系的运算来表达查询要求的。关系演算又可按谓词变元的基本对象是元组变量还是域变量分为元组关系演算和域关系演算。关系代数、元组关系演算、域关系演算 3 种语言在表达能力上是完全等价的。

另外还有一种位于关系代数和关系演算之间的结构化查询语言 SQL(Structured Query Language)。SQL 不但具有丰富的查询功能,而且具有数据定义和数据控制功能,是集数据查询、DDL、DML 和 DCL 于一体的关系数据语言。它充分体现了关系数据语言的特点和优点,是关系数据库的标准语言。

因此,关系数据语言可以分为 3 类:

$$关系数据语言 \begin{cases} 关系代数语言, 例如\ ISBL \\ 关系演算语言 \begin{cases} 元组关系演算语言, 例如\ APLHA、QUEL \\ 域关系演算语言, 例如\ QBE \end{cases} \\ 具有关系代数和关系演算双重特点的语言, 例如\ SQL \end{cases}$$

这些关系数据语言的共同特点是:语言具有完备的表达能力,是非过程化的集合操作语言,功能强,能够嵌入高级语言中使用。在本节我们主要讲解关系代数语言,关系演算语言大家可以找材料自学,SQL 语言将放在后面章节配合关系数据库管理系统 SQL Server 进行讲解。

2.3.1 基本的关系操作

关系模型中常用的关系操作包括查询(query)操作和插入(insert)、删除(delete)、修改操作两大部分。

关系的查询表达能力很强,是关系操作中最主要的部分。查询操作又可以分为选择(select)、投影(project)、连接(join)、除(divide)、并(union)、差(except)、交(intersection)、笛卡儿积等。其中,选择、投影、并、差、笛卡儿积是 5 种基本操作,其他的操作都可以由这 5 种基本操作来定义和导出。

关系操作的特定时集合操作方式,即操作的对象和结果都是集合。这种操作方式也称为一次一集合(set-at-a-time)的方式。非关系数据模型的数据操作方式是一次一记录(record-at-a-time)方式。

2.3.2 传统的集合运算

传统的集合运算是二目运算,包括并、交、差、笛卡儿积 4 种运算。设关系 R 和关系 S 具有相同的目 n(即两个关系都有 n 个属性),且相应的属性取自相同的域,t 是元组变量,t∈R,表示 t 是 R 的一个元组。可以定义并、交、差、笛卡儿积运算如下:

(1) 并(union)

关系 R 与关系 S 的并记作:$R \cup S = \{t | t \in R \lor t \in S\}$。其结果仍为 n 目关系,由属于 R 或者属于 S 的元组组成。

(2) 差(except)

关系 R 与关系 S 的差记作:$R - S = \{t | t \in R \land t \notin S\}$。其结果仍为 n 目关系,由属于 R 而不属于 S 的元组组成。

(3) 交(intersection)

关系 R 与关系 S 的交记作:$R \cap S = \{t | t \in R \land t \in S\}$。其结果仍为 n 目关系,由既属于 R 又属于 S 的元组组成。

(4) 笛卡儿积(Cartesian product)

这里的笛卡儿积是广义的笛卡儿积,两个分别为 n 目和 m 目的关系 R 和关系 S 的笛卡儿积是一个(n+m)列的元组集合。若 R 有 k_1 个元组,S 有 k_2 个元组,则关系 R 和关系 S 的笛卡儿积有 $k_1 \times k_2$ 个元组。记作:$R \times S = \{t_R t_S | t_R \in R \land t_S \in S\}$。

图 2.1(a)、(b)分别为具有 3 个属性列的关系 R、S。

图 2.1(c)为关系 R 与 S 的并。

图 2.1(d)为关系 R 与 S 的差。

图 2.1(e)为关系 R 与 S 的交。

图 2.1(f)为关系 R 与 S 的笛卡儿积。

R

A	B	C
a_1	b_1	c_1
a_1	b_2	c_2
a_2	b_2	c_1

(a)

S

A	B	C
a_1	b_2	c_2
a_1	b_3	c_2
a_2	b_2	c_1

(b)

R∪S

A	B	C
a_1	b_1	c_1
a_1	b_2	c_2
a_2	b_2	c_1
a_1	b_3	c_2

(c)

R−S

A	B	C
a_1	b_1	c_1

(d)

R∩S

A	B	C
a_1	b_2	c_2
a_2	b_2	c_1

(e)

R×S

A	B	C	A	B	C
a_1	b_1	c_1	a_1	b_2	c_2
a_1	b_1	c_1	a_1	b_3	c_2
a_1	b_1	c_1	a_2	b_2	c_1
a_1	b_2	c_2	a_1	b_2	c_2
a_1	b_2	c_2	a_1	b_3	c_2
a_1	b_2	c_2	a_2	b_2	c_1
a_2	b_2	c_1	a_1	b_2	c_2
a_2	b_2	c_1	a_1	b_3	c_2
a_2	b_2	c_1	a_2	b_2	c_1

(f)

图 2.1 传统集合运算举例

2.3.3 专门的关系运算

专门的关系运算包括选择、投影、连接、除运算等。为了叙述上的方便,先引入几个记号。

· 设关系模式为 $R(A_1, A_2, \cdots, A_n)$,它的一个关系设为 R。$t \in R$ 表示 t 是 R 的一个元组。$t[A_i]$ 则表示元组 t 中属性 A_i 上的一个分量。

· 若 $A = \{A_{i1}, A_{i2}, \cdots, A_{in}\}$,其中 A_{i1}, A_{i2}, A_{ik} 是 $A_1, A_2, \cdots, A_n$ 中的一部分,则 A 称为属性列或属性组。$t[A] = (t[A_{i1}], t[A_{i2}], \cdots, t[A_{ik}])$ 表示元组 t 在属性列 A 上诸分量

的集合。$\overline{A}$ 则表示 $\{A_1, A_2, A_3, \cdots, A_n\}$ 中去掉 $\{A_{i1}, A_{i2}, \cdots, A_{in}\}$ 后剩余的属性组。

· R 为 n 目关系,S 为 m 目关系。$t_r \in R, t_s \in S, \widehat{t_r t_s}$ 称为元组的连接(concatenation)或元组的串接。它是一个 n+m 列的元组,前 n 个分量为 R 中的一个 n 元组,后 m 个分量为 S 中的一个 m 元组。

· 给定一个关系 R(X,Z),X 和 Z 为属性组,当 $t[X]=x$ 时,x 在 R 中的象集(images set)定义为:$Z_x = \{t[Z] \mid t \in R, t[X]=x\}$ 它表示 R 中属性组 X 上值为 x 的诸元组在 Z 上分量的集合。

· 例如,图 2.2 的关系 R 中,x_1 在 R 中的象集 $Z_{x_1} = \{Z_1, Z_2, Z_3\}$;$x_2$ 在 R 中的象集 $Z_{x_2} = \{Z_2, Z_3\}$;x_3 在 R 中的象集 $Z_{x_3} = \{Z_1, Z_3\}$。

关系 R

x_1	Z_1
x_1	Z_2
x_1	Z_3
x_2	Z_2
x_2	Z_3
x_3	Z_1
x_3	Z_3

图 2.2 象集举例

为了配合专门关系运算符的讲解,我们在这里仍以前面讲解的学生-课程数据库为例进行操作。

2.3.3.1 选择

选择又称为限制(restriction)。它是在关系 R 中选择满足条件的诸元组,记作

$$\sigma_F(R) = \{t \mid t \in R \wedge F(t) = '真'\}$$

其中,σ 为选取运算符,$\sigma_F(R)$,表示从 R 中选择满足条件的元组,F 是一个逻辑表达式(XθY,θ 为关系运算符)。

选择运算实际上是从关系 R 中选取使逻辑表达式 F 为真的元组。这是从行的角度进行的运算。

【例 2.3】 查询信息系(IS)的全体学生。

$\sigma_{Sdept = 'IS'}(Student)$ 或 $\sigma_5 = 'IS'(Student)$,其中,角标 5 表示 Sdept 的列号。

【例 2.4】 查询年龄小于 20 岁的学生。

$\sigma_{Sage < 20}(Student)$ 或 $\sigma_4 < 20(Student)$。

2.3.3.2 投影

关系 R 上的投影是从 R 中选择出若干属性列组成新的关系。记作

$$\pi A(R) = \{t[A] \mid t \in R\}$$

其中,A 为 R 的属性列。投影操作是从列的角度进行的。

【例 2.5】 查询学生的姓名和所在的系,即求 Student 关系上的学生姓名和所在系两个属性上的投影。

$$\pi_{Sname,Sdept}(\text{Student}) \quad \text{或} \quad \pi_{2,5}(\text{Student})$$

投影之后不仅取消了原关系中的某些列,而且还可能取消了某些元组,因为取消了某些属性列后,就可能出现重复行,应取消这些完全重复的行。

【例 2.6】 查询学生关系 Student 中都有哪些系,即查询关系 Student 上所在系属性上的投影,$\pi_{Sdept}(\text{Student})$。

2.3.3.3 连接

连接也称为 θ 连接。它是从两个关系的笛卡儿积中选取属性间满足一定条件的元组。记作

$$R\underset{A\theta B}{\bowtie}S = \{ \, t_R t_S \mid t_R \in R \wedge t_S \in S \wedge t_R[A]\theta t_S[B] \, \}$$

其中,A 和 B 分别是 R 和 S 上度数相等且可比的属性组。θ 是比较运算符。连接运算从 R 和 S 的笛卡儿积 R×S 中选取 R 关系在 A 属性组上的值与 S 关系在 B 属性组上值满足比较关系 θ 的元组。

连接运算中有两个重要的也是最常用的连接:等值连接(equijoin)和自然连接(natural join)。

(1) 等值连接

如果 θ 为"="的连接运算称为等值连接。

它是从关系 R 与 S 的广义笛卡儿积中选取 A、B 属性值相等的那些元组,即等值连接为

$$R\underset{A=B}{\bowtie}S = \{ \, t_R t_S \mid t_R \in R \wedge t_S \in S \wedge t_R[A] = t_S[B] \, \}$$

(2) 自然连接

自然连接是一种特殊的等值连接。它要求两个关系中进行比较的分量必须是相同的属性组,并且在结果中把重复的属性列去掉。即若 R 和 S 具有相同的属性组 B,则自然连接可记作

$$R\bowtie S = \{ \, t_R t_S \mid t_R \in R \wedge t_S \in S \wedge t_R[B] = t_S[B] \, \}$$

一般自然连接操作是从行的角度进行运算。但自然连接还需要取消重复列,所以是同时从行和列两个角度进行运算。

【例 2.7】 设如图 2.3(a)和(b)分别表示两个关系 R 和 S,(c)为一般连接 $R\underset{E}{\bowtie}S$ 的结果,(d)为等值连接的结果,(e)为自然连接的结果。

两个关系 R 和 S 在进行自然连接时,选择两个关系在公共属性上值相等的元组构成新的关系。同时有些 R 或者 S 中的元组被舍弃。

如果把舍弃的元组也保存在结果关系中,而在其他属性上填空值(NULL),那么这种连接就叫做外连接(outer join)。如果只把左边关系 R 中要舍弃的元组保留就叫做左外连接(left outer join),如果只把右边的关系 S 中要舍弃的元组保留就叫做右外连接(right outer join)。R 和 S 的外连接如图 2.4 所示。

2.3.3.4 除运算

给定关系 R(X,Y)和 S(Y,Z),其中 X、Y、Z 为属性组。R 中的 Y 与 S 中的 Y 可以有

S

A	R.B	C	S.B	E
a_1	b_1	5	b_2	7
a_1	b_1	5	b_3	10
a_1	b_2	6	b_2	7
a_1	b_2	6	b_3	10
a_2	b_3	8	b_3	10

R		
A	B	C
a_1	b_1	5
a_1	b_2	6
a_2	b_3	8
a_2	b_4	12

B	E
b_1	3
b_2	7
b_3	10
b_3	2
b_5	2

(a) 关系R　　　(b) 关系S　　　(c) 一般连接

A	R.B	C	S.B	E
a_1	b_1	5	b_1	3
a_1	b_2	6	b_2	7
a_2	b_3	8	b_3	10
a_2	b_4	12	b_3	2

A	B	C	E
a_1	b_1	5	3
a_1	b_2	6	7
a_2	b_3	8	10
a_2	b_3	8	2

(d) 等值连接　　　　　　　(e) 自然连接

图 2.3　连接运算举例

A	B	C	E
a_1	b_1	5	3
a_1	b_2	6	7
a_2	b_3	8	10
a_2	b_3	8	2
a_2	b_4	12	NULL
NULL	b_5	NULL	2

A	B	C	E
a_1	b_1	5	3
a_1	b_2	6	7
a_2	b_3	8	10
a_2	b_3	8	2
a_2	b_4	12	NULL

A	B	C	E
a_1	b_1	5	3
a_1	b_2	6	7
a_2	b_3	8	10
a_2	b_3	8	2
NULL	b_5	NULL	2

(a) 外连接　　　　(b) 左外连接　　　　(c) 右外连接

图 2.4　外连接关系图

不同的属性名,但必须出自相同的域集。

R 和 S 的除运算得到一个全新的关系 $P(X)$,P 是 R 中满足下列关系的元组在 X 属性上的投影:元组在 X 上的分量值 x 的象集 Y_x 包含 S 在 Y 上投影的集合,记作

$$R \div S = \{t_R[X] \mid t_R \in R \land \pi_Y(S) \subseteq Y_x\}$$

其中,Y_x 为 x 在 R 中的象集,$x = t_R[X]$。除操作同时从行和列的角度进行。

【例 2.8】 设关系 R、S 分别是图 2.5 的(a)、(b),$R \div S$ 的结果为图(c)。

解 R 与 S 有共同的属性组{B,C},为方便计算,设 $X = \{A\}$,$Y = \{B,C\}$,所以 $Y_{a_1} = \{(b_1,c_2),(b_2,c_3),(b_2,c_1)\}$;$Y_{a_2} = \{(b_3,c_7),(b_2,c_3),(b_2,c_5)\}$;$Y_{a_3} = \{(b_4,c_6)\}$;$Y_{a_4} = \{(b_6,c_6)\}$。$\pi_Y(S) = \{(b_1,c_2),(b_2,c_1),(b_2,c_3)\}$。

因为 $\pi_Y(S) \subseteq Y_{a_1}$,所以 $R \div S = \{a_1\}$。

下面再以学生-课程数据库为例,给出几个综合应用多种关系代数运算进行查询的例子。

R		
A	B	C
a_1	b_1	c_2
a_2	b_3	c_7
a_3	b_4	c_6
a_1	b_2	c_3
a_4	b_6	c_6
a_2	b_2	c_3
a_2	b_2	c_5
a_1	b_2	c_1

(a)

S		
B	C	D
b_1	c_2	d_1
b_2	c_1	d_1
b_2	c_3	d_2

(b)

R÷S
A
a_1

(c)

图 2.5　R 与 S 数据图

【例 2.9】　查询至少选修 1 号课程和 3 号课程的学生的学号。

首先建立一个临时关系 K：

K
Cno
1
3

97001 象集为 $\{1,2,3\}$，97002 的象集为 $\{2,3\}$，只有 97001 包含 $\{1,3\}$，然后求：
$\pi_{\text{Sno,Cno}}(\text{SC}) \div \text{K}$，结果为 $\{97001\}$。

【例 2.10】　查询选修了 2 号课程的学生的学号。

$$\pi_{\text{Sno}}(\sigma_{\text{Cno}='2'}(\text{SC})) = \{97001, 97002\}$$

【例 2.11】　查询至少选修了一门其选修课为 5 号课程的学生姓名。

说明：① 先求出选修课为 5 号的记录；

② 再看该记录中课程号字段，看 SC 中谁选修了这门课程（学号）；用自然连接；

③ 在 S 中看其姓名，用自然连接。

$$\pi_{\text{Sname}}(\sigma_{\text{Cpno}='5'}(\text{Course} \bowtie)\quad S \bowtie C\quad \pi_{\text{Sno,Sname}}(\text{Student}))$$

或

$$\pi_{\text{Sname}}(\pi_{\text{Sno}}(\sigma_{\text{Cpno}='5'}(\text{Course} \bowtie)\quad S \bowtie C)\quad \pi_{\text{Sno,Sname}}(\text{Student}))$$

【例 2.12】　查询选修了全部课程的学生号码和姓名。

说明：① 先对 SC 关系在 Sno 和 Cno 属性上投影；

② SC 关系上，Sno 属性值在 Cno 上的象集，即为每一人所选的课程集合；

③ 一次检查象集中是否包含 π_{Sno}(Course)。

$$\pi_{\text{Sno,Cno}}(\text{SC}) \div \pi_{\text{Sno}}(\text{Course} \bowtie)\quad \pi_{\text{Sno,Sname}}(\text{Student})$$

本节介绍了 8 种关系代数运算，其中并、差、笛卡儿积、选择和投影 5 种运算为基本运算。其他 3 种运算，即交、连接和除，均可以用这 5 种基本运算来表达。引进它们并不增加语言的能力,而且可以简化表达式。

本章小结

关系数据库是目前使用最广泛的数据库系统,也是本书的重点。数据库发展史上,最重要的成就之一就是关系模型。关系模型由关系数据结构、关系完整性约束和关系操作3个部分组成。本章详细介绍了这3个部分内容。

关系数据结构非常简单,只有"表"这一种数据结构,在此基础上我们还介绍了一些基本概念。关系的完整性约束包括3类完整性:实体完整性、参照完整性和用户定义完整性。关系操作中,我们介绍了关系代数的几种基本运算操作,讨论了关系演算及关系系统的查询优化和实例。

习　题

1. 试述关系模型的3个组成部分。
2. 定义并理解以下术语,然后说明它们之间的区别和联系。
① 域、笛卡儿积、关系、元组、属性;
② 主码、候选码、外码;
③ 关系模式、关系、关系数据库。
3. 试述关系的完整性规则。
4. 连接、等值连接和自然连接有什么关系?
5. 设有关系 R 和 S,如图 2.6 所示。计算:$R \cup S$,$R - S$,$R \cap S$,$R \times S$,$\pi_{3,2}(S)$,$\sigma_{B < '5'}(R)$,$R \underset{2 < 2}{\bowtie} S$,$R \bowtie S$。

R

A	B	C
3	6	7
2	5	7
7	2	3
4	4	3

S

A	B	C
3	4	5
7	2	3

图 2.6　关系 R 和 S

6. 设有关系 R 和 S,如图 2.7 所示,计算:$R \bowtie S$,$R \underset{B < C}{\bowtie} S$,$\sigma_{A=C}(R \times S)$,$S \bowtie R$。

R

A	B
a	b
c	b
d	e

S

B	C
b	c
e	a
b	d

图 2.7　关系 R 和 S

第3章 关系数据库语言(SQL)

学习目标

> SQL 主要描述了数据库的标准结构化查询语言,本章主要要求了解 SQL 的发展历程、特点和优势;掌握表、数据库的建立;重点掌握 SQL 的各类操作,如单表查询、多表查询、插入、删除、修改等;了解视图的作用;掌握视图的创建过程;掌握视图更新数据的方法及视图更新的限制;掌握各类聚集函数的使用等。

3.1 SQL 概 述

SQL 是一种数据库专用的计算机语言,SQL 虽然称为"结构化查询语言",但其功能不仅仅局限于数据查询。对于关系数据库来说,SQL 早已成为一种通用的、功能强大的数据管理语言。几乎所有的主流关系数据库产品都支持 SQL 语言,不管是 Oracle、MS SQL、Access、MySQL 或其他公司的数据库,也不管数据库建立在大型主机或个人计算机上,都可以使用 SQL 语言来访问和修改数据库的内容。因为 SQL 语言具有易学习及阅读等特性,所以 SQL 逐渐被各种数据库厂商采用,而成为一种共通的标准查询语言。此外,许多厂商还在 SQL 的基础上进行了不同程度的扩展。

本节首先概述 SQL 语言的发展历程及其特点、SQL 语言的组成及各部分的功能。然后详细讲解如何使用 SQL 进行数据定义、数据查询和数据更新,同时讨论 SQL 中有关视图的操作。

自 SQL 成为国际标准语言以后,各个数据库厂家纷纷推出各自的 SQL 软件或与 SQL 接口的软件。这就使大多数数据库均用 SQL 作为共同的数据存取语言和标准接口,使不同数据库系统之间的互操作有了共同的基础。SQL 已成为数据库领域中的主流语言,这个意义十分重大。有人把确立 SQL 为关系数据库语言标准及其后的发展称为一场革命。

3.1.1 SQL 的产生与发展

SQL 是在 1974 年由 IBM 公司的 D. D. Chamberlin 和 R. F. Boyce 博士以 E. F. Codd

的理论为基础开发的"Sequel",并重命名为"结构化查询语言",并在 IBM 公司研制的关系数据库管理系统原型 System R 上实现。1979 年 ORACLE 公司首先提供商业版结构化查询语言,IBM 公司在 DB2 和 SQL/DS 数据库系统中也实现了结构化查询语言,1980 年将其改名为 SQL。由于 SQL 简单易学,功能丰富,深受用户及计算机工业界欢迎,因此被数据库厂商所采用。经各公司的不断修改、扩充和完善,SQL 得到业界的认可。1986 年 10 月美国国家标准局(American National Standard Institute,ANSI)的数据库委员会 X3H2 批准 SQL 作为关系数据库语言的美国标准。同年公布了 SQL 标准文本(SQL-86)。1987 年国际标准化组织(Internation Organization for Standardization,ISO)也通过了这一标准。1989 年,美国 ANSI 采纳在 ANSI X3.135-1989 报告中定义的关系数据库管理系统的 SQL 标准语言,称为 ANSI SQL 89,该标准替代 ANSI X3.135-1986 版本。目前,所有主要的关系数据库管理系统都支持某些形式的 SQL,大部分数据库打算遵守 ANSI SQL89 标准,但目前还没有一个数据库系统能够支持 SQL 标准的所有概念和特性。

SQL 标准从 1986 年公布以来随着数据库技术的发展不断发展、不断丰富。表 3.1 是 SQL 标准的进展过程。

表 3.1 SQL 标准的发展历程

发布日期	标　　准	大致页数	备　　注
1986 年	SQL/86		ANSI 和 ISO 的第一个标准
1989 年	SQL/89(FIPS 1271)	120 页	增加了引用完整性
1992 年	SQL/92	622 页	被数据库管理系统(DBMS)生产商广泛接受
1999 年	SQL99(SQL 3)	1700 页	
2003 年	SQL2003	3600 页	包含了 XML 相关内容,自动生成列值
2008 年	SQL2008	3777 页	定义了 SQL 与 XML(包含 XQuery)的关联应用

3.1.2　SQL 的特点

SQL 之所以能够为用户和业界所接受并成为国际标准,是因为它是一个综合的、功能极强同时又简洁易学的语言。主要特点包括:

1. 综合统一

数据库系统的主要功能是通过数据库支持的数据语言来实现的。SQL 集数据定义语言 DDL、数据操纵 DML、数据控制语言 DCL 的功能于一体,语言风格统一,可以独立完成数据库生命周期中的全部活动,包括:① 定义关系模式,插入数据,建立数据库;② 对数据库中的数据进行查询和更新;③ 数据库重构和维护;④ 数据库安全性、完整性控制等一系列操作要求。

这就为数据库应用系统的开发提供了良好的环境。特别是用户在数据库系统投入运行后,还可根据需要随时地修改模式,并不影响数据库的运行,从而使系统具有良好的可扩展性。

另外,在关系模型中实体和实体之间的联系用关系表示,这种数据结构的单一性带来了数据操作符的统一性,查找、插入、删除、更新等每一种操作都只需一种操作符,从而克服了非关系系统由于信息表示方式的多样性带来的操作复杂性。

2. 高度非过程化

非关系数据模型的数据操纵语言是"面向过程"的语言,用"过程化"语言完成某项请求,必须指定存取路径。而用 SQL 进行数据操作,只要提出"做什么",而无须指明"怎么做",因此无须了解存取路径。存取路径的选择以及 SQL 的操作过程由系统自动完成。这不但大大减轻了用户负担,而且有利于提高数据的独立性。

3. 面向集合的操作方式

非关系数据模型采用的是面向记录的操作方式,操作对象是一条记录。而 SQL 采用集合操作方式,不仅操作对象、查找结果可以是元组的集合,而且一次插入、删除、更新操作的对象也可以是元组的集合。

4. 以同一种语法结构提供多种使用方式

SQL 既是独立的语言,又是嵌入式语言。作为独立的语言,它能够独立地用于联机交互的使用方式,用户可以在终端键盘上直接键入 SQL 命令对数据库进行操作;作为嵌入式语言,SQL 语句能够嵌入到高级语言程序中,供程序员设计程序时使用。而在两种不同的使用方式下,SQL 的语法结构基本上是一致的。这种以统一的语法结构提供多种不同使用方式的做法,为开发者提供了极大的灵活性与方便性。

5. 语言简洁,易学易用

SQL 功能极强,但由于设计巧妙,语言十分简洁,完成核心功能只有 9 个动词,如表3.2 所示。SQL 接近英语口语,因此易学易用。

表 3.2　SQL 语言的命令动词

SQL 功能	动　　　词
数据定义	CREATE,DROP,ALTER
数据查询	SELECT
数据操纵	INSERT,UPDATE,DELETE
数据控制	GRANT,REVOKE

3.1.3　SQL 对三级模式的支持

支持 SQL 的关系数据库管理系统同样支持关系数据库三级模式结构,如图 3.1 所示。其中外模式对应于视图(view)和部分基本表(base table),模式对应于基本表,内模式对应于存储文件(stored file)。

用户可以用 SQL 对基本表和视图进行查询或其他操作,基本表和视图一样,都是关系。

基本表是本身独立存在的表,在 SQL 中一个关系就对应一个基本表。一个(或多个)基本表对应一个存储文件,一个表可以带若干索引,索引也存放在存储文件中。

存储文件的逻辑结构组成了关系数据库的内模式。存储文件的物理结构是任意的,对用户是透明的。

SQL支持关系数据库三级模式结构

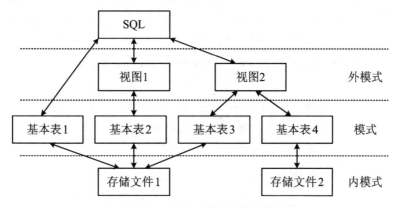

图 3.1　SQL 对关系数据库模式的支持

视图是由一个或几个基本表导出的表。它本身不独立存储在数据库中,即数据库中只存放视图的定义而不存放视图对应的数据。这些数据仍存放在导出视图的基本表中,因此视图是一个虚表。视图在概念不与基本表等同,用户可以在视图上再定义视图。

3.1.4　Microsoft　SQL Server 2008

3.1.4.1　Microsoft SQL Server 2008 简介

SQL Server 2008 是 Microsoft 新一代的数据库管理系统,是一个全面的数据库平台,使用集成的商业智能(Business Intelligence,BI)工具提供了企业级的数据管理。该系统在安全性、可用性、易管理性、可扩展性、商业智能等方面有了许多新的特性和关键性的改进,对企业的数据存储和应用需求提供了更强大的支持和便利。SQL Server 2008数据库引擎为关系型数据和结构化数据提供了更安全可靠的存储功能,使用户可以构建和管理用于业务的高可用和高性能的数据应用程序,并引入用于提高开发人员、架构师和管理员的能力和效率的新功能。

3.1.4.2　SQL Server 2008 数据库管理

SQL Server 数据库可分为系统数据库和用户数据库两种。其中系统数据库就是SQL Server 自己使用的数据库,存储有关数据库系统的信息;而用户数据库是由用户自己建立的数据库,存储用户使用的数据信息。系统数据库是在 SQL Server 安装好时就被建立的。

在 SQL Server 2008 中,所有类型的数据库管理操作都包括两种方法:一种方法是使用 SQL Server Management Studio 的对象资源管理器,以图形化的方式完成对于数据库的管理;另一种方法是使用 T‑SQL 语句或系统存储过程,以命令方式完成对于数据库的管理。关于数据管理部分我们将在下面章节中讲到。

1. 创建用户数据库

(1) 利用对象资源管理器创建用户数据库

在 SQL Server Management Studio 中,利用图形化的方法可以非常方便地创建数据库。

启动 SQL Server Management Studio,在对象资源管理器中,右击"数据库"选项,在弹出的快捷菜单中选择"新建数据库"命令,如图 3.2 所示,打开"新建数据库"窗口。

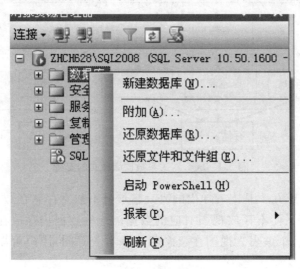

图 3.2 打开"新建数据库"

在图 3.3 中的"数据库名称"文本框中,输入数据库名称,如 test01。单击"确定"按钮即可创建一个默认的数据库。

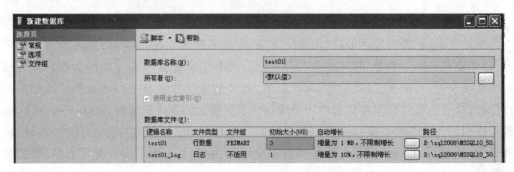

图 3.3 "新建数据库"窗口

(2) 利用 T-SQL 语句创建数据库

CREATE DATABASE 语句的基本格式:

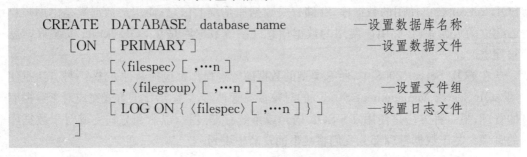

```
CREATE  DATABASE  database_name          —设置数据库名称
    [ON  [ PRIMARY ]                     —设置数据文件
        [ ⟨filespec⟩ [ ,…n ]
        [ , ⟨filegroup⟩ [ ,…n ] ] ]      —设置文件组
        [ LOG ON { ⟨filespec⟩ [ ,…n ] } ]  —设置日志文件
    ]
```

```
   〔 COLLATE collation_name 〕              —设置排序规则名称
   〔 WITH  〈external_access_option〉〕      —设置外部访问
   ][;]
```

【例 3.1】 创建数据库 student,并指定数据库的数据文件所在位置、初始容量、最大容量和文件增长量。

程序代码如下:

```
CREATE DATABASE student
ON  (
    NAME='student',
    FILENAME='F:\sqlprogram\student. mdf',
    SIZE=5MB,
    MAXSIZE=10MB,
    FILEGROWTH=5%   )
```

2. 修改数据库

在数据库创建之后,还可以使用 SQL Server Management Studio 和 T‑SQL 语句来查看和修改数据库的配置信息。

启动 SQL Server Management Studio,在对象资源管理器中,右击需要修改的数据库 test01,在快捷菜单中选择"属性"命令打开"数据库属性"窗口,如图 3.4、图 3.5 所示。在"数据库属性"窗口的"常规"选项卡中显示的是数据库的基本信息,这些信息不能修改。

图 3.4　打开属性窗口

图 3.5　数据库属性

单击"文件"选项卡,可以修改数据库的逻辑名称、初始大小、自动增长等属性,也可以根据需要添加数据文件和日志文件,还可以更改数据库的所有者。

3. 分离与附加用户数据库

在 SQL Server 中用户数据库可以从服务器的管理中分离出来,脱离服务器的管理,同时保持数据文件和日志文件的完整性和一致性,这样分离出来的数据库的日志文件和数据文件可以附加到其他 SQL Server 2008 服务器上构成完整的数据库,附加的数据库和分离时完全一致。

与分离对应的是附加数据库操作。附加数据库可以很方便地在 SQL Server 2008 服务器之间利用分离后的数据文件和日志文件组织成新的数据库。

在实际工作中,分离数据库作为对数据基本稳定的数据库的一种备份的办法来使用。

(1) 分离用户数据库

分离数据库是指将数据库从 SQL Server 服务器实例中删除,但是数据库的数据文件和事务日志文件在磁盘中依然存在。

分离用户数据库的步骤如下:

① 在 SQL Server Management Studio 中,右击需要分离的数据库,如 test01,从弹出的快捷菜单中依次选择"任务"/"分离",如图 3.6 所示。

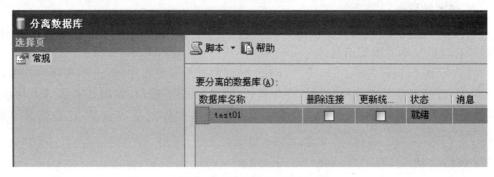

图 3.6 分离"数据库"窗口

② 在弹出的对话框中,单击"确定"按钮,即可完成操作。

(2) 附加用户数据库

在 SQL Server 中,用户可以在数据库实例上附加被分离的数据库。附加时,DBMS会启动数据库。通常情况下,附加数据库时会将数据库重置为分离或复制时的状态。附加用户数据库步骤如下:

① 右击"对象资源管理器"中"数据库",从弹出的快捷菜单中选择"附加"命令。

② 在弹出的"附加数据库"对话框中,单击"添加"按钮。在弹出的"数据库定位文件"界面中,选择要添加的数据库的主数据文件,如图 3.7 所示。数据库 test02 的主数据文件为 test02. mdf。

③ 单击"确定"按钮,返回"附加数据库"对话框。单击"确定"按钮,数据库 test02 就附加到当前的实例中了,如图 3.7 所示。

4. 数据库删除

在对象资源管理器中,展开树形目录,定位到要删除的数据库,右击该数据库,再选择"删除"命令,如图 3.8 所示,删除数据库 student。

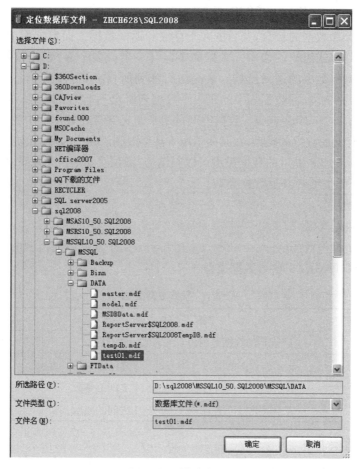

图 3.7　附加数据库

图 3.8　删除数据库

3.1.4.3 SQL Server 2008 数据表管理

数据库是保存数据的集合,其目的在于存储和返回数据。而数据库中的所有数据都存放在按行与列格式组织的表中。数据库中包含一个或多个表,表是数据的集合,是用来存储数据和操作数据的逻辑结构。表是由行和列所构成,行被称为记录,是组织数据的单位;列被称为字段,在数据表中的每一个数据列都会有特定的属性,而这些属性中最重要的就是数据类型(data type)。数据类型是用来定义储存在数据列中的数据,其限制了一个列中可以存储的数据的类型,在某些情况下甚至限制该列中的可能值的取值范围。

SQL Server 2008 提供的数据类型可以归纳为:数值类型、字符类型、日期时间类型、二进制类型、货币类型和其他数据类型。

1. 数值类型

(1) 整数数据类型

整数数据类型包括:tinyint、smallint、int 和 bigint,用于存储不同范围的值,表 3.3 所示为 SQL Server 2008 提供的整数数据类型

表 3.3 整数数据类型

数据类型	描　　述	存储空间
tinyint	表示的数据范围为 0~255 之间的整数	1 字节
smallint	表示的数据范围为 -2^{15}~$2^{15}-1$ 之间的整数	2 字节
int	表示的数据范围为 -2^{31}~$2^{31}-1$ 之间的整数	4 字节
bigint	表示的数据范围为 -2^{63}~$2^{63}-1$ 之间的整数	8 字节

(2) 浮点数据类型

浮点型也称为近似值型。这种类型不能提供精确表示数据的精度,一般用来处理取值范围非常大且对精确度要求不太高的数据量,如一些统计量。表 3.4 所示为 SQL Server 2008 提供的浮点数据类型。

表 3.4 近似数值数据类型

数据类型	描　　述	存储空间
float[(n)]	表示的数据范围为 -1.79×10^{308}~1.79×10^{308}	n 为 1~24 时,4 字节 n 为 25~53 时,8 字节
real()	表示的数据范围为 -3.40×10^{38}~3.40×10^{38}	4 字节

(3) 精确数值数据类型

精确数值数据类型用于存储有小数点且小数点后位数确定的实数。SQL Server 2008 支持两种精确的数值数据类型,这两种数据类型在功能上完全等价。表 3.5 所示为 SQL Server 2008 提供的精确数值数据类型。

表 3.5 精确数值数据类型

数据类型	描　　述	存储空间
numeric(p,s)或 decimal(p,s)	表示的数据范围为 $-10^{38}+1$~$10^{38}-1$	最多 17 字节

其中，表 3.5 中 p 指定精度，即数值数据中所存储的十进制数据的总位数，s 指定小数位数，默认值为 0。

2. 字符数据类型

字符类型是用于存储字符型数据的。该数据类型可以使用 ASCII 编码或 Unicode 编码。ASCII 编码要求用 8 个二进制位来表示字母的范围。而 Unicode 标准使用 2 个字节来表示每个字符。在 Unicode 标准中，包括了以各种字符集定义的全部字符。表 3.6 所示为 SQL Server 2008 提供的字符数据类型。

表 3.6 字符数据类型

数据类型	描　述	存储空间
char(n)	n 在 1~8000 字符之间	n 字节
nchar(n)	n 在 1~4000 Unicode 字符之间	(2n 字节)＋2 字节额外开销
varchar(n)	n 为 1~8000 字符之间	每字符 1 字节＋2 字节额外开销
varchar(max)	最多为 $2^{31}-1$ 字符	每字符 1 字节＋2 字节额外开销
nvarchar(max)	最多为 $2^{30}-1$ Unicode 字符	2×字符数＋2 字节额外开销
text	最多为 $2^{31}-1$ 字符	每字符 1 字节
ntext	最多为 $2^{30}-1$ Unicode 字符	每字符 2 字节

3. 日期时间数据类型

日期时间数据类型用于存储日期和时间数据。SQL Server 2008 支持多种日期时间数据类型，如：datetime、smalldatetime、datetime2、datetimeoffset、date 和 time。表 3.7 所示为 SQL Server 2008 提供的字符数据类型。

表 3.7 日期/时间数据类型

数据类型	描　述	存储空间
date	表示时间范围为 9999 年 1 月 1 日~12 月 31 日	3 字节
datetime	表示时间范围为 1753 年 1 月 1 日~9999 年 12 月 31 日，精确到最近的 3.33 ms	8 字节
datetime2(n)	表示时间范围为 9999 年 1 月 1 日~12 月 31 日，0~7 之间的 n 指定秒的小数位数	6~8 字节
datetimeoffset(n)	表示时间范围为 9999 年 1 月 1 日~12 月 31 日，0~7 之间的 n 指定秒的小数位数，可＋/－时区偏移量	8~10 字节
smalldatetime	表示时间范围为 1900 年 1 月 1 日~2079 年 6 月 6 日，精确到 1 min	4 字节
time(n)	只存储时间数据，格式为 hh:mm:ss[.nnnnnnn]，0~7 之间的 n 指定秒的小数位数	3~5 字节

4. 二进制数据类型

二进制数据类型用于存储二进制数或字符串。与字符数据类型相似，在列中插入二进制数据时，用引号标识，或用 0x 开头的两个十六进制数构成一个字节。表 3.8 所示为

SQL Server 2008 提供的二进制数据类型。

表 3.8　二进制数据类型

数据类型	描　述	存储空间
binary(n)	n 为 1～8000 十六进制数字之间	n 字节
varbinary(n)	n 为 1～8000 十六进制数字之间	每字符 1 字节＋2 字节额外开销
varbinary(max)	最多为 $2^{31}-1$ 个字节	每字符 1 字节＋2 字节额外开销
image	最多为 $2^{31}-1$ 个字节	每字符 1 字节

5. 货币数据类型

SQL Server 2008 提供了两种货币数据类型：money 和 smallmoney。表 3.9 所示为 SQL Server 2008 提供的货币数据类型。

表 3.9　货币数据类型

数据类型	描　述	存储空间
money	表示的数据范围为 $-2^{63}\sim2^{63}-1$，其精度为 19，小数位数为 4	8 字节
smallmoney	表示的数据范围为 $-2^{31}\sim2^{31}-1$，其精度为 10，小数位数为 4	4 字节

6. 其他数据类型

除了以上 5 种基本数据类型，SQL Server 2008 还支持其他一些数据类型。表 3.10 所示为 SQL Server 2008 提供的其它数据类型。

表 3.10　其他数据类型

数据类型	描　述	存储空间
cursor	包含一个对光标的引用和可以只用作变量或存储过程参数	不适用
hierarchyid	包含一个对层次结构中位置的引用	1～892 字节＋2 字节的额外开销
sql_variant	可能包含任何系统数据类型的值，除了 text、ntext、image、timestamp、xml、varchar（max）、nvarchar（max）、varbinary（max）、sql_variant 以及用户定义的数据类型。最大尺寸为 8016 字节数据	8016 字节
table	用于存储进一步处理的数据集。定义类似于 Create Table。主要用于返回表值函数的结果集，它们也可用于存储过程和批处理	取决于表定义和存储的行数
timestamp or rowversion	对于每个表来说是唯一的、自动存储的值。通常用于版本戳，该值在插入和每次更新时自动改变	8 字节
uniqueidentifier	可以包含全局唯一标识符（Globally Unique Identifier，GUID）。guid 值可以从 Newid()函数获得。这个函数返回的值对所有计算机来说是唯一的。存储为 16 个字节的二进制值	16 字节
xml	可以以 Unicode 或非 Unicode 形式存储	最多 2 GB

（1）创建表结构

创建数据表的一般步骤如下：

① 启动 SQL Server Management Studio，在"对象资源管理器"中，展开要新建表的数据库 teaching。

② 右击"表"项，在快捷菜单里选择"新建表"项。

③ 在弹出的"表设计器"窗口中，依次输入列名、数据类型及允许空否等选项，如图 3.9 所示。

图 3.9 "表设计器"窗口

④ 依次类推，设置其他列的名称、数据类型、列长度和允许空等选项，并单击"保存"按钮。

⑤ 右击 studentno 列，在弹出的快捷菜单中选择"设置主键"命令，或者使用"设置主键"按钮来设置主键，设置主键为 studentno，如图 3.10 所示。

⑥ 设置完毕后，单击"保存"按钮。在弹出的对话框中输入表名 student 后，单击"确定"按钮，即完成了创建表的操作。

（2）表结构的修改

① 启动 SQL Server Management Studio 后，在对象资源管理器中展开其中的树形目录，找到要修改结构的数据表（图 3.11）。

② 若要修改数据表名，可右击数据表，在弹出的快捷菜单中选择"重命名"命令。

③ 若要对表中的列进行插入、删除等操作，则右击要修改的表，选择"设计"，如图 3.12 所示。

④ 若要修改列数据类型，"表设计器"窗口中，直接单击在"数据类型"项处修改。同样，可修改数据表的索引、约束。

图 3.10　设置主键

图 3.11　查看表的结构图

图 3.12　数据表的设计修改窗口

⑤ 若要修改数据表属性,在"表设计器"窗口中,单击"属性"按钮,在打开的对话框中进行修改。

（3）表的操作

若要对表中的数据进行插入、删除、修改等操作,则右击要修改的表,选择"选择前100行"。在弹出的数据输入界面(图 3.13)中,依次按照表结构的要求为每一列输入数据。每输入完一行,系统会自动进入下一行的输状态。在输入过程中,要针对不同的数据类型输入合法的数据。如果输入不合规则的数据,系统不接受,需要重新输入该行数据。或者选择需要修改的数据直接修改即可,如果修改的数据错误或不需要保存,则单

	teacherno	tname	major	prof	department
▶	t05001	韩晋升	软件工程	教授	计算机学院
	t05003	刘元朝	网络技术	教授	计算机学院
	t05011	海封	计算机设计	副教授	计算机学院
	t05017	卢明欣	软件测试	讲师	计算机学院
	t06011	胡海悦	机械制造	教授	机械学院
	t06023	姚思远	铸造工艺	副教授	机械学院
	t07019	马爱芬	经济管理	讲师	管理学院
	t08017	田有余	金融管理	副教授	管理学院
＊	NULL	NULL	NULL	NULL	NULL

图 3.13　数据表的输入窗口

击 ESC 键即可撤销。

当表中的某些记录不再需要时,要将其删除。在"对象资源管理器"中删除记录的方法是:在表数据窗口中定位需删除的记录行,单击该行最前面的黑色箭头处选择全行,右击鼠标,选择"删除"菜单项,如图 3.14 所示。

学号		姓名	性别	出生时间	专业	总学分	备注
►	执行 SQL(X)	王林	True	1990-02-10	计算机	50	NULL
	剪切(T)	程明	True	1991-02-01	计算机	50	NULL
	复制(Y)	王燕	False	1989-10-06	计算机	50	NULL
	粘贴(P)	韦严平	True	1990-08-26	计算机	50	NULL
		李方方	True	1990-11-20	计算机	50	NULL
×	删除(D)	李明	True	1990-05-01	计算机	54	提前修完《数…
	窗格(N) ►	林一帆	True	1989-08-05	计算机	52	已提前修完一…
	清除结果(L)	张强民	True	1989-08-11	计算机	50	NULL
	081110	张蔚	False	1991-07-22	计算机	50	三好生

图 3.14 数据的删除

3.2 数 据 定 义

关系数据库系统支持三级模式结构,其模式、外模式和内模式中的基本对象有表、视图和索引。因此,SQL 的数据定义功能包括模式定义、表定义、视图定义和索引定义,如表 3.11 所示。

表 3.11 SQL 的数据定义语句

操作对象	操作方式		
	创建	删除	修改
模式	CREATE SCHEMA	DROP SCHEMA	
表	CREATE TABLE	DROP TABLE	ALTER TABLE
视图	CREATE VIEW	DROP VIEW	
索引	CREATE INDEX	DROP INDEX	

SQL 通常不提供修改模式定义、修改视图定义和修改索引定义的操作。用户如果想修改这些对象,只能先将它们删除掉,然后再重建。

本节介绍如何定义基本表和索引,模式不常用,将不作介绍,感兴趣的同学可以查阅相关资料,视图的概念及其定义方法将在 3.5 节专门讨论。

3.2.1 基本表的定义

3.2.1.1 定义基本表

SQL 语言使用 CREATE TABLE 语句定义基本表,其基本格式如下:

```
CREATE TABLE〈表名〉
        (〈列名〉〈数据类型〉[〈列级完整性约束条件〉]
    [,〈列名〉〈数据类型〉[〈列级完整性约束条件〉]]…
        [,〈表级完整性约束条件〉]
…);
```

　　建表的同时通常还可以定义与该表有关的完整性约束条件,这些完整性约束条件被存入系统的数据字典中,当用户操作表中数据时由 RDBMS 自动检查该操作是否违背这些完整性约束条件。如果完整性约束条件涉及该表的多个属性列,则必须定义在表级的约束,否则既可以定义在列级也可以定义在表级。

　　【例 3.2】 建立 Student 表,学号是主码,姓名取值唯一。

```
CREATE TABLE Student
  (Sno     CHAR(9) PRIMARY KEY,        /* 列级完整性约束条件 */
   Sname   CHAR(20) UNIQUE,            /* Sname 取唯一值 */
   Ssex    CHAR(2),
   Sage    SMALLINT,
   Sdept   CHAR(20)
   );
```

　　系统执行上面的 CREATE TABLE 语句后,就在数据库中建立一个新的空的 Student 表,并将有关"学生"表的定义及有关约束条件存放在数据字典中。

　　【例 3.3】 建立一个 Course 表。

```
CREATE TABLE   Course
   ( Cno    CHAR(4)   PRIMARY KEY,
    Cname  CHAR(40),
    Cterm  CHAR(2) ,

    Ccredit  SMALLINT,
      );
```

　　【例 3.4】 建立一个 SC 表。

```
CREATE TABLE   SC
   ( Sno   CHAR(9),
    Cno   CHAR(4),
    Grade   SMALLINT,
    PRIMARY KEY (Sno,Cno),
    /* 主码由两个属性构成,必须作为表级完整性进行定义 */
    FOREIGN KEY (Sno) REFERENCES Student(Sno),
```

/* 表级完整性约束条件,Sno 是外码,被参照表是 Student */
FOREIGN KEY (Cno) REFERENCES Course(Cno)
　/* 表级完整性约束条件,Cno 是外码,被参照表是 Course */
);

3.2.1.2　修改基本表

随着应用环境和应用需求的变化,有时需要修改已建立好的基本表,SQL 语言用 ALTER TABLE 语句修改基本表,其一般格式为

ALTER TABLE 〈表名〉
[ADD〈新列名〉〈数据类型〉[完整性约束]]
[DROP COLUMN〈列名〉]
[DROP〈完整性约束名〉]
[ALTER COLUMN〈列名〉〈数据类型〉];

其中,〈表名〉是要修改的基本表,ADD 子句用于增加新列和新的完整性约束条件,DROP 子句用于删除指定的完整性约束条件,ALTER COLUMN 子句用于修改原有的列定义, 包括修改列名和数据类型。

【例 3.5】　向 Student 表中增加"入学时间"列,其数据类型为日期型。

ALTER TABLE Student 　ADD S_entrance DATETIME;

不论基本表中原来是否已有数据,新增加的列一律为空值。

【例 3.6】　将年龄的数据类型由整型改为字符型。

ALTER TABLE Student 　ALTER COLUMN Sage CHAR(2);

【例 3.7】　增加课程名称必须取唯一值的约束条件。

ALTER TABLE Course 　ADD UNIQUE(Cname);

3.2.1.3　删除基本表

当某个基本表不再需要时,可以使用 DROP TABLE 语句来删除它。其一般格式为

DROP TABLE 〈表名〉;

【例 3.8】　删除 Student 表。

DROP TABLE　Student ;

基本表定义被删除,数据被删除,表上建立的索引、视图、触发器等一般也将被删除, 因此执行删除基本表的操作时一定要格外小心。

3.2.2　索引的定义

建立索引是加快查询速度的有效手段。用户可以根据应用环境的需要,在基本表上建立一个或多个索引,以提供多种存取路径,加快查找速度。

一般说来,建立与删除索引由数据库管理员 DBA 或表的属主(owner),即建立表的人负责完成。系统在存取数据时会自动选择合适的索引作为存取路径,用户不必也不能显式地选择索引。

在 RDBMS 中索引一般采用 B+树索引和 HASH 索引来实现。B+树索引具有动态平衡的优点。HASH 索引具有查找速度快的特点。

用户使用 CREATE INDEX 语句定义索引时,可以定义索引为唯一索引、非唯一索引或聚簇索引。至于某一个索引是采用 B+树索引,还是 HASH 索引则由具体的 RDBMS 来决定。索引是关系数据库的内部实现技术,属于内模式的范畴。

1. 建立索引

在 SQL 语言中,建立索引使用 CREATE INDEX 语句,其一般格式为

```
CREATE ［UNIQUE］ ［CLUSTERED］ INDEX 〈索引名〉
ON〈表名〉(〈列名〉[〈次序〉][,〈列名〉[〈次序〉] ]…);
```

其中,〈表名〉是要建索引的基本表的名字。索引可以建立在该表的一列或多列上,各列名之间用逗号分隔。每个〈列名〉后面还可以用〈次序〉指定索引值的排列次序,可选 ASC(升序)或 DESC(降序)。缺省值为 ASC。UNIQUE 表明此索引的每一个索引值只对应唯一的数据记录。CLUSTERED 表示要建立的索引是聚簇索引。所谓聚簇索引是指索引项的顺序与表中记录的物理顺序一致的索引组织。

【例 3.9】 在 Student 表的 Sname(姓名)列上建立一个聚簇索引。

```
CREATE CLUSTERED INDEX Stusname ON Student(Sname);
```

用户可以在最经常查询的列上建立聚簇索引以提高查询效率。显然在一个基本表上最多只能建立一个聚簇索引。建立聚簇索引后,更新该索引列上的数据时,往往导致表中记录的物理顺序的变更,代价较大,因此对于经常更新的列不宜建立聚簇索引。

【例 3.10】 为学生管理数据库中的 Student、Course、SC 3 个表建立索引。其中 Student 表按学号升序建唯一索引,Course 表按课程号升序建唯一索引,SC 表按学号升序和课程号降序建唯一索引。

```
CREATE UNIQUE INDEX Stusno ON Student(Sno);
CREATE UNIQUE INDEX Coucno ON Course(Cno);
CREATE UNIQUE INDEX SCno ON SC(Sno ASC,Cno DESC);
```

2. 删除索引

索引一经建立,就由系统使用和维护它,不需用户干预。建立索引是为了减少查询操作的时间,但如果数据增删改频繁,系统会花费许多时间来维护索引,从而降低了查询

效率。这时,可以删除一些不必要的索引。

在 SQL 中,删除索引使用 DROP INDEX 语句,其一般格式为

> DROP INDEX〈索引名〉ON〈表名〉;

【例 3.11】 删除 Student 表的 Stusname 索引。

> DROP INDEX Stusname ON Student;

删除索引时,系统会从数据字典中删去有关该索引的描述。

3.3 数 据 查 询

数据库查询是数据库的核心操作。SQL 提供了 SELECT 语句进行数据库的查询。该语句具有灵活的使用方式和丰富的功能。其一般格式为

> SELECT [ALL | DISTINCT]〈目标列表达式〉　[,〈目标列表达式〉]…
> FROM〈表名或视图名〉[,〈表名或视图名〉]…
> [WHERE〈条件表达式〉]
> [GROUP BY〈列名 1〉[HAVING〈条件表达式〉]]
> [ORDER BY〈列名 2〉[ASC|DESC]];

整个 SELECT 语句的含义是,根据 WHERE 子句的条件表达式,从 FROM 子句指定的基本表或视图中找出满足条件的元组,再按 SELECT 子句中的目标列表达式,选出元组中的属性值形成结果表。

如果有 GROUP BY 子句,则将结果按〈列名 1〉的值进行分组,该属性列值相等的元组为一个组。通常会在每组中作用聚集函数。如果 GROUP BY 子句带 HAVING 短语,则只有满足指定条件的组才予以输出。

如果有 ORDER BY 子句,则结果表还要按〈列名 2〉的值的升序或降序排序。

SELECT 语句既可以完成简单的单表查询,也可以完成复杂的连接查询和嵌套查询。下面以学生管理数据库为例说明 SELECT 语句的各种用法。

3.3.1 单表查询

3.3.1.1 选择表中的若干列

选择表中的全部列或部分列,这就是关系代数的投影运算。

1. 查询指定列

在很多情况下,用户只对表中的一部分属性列感兴趣,这时可以通过在 SELECT 子句的〈目标列表达式〉中指定要查询的属性列。

【例 3.12】 查询全体学生的学号与姓名。

```
SELECT Sno,Sname
FROM Student;
```

该语句的执行过程是这样的：从 Student 表中选出一个元组，取出该元组在属性 Sno 和 Sname 上的值。形成一个新的元组作为输出。对 Student 表中的所有元组做相同的处理，最后形成一个结果关系作为输出。

【例 3.13】 查询全体学生的姓名、学号、所在系。

```
SELECT Sname,Sno,Sdept
FROM Student;
```

〈目标列表达式〉中各个列的先后顺序可以与表中的顺序不一致。用户可以根据应用的需要改变列的显示顺序。

2. 查询所有属性列

如果要查询表中的所有属性列，可以有两种方法。一种方法就是在 SELECT 关键字后面列出所有列名。如果要求结果表中列的显示顺序与其在基表中的顺序相同，也可以简单地将〈目标列表达式〉指定为 * 。

【例 3.14】 查询全体学生的所有信息。

```
SELECT   Sno,Sname,Ssex,Sage,Sdept
FROM Student;
```

或

```
SELECT   *
FROM Student;
```

3. 查询经过计算的值

SELECT 子句的〈目标列表达式〉不仅可以是表中的属性列，也可以是表达式，只要此表达式能够计算出结果或通过查询表中的列值计算出结果均可以。表达式可以为：算术表达式、字符串常量、函数、列别名。

【例 3.15】 查全体学生的姓名及其出生年份。

```
SELECT Sname,2016 - Sage      / * 假定当年的年份为 2016 年 * /
FROM Student;
```

【例 3.16】 查询全体学生的姓名、出生年份和所在院系，如果院系名称为英文，要求用小写字母表示所有系名

```
SELECT Sname,'Year of Birth:',2016 - Sage,LOWER(Sdept)
FROM Student;
```

结果为

	Sna...	(无列名)	(无列名)	(无列名)
1	李勇海	Year of Birth:	1996	计算机
2	刘晨	Year of Birth:	1997	计算机
3	王敏	Year of Birth:	1998	计算机
4	张力发	Year of Birth:	1997	计算机
5	李凤娟	Year of Birth:	1999	会计
6	董藩太	Year of Birth:	1994	会计
7	苏发伟	Year of Birth:	1996	会计
8	宗兰海	Year of Birth:	1998	会计
9	贝东凡	Year of Birth:	1996	信息

用户可以通过指定别名来改变查询结果的列标题,这对于含算术表达式、常量、函数名的目标列表达式尤为有用。

使用列别名改变查询结果的列标题,可以通过 4 种方法来实现:

① 使用双引号创建别名。

如:select　Sno　"学号"　　　from　sc

② 使用单引号创建别名。

如:select　Sno　'学号'　　　from　sc

③ 不使用引号创建别名。

如:select　Sno　学号　　　　from　sc

④ 使用 AS 关键字创建别名。

如:select　Sno　AS　学号　　from　sc

3.3.1.2　选择表中的若干元组

1. 消除结果表中重复的元组

两个本来并不完全相同的元组,投影到指定的某些列上后,有可能变成相同的行,可以用 DISTINCT 取消它们。如果没有指定 DISTINCT 关键词,则缺省为 ALL,即不消除重复的元组。

【**例 3.17**】　查询学生的年龄。

a. SELECT Sage　FROM Student;

等价于:

SELECT ALL　Sage　FROM Student;

b. 指定 DISTINCT 关键词,去掉表中重复的行

SELECT DISTINCT Sage　　FROM Student;

a. 查询的结果为

	sage
1	20
2	19
3	18
4	19
5	17
6	22
7	20
8	18
9	20

b. 查询的结果为

	sage
1	17
2	18
3	19
4	20
5	21
6	22
7	23

2. 查询满足条件的元组

查询满足指定条件的元组可以通过 WHERE 子句实现。WHERE 子句常用的查询条件如表 3.12 所示。

表 3.12 常用的查询条件

查询条件	谓　　词
比较	$=,>,<,>=,<=,!=,!>,!<$;NOT 与前面几个运算符结合使用
确定范围	BETWEEN　AND,NOT　BETWEEN　AND
确定集合	IN,NOT IN
字符匹配	LIKE, NOT LIKE
空值	IS NULL,IS NOT NULL
多重条件	AND,OR,NOT

（1）比较大小

【例 3.18】 查询所有年龄在 20 岁以下的学生姓名及其年龄。

```
SELECT Sname,Sage
FROM    Student
WHERE Sage < 20;
```

【例 3.19】 查询考试成绩不及格的学生的学号。

```
SELECT DISTINCT Sno
FROM   SC
WHERE Grade<60;
```

这里使用了 DISTINCT 短语,当一个学生有多门课程不及格,他的学号也只显示一次。

（2）确定范围

谓词 BETWEEEN AND 和 INOT BETWEEN AND 可以用来查找属性值在(或不在)指定范围内的元组,其中 BETWEEN 后是范围的下限(即低值),AND 后是范围的上限(即高值)。

【例 3.20】 查询年龄在 20~23 岁(包括 20 岁和 23 岁)之间的学生的姓名、系别和年龄。

```
SELECT Sname,Sdept,Sage
FROM    Student
WHERE   Sage BETWEEN 20 AND 23;
```

【例 3.21】 查询年龄不在 20~23 岁之间的学生姓名、系别和年龄。

```
SELECT Sname,Sdept,Sage
FROM    Student
WHERE Sage NOT BETWEEN 20 AND 23;
```

（3）确定集合

谓词 IN 可以用来查找属性值属于指定集合的元组。

【例 3. 22】 查询信息系、会计系和计算机系学生的姓名和性别。

```
SELECT Sname,Ssex
FROM   Student
WHERE Sdept IN ('信息','会计','计算机');
```

【例 3. 23】 查询既不是信息系，也不是会计系和计算机系的学生的姓名和性别。

```
SELECT Sname,Ssex
FROM Student
WHERE Sdept NOT IN ('信息','会计','计算机');
```

（4）字符匹配

谓词 LIKE 可以用来进行字符串的匹配。其一般语法格式如下：

```
[NOT] LIKE'〈匹配串〉'[ESCAPE'〈换码字符〉']
```

其含义是查找指定的属性列值与〈匹配串〉相匹配的元组。〈匹配串〉可以是一个完整的字符串，也可以含有通配符％和_。其中：

％（百分号）代表任意长度（长度可以为 0）的字符串。例如 a％b 表示以 a 开头，以 b 结尾的任意长度的字符串。如 acb、addgb、ab 等都满足该匹配串。

_（下横线）代表任意单个字符。例如 a_b 表示以 a 开头，以 b 结尾的长度为 3 的任意字符串。如 acb、agb 等都满足该匹配串。

【例 3. 24】 查询所有张姓学生的姓名、学号和性别。

```
SELECT Sname,Sno,Ssex
FROM Student
WHERE   Sname LIKE '张％';
```

【例 3. 25】 查询姓"欧阳"且全名为三个汉字的学生的姓名。

```
SELECT Sname
FROM   Student
WHERE   Sname LIKE'欧阳_____';
```

【例 3. 26】 查询名字中第二个字为"阳"字的学生的姓名和学号。

```
SELECT Sname,Sno
FROM Student
WHERE Sname LIKE '_____阳％';
```

【例 3. 27】 查询所有不姓刘的学生的姓名。

```
SELECT Sname
FROM Student
WHERE Sname NOT LIKE'刘％';
```

如果用户要查询的字符串本身就含有通配符％或_,这时就要使用 ESCAPE'〈换码字符〉'短语,对通配符进行转义了。

【例 3.28】 查询 DB_Design 课程的课程号和学分。

```
SELECT Cno,Ccredit
FROM Course
WHERE Cname LIKE'DB\_Design' ESCAPE'\';
```

（5）涉及空值的查询

【例 3.29】 某些学生选修课程后没有参加考试,所以有选课记录,但没有考试成绩。查询缺少成绩的学生的学号和相应的课程号。

```
SELECT Sno,Cno
FROM   SC
WHERE   Grade IS NULL;
```

注意:这里的"IS"不能用等号(＝)代替。

（6）多重条件查询

逻辑运算符 AND 和 OR 可用来联结多个查询条件。AND 的优先级高于 OR,但用户可以用括号改变优先级。

【例 3.30】 查询计算机系年龄在 20 岁以下的学生姓名。

```
SELECT Sname
FROM   Student
WHERE Sdept＝'CS' AND Sage＜20;
```

3.3.1.3 ORDER BY 子句

用户可以用 ORDER BY 子句对查询结果按照一个或多个属性列的升序(ASC)或降序(DESC)排列,缺省值为升序。可以按一个或多个属性列排序。

【例 3.31】 查询选修了 1 号课程的学生的学号及其成绩,查询结果按分数降序排列。

```
SELECT Sno,Grade
FROM   SC
WHERE   Cno＝'1'
ORDER BY Grade DESC;
```

【例 3.32】 查询全体学生情况,查询结果按所在系的系号升序排列,同一系中的学生按年龄降序排列。

```
SELECT    *
FROM    Student
ORDER BY Sdept,Sage DESC;
```

3.3.1.4 聚集函数

为了进一步方便用户,增强查询功能,SQL 提供了许多聚集函数,主要有:

计数　　　　　　　COUNT([DISTINCT|ALL] *)
COUNT([DISTINCT|ALL]〈列名〉)
计算总和　　　　　SUM([DISTINCT|ALL]〈列名〉)
计算平均值　　　　AVG([DISTINCT|ALL]〈列名〉)
最大/最小值　　　　MAX([DISTINCT|ALL]〈列名〉)
　　　　　　　　　MIN([DISTINCT|ALL]〈列名〉)

如果指定 DISTINCT 短语,则表示在计算时要取消指定列中的重复值。如果不指定 DISTINCT 短语或指定 ALL 短语(ALL 为缺省值),则表示计算重复值。

【例 3.33】　查询学生总人数。

```
SELECT COUNT( * )
FROM   Student;
```

【例 3.34】　查询选修了课程的学生人数。

```
SELECT COUNT(DISTINCT Sno)
FROM   SC;
```

【例 3.35】　计算 1 号课程的学生平均成绩。

```
SELECT AVG(Grade)
FROM SC
WHERE Cno='1';
```

【例 3.36】　查询选修 2 号课程的学生最高分数。

```
SELECT MAX(Grade)
FROM SC
WHER Cno='2';
```

【例 3.37】　查询全部课程的总学分数。

```
SELECT SUM(Ccredit)
FROM   Course
```

3.3.1.5 GROUP BY 子句

GROUP BY 子句将查询结果按某一列或多列的值分组,值相等的为一组。

对查询结果分组的目的是为了细化聚集函数的作用对象。如果未对查询结果分组，聚集函数将作用于整个查询结果。分组后聚集函数将作用于每一个组，即每一组都有一个函数值。

【例 3.38】 求各个课程号及相应的选课人数。

```
SELECT Cno,COUNT(Sno)
FROM    SC
GROUP BY Cno;
```

该语句对查询结果按 Cno 的值分组，所有具有相同 Cno 值的元组为一组，然后对每一组作用聚集函数 COUNT 计算，以求得该组的学生人数。

【例 3.39】 查询选修了 3 门以上课程的学生的学号。

```
SELECT Sno
FROM    SC
GROUP BY Sno
HAVING   COUNT( * ) >3;
```

这里先用 GROUP BY 子句按 Sno 进行分组，再用聚集函数 COUNT 对每一组计数。HAVING 短语给出了选择组的条件，只有满足条件（即元组个数>3，表示此学生选修的课超过 3 门）的组才会被选出来。

WHERE 子句与 HAIVING 短语的区别在于作用对象不同。WHERE 子句作用于基本表或视图，从中选择满足条件的元组。HAVING 短语作用于组，从中选择满足条件的组。

3.3.2　连接查询

前面的查询都是针对一个表进行的。若一个查询同时涉及两个以上的表，则称之为连接查询。连接查询是关系数据库中最主要的查询，包括等值连接查询、自然连接查询、非等值连接查询、自身连接查询、外连接查询和复合条件连接查询等。

1. 等值连接查询

【例 3.40】 查询选修 1 号课程学生的学号、姓名、院系。

```
SELECT   Student. sno,Sname,sdept
FROM     Student,SC
WHERE    Student. Sno=SC. Sno;
```

2. 自身连接查询

自身连接：一个表与其自己进行连接，需要给表起别名以示区别，由于所有属性名都是同名属性，因此必须使用别名前缀。

【例 3.41】 查询与李凤娟在同一个系别的学生的学号、姓名。

```
SELECT   FIRST. Sno,SECOND. Sname
FROM   Student   FIRST,Student   SECOND
WHERE FIRST. Sdept=SECOND. Sdept
```

3. 外连接查询

在通常的连接操作中,只有满足连接条件的元组才能作为结果输出。这样有些用户需要的信息,在结果中就无法出现,这时就需要使用外连接。

外连接的语法格式为

```
Select 目标列表
From 表 1 {LEFT | RIGHT | FULL}OUTER JION 表 2 ON 连接条件
```

【例 3.42】 查询所有学生的信息及选修课程信息。

```
SELECT Student. * ,Sc. *
FROM   Student   LEFT OUT JOIN SC ON (Student. Sno=SC. Sno);
```

4. 复合条件连接查询

上面各个连接查询中,WHERE 子句中只有一个条件,WHERE 子句中可以有多个连接条件,称为复合条件连接。

【例 3.43】 查询选修 2 号课程且成绩在 90 分以上的所有学生。

```
SELECT Student. Sno, Sname
FROM      Student, SC
WHERE Student. Sno=SC. Sno AND SC. Cno='2' AND SC. Grade > 90;
```

【例 3.44】 查询成绩及格的每个学生的学号、姓名、选修的课程名及成绩。

```
SELECT   Student. Sno,Sname,Cname,Grade
FROM      Student,SC,Course      /* 多表连接 */
WHERE   Student. Sno = SC. Sno AND SC. Cno = Course. Cno AND Grade
> 60;
```

3.3.3 嵌套查询

在 SQL 语言中,一个 SELECT - FROM - WHERE 语句称为一个查询块。将一个查询块嵌套在另一个查询块的 WHERE 子句或 HAVING 短语的条件中的查询称为嵌套查询。例如:

```
SELECT Sname                    /* 外层查询/父查询 */
FROM Student
WHERE   Sno IN    (SELECT Sno      /* 内层查询/子查询 */
```

```
FROM SC
WHERE Cno='2');
```

SQL 语言允许多层嵌套查询,即一个子查询中还可以嵌套其他子查询。需要特别指出的是,子查询的 SELECT 语句中不能使用 ORDER RY 子句,ORDER BY 子句只能对最终查询结果排序。层层嵌套方式反映了 SQL 语言的结构化,有些嵌套查询可以用连接运算替代。

1. 带有 IN 谓词的子查询

【例 3.45】 查询与"刘晨"在同一个系学习的学生。

① 确定"刘晨"所在系名:

```
SELECT    Sdept
FROM      Student
WHERE     Sname='刘晨';
```

结果为

② 查询所有在计算机系学习的学生。

```
SELECT    Sno,Sname,Sdept
FROM      Student
WHERE     Sdept='计算机';
```

结果为

	Sno	Sna...	Sdept
1	201601001	李勇海	计算机
2	201601002	刘晨	计算机
3	201601003	王敏	计算机
4	201601004	张力发	计算机

将第一步查询嵌入到第二步查询的条件中,构造嵌套查询如下:

```
SELECT Sno,Sname,Sdept
FROM Student
WHERE Sdept  IN
        (SELECT Sdept
        FROM Student
        WHERE Sname='刘晨');
```

本例中,子查询的查询条件不依赖于父查询,称为不相关子查询。求解方法是由里向外处理,即先执行子查询,子查询的结果用于建立其父查询的查找条件。

本例中的查询也可以用自身连接来完成:

```
SELECT   S1. Sno,S1. Sname,S1. Sdept
FROM       Student S1,Student S2
WHERE    S1. Sdept=S2. Sdept   AND   S2. Sname='刘晨';
```

可见,实现同一个查询可以有多种方法,当然不同的方法其执行效率可能会有差别,甚至会差别很大。这就是数据库编程人员应该掌握的数据库性能调优技术。

【例 3. 46】 查询选修了课程名为"信息系统"的学生学号和姓名。

```
SELECT Sno,Sname            ③ 最后在 Student 关系中取出
FROM       Student                      Sno 和 Sname
WHERE Sno    IN
        (SELECT Sno                 ② 然后在 SC 关系中找出选修了
        FROM     SC                      3 号课程的学生学号

        WHERE   Cno IN
        (SELECT Cno              ① 首先在 Course 关系中找出
        FROM Course          "信息系统"的课程号,结果为 3 号

        WHERE Cname='信息系统'
            )
        );
```

用连接查询实现例 3. 46:

```
SELECT   Sno,Sname
FROM       Student,SC,Course
WHERE    Student. Sno=SC. Sno   AND   SC. Cno=Course. Cno
 AND   Course. Cname='信息系统';
```

从以上两例中可以看到,查询涉及多个关系时,用嵌套查询逐步求解,层次清楚,易于构造,具有结构化程序设计的优点。

有些嵌套查询可以用连接运算替代,有些是不能替代的。对于可以用连接运算代替嵌套查询的,到底采用哪种方法用户可以根据自己的习惯选择。

2. 带有比较运算符的子查询

带有比较运算符的子查询是指父查询与子查询之间用比较运算符进行连接。当用户能确切知道内层查询返回单值时,可用比较运算符(>、<、=、>=、<=、! =或<>)。

【例 3. 47】 查询每个学生超过他选修的所有课程平均成绩的课程号。

```
SELECT Sno, Cno
FROM   SC  x
WHERE Grade >=(SELECT AVG(Grade)
               FROM   SC y
                    WHERE y. Sno=x. Sno   );
```

x 是表 SC 的别名,又称为元组变量,可以用来表示 SC 的一个元组。内层查询是求一个学生所有选修课程平均成绩的,至于是哪个学生的平均成绩要看参数 x. Sno 的值,而该值是与父查询相关的。子查询的查询条件依赖于父查询,这类查询称为相关子查询。它的求解过程为:首先取外层查询中表的第一个元组,根据它与内层查询相关的属性值处理内层查询,若 WHERE 子句返回值为真,则取此元组放入结果表,然后再取外层表的下一个元组重复这一过程,直至外层表全部检查完为止。

因此本例题可能的执行过程:

① 从外层查询中取出 SC 的第一个元组 x,将元组 x 的 Sno 值(201601001)传送给内层查询:

```
SELECT AVG(Grade)
FROM SC y
WHERE y. Sno=′201601001′;
```

② 执行内层查询,得到值 88(近似值),用该值代替内层查询,得到外层查询:

```
SELECT Sno, Cno
FROM   SC x
WHERE Grade >=88 and Sno=′201601001′;
```

③ 执行这个查询,得到:

④ 外层查询取出下一个元组重复上述①至③步骤,直到外层的 SC 元组全部处理完毕。

求解相关子查询不能像求解不相关子查询那样,一次将子查询求解出来,然后求解父查询。内层查询由于与外层查询有关,因此必须反复求值。

3. 带有 ANY(SOME)或 ALL 谓词的子查询

子查询返同单值时可以用比较运算符,但返回多值时要用 ANY(有的系统用

SOME)或 ALL 谓词修饰符。而使用 ANY 或 ALL 谓词时则必须同时使用比较运算符。
其语义为

> ANY 大于子查询结果中的某个值

> ALL 大于子查询结果中的所有值

< ANY 小于子查询结果中的某个值

< ALL 小于子查询结果中的所有值

>=ANY 大于等于子查询结果中的某个值

>=ALL 大于等于子查询结果中的所有值

<=ANY 小于等于子查询结果中的某个值

<=ALL 小于等于子查询结果中的所有值

=ANY 等于子查询结果中的某个值

=ALL 等于子查询结果中的所有值(通常没有实际意义)

!=(或<>)ANY 不等于子查询结果中的某个值

!=(或<>)ALL 不等于子查询结果中的任何一个值

【例 3.48】 查询其他系中比计算机系某一学生年龄小的学生的姓名和年龄。

```
SELECT Sname,Sage
FROM     Student
WHERE Sage < ANY (SELECT   Sage
                  FROM     Student
                  WHERE Sdept='计算机')
AND Sdept <> '计算机';          /* 父查询块中的条件 */
```

【例 3.49】 查询其他系中比计算机系所有学生年龄都小的学生的姓名及年龄。

```
SELECT Sname,Sage
FROM Student
WHERE Sage < ALL (SELECT Sage
                  FROM Student
                  WHERE Sdept='计算机')
AND Sdept <>'计算机';
```

本查询同样也可以用聚集函数实现。SQL 语句如下:

```
SELECT Sname,Sage
FROM Student
WHERE Sage < (SELECT MIN(Sage)
             FROM Student
             WHERE Sdept='计算机')
AND Sdept <>' 计算机';
```

事实上,用聚集函数实现子查询通常比直接用 ANY 或 ALL 查询效率要高。ANY、

ALL 与聚集函数的对应关系如表 3.13 所示。

表 3. 13　ANY(或 SOME)、ALL 谓词与聚集函数、IN 谓词的等价转换关系

	=	<>或! =	<	<=	>	>=
ANY	IN		<MAX( )	<=MAX( )	>MAX( )	>=MAX( )
ALL		NOT IN	<MIN( )	<=MIN( )	>MIN( )	>=MIN( )

4. 带有 EXISTS 谓词的子查询

EXISTS 相当于存在量词∃,带有 EXISTS 谓词的子查询不返回任何数据,只产生逻辑真值"true"或逻辑假值"false"。

① 若内层查询结果非空,则外层的 WHERE 子句返回真值;

② 若内层查询结果为空,则外层的 WHERE 子句返回假值。

由 EXISTS 引出的子查询,其目标列表达式通常都用 ＊ ,因为带 EXISTS 的子查询只返回真值或假值,给出列名无实际意义。

【例 3. 50】　查询所有选修了 1 号课程的学生姓名。

```
SELECT Sname
FROM Student
WHERE EXISTS (SELECT ＊
                FROM SC
                WHERE Sno＝Student. Sno AND Cno＝'1');
```

本例中子查询的查询条件依赖于外层父查询的某个属性值(在本例中是 Student 的 Sno 值),因此也是相关子查询。这个相关子查询的处理过程是:

首先取外层查询中(Student)表的第一个元组,根据它与内层查询相关的属性值 (Sno 值)处理内层查询,若 WHERE 子句返回值为真,则取外层查询中该元组的 Sname 放人结果表;然后再取(Student)表的下一个元组;重复这一过程,直至外层(Student)表全部检查完为止。

与 EXISTS 谓词相对应的是 NOT EXISTS 谓词。使用存在量词 NOT EXISTS 后, 若内层查询结果为空,则外层的 WHERE 子句返回真值,否则返回假值。

【例 3. 51】　查询没有选修 1 号课程的学生姓名。

```
SELECT Sname
FROM Student
WHERE NOT EXISTS
        (SELECT ＊
         FROM SC
         WHERE Sno＝Student. Sno AND Cno＝'1');
```

一些带 EXISTS 或 NOT EXISTS 谓词的子查询不能被其他形式的子查询等价替换。而所有带 IN 谓词、比较运算符、ANY 和 ALL 谓词的子查询都能用带 EXISTS 谓词的子查询等价替换。

【例 3.52】 查询选修了全部课程的学生姓名。

SQL 语言中没有全称量词 ∀(For all)，可以把带有全称量词的谓词转换为等价的带有存在量词的谓词：

$$(\forall x)P \equiv \neg(\exists x(\neg P))$$

因此，对于这个例题由于没有全称量词可使用，可将题目的意思转换成等价的用存在量词的形式查询这样的学生，没有一门课程是他不选修的。其 SQL 语句为

```
SELECT Sname
FROM Student
WHERE NOT EXISTS
          (SELECT  *
           FROM Course
           WHERE NOT EXISTS
                        (SELECT  *
                         FROM SC
                         WHERE Sno＝Student. Sno
                            AND Cno＝Course. Cno
                         )
           );
```

【例 3.53】 查询至少选修了学号为 201601003 的学生选修的全部课程的学生号码。

解题思路：SQL 语言中没有蕴含(Implication)逻辑运算可以利用谓词演算将逻辑蕴含谓词等价转换为

$$p \rightarrow q \equiv \neg p \lor q$$

用逻辑蕴含表达：查询学号为 x 的学生，对所有的课程 y，只要 201601003 学生选修了课程 y，则 x 也选修了 y。

形式化表示：用 p 表示谓词"学生 201601003 选修了课程 y"，用 q 表示谓词"学生 x 选修了课程 y"，则上述查询为

$$(\forall y) \, p \rightarrow q$$

等价变换：

$$\begin{aligned}(\forall y)p \rightarrow q &\equiv \neg(\exists y(\neg(p \rightarrow q)) \\ &\equiv \neg(\exists y(\neg(\neg p \lor q))) \\ &\equiv \neg \exists y(p \land \neg q)\end{aligned}$$

变换后语义：不存在这样的课程 y，学生 201601003 选修了 y，而学生 x 没有选。

用 NOT EXISTS 谓词表示：

```
SELECT DISTINCT Sno
  FROM SC SCX
  WHERE NOT EXISTS
          (SELECT  *
```

```
                    FROM SC SCY
                    WHERE SCY. Sno='201601003'  AND
                        NOT EXISTS
                        (SELECT *
                        FROM SC SCZ
                        WHERE SCZ. Sno=SCX. Sno AND
    SCZ. Cno=SCY. Cno));
```

3.3.4 集合查询

SELECT 语句的查询结果是元组的集合,所以多个 SELECT 语句的结果可进行集合操作。集合操作主要包括并操作(UNION)、交操作(INTERSECT)和差操作(EXCEPT)。注意:参加集合操作的各查询结果的列数必须相同;对应项的数据类型也必须相同。

1. 并操作

【例 3.54】 查询计算机科学系的学生及年龄不大于 19 岁的学生。

方法一:

```
SELECT *
FROM Student
WHERE Sdept='CS'
UNION
SELECT *
FROM Student
WHERE Sage<=19;
```

① UNION:将多个查询结果合并起来时,系统自动去掉重复元组;

② UNION ALL:将多个查询结果合并起来时,保留重复元组。

【例 3.55】 查询选修了课程 1 或者选修了课程 2 的学生。

```
SELECT Sno
FROM SC
WHERE Cno=' 1'
UNION
SELECT Sno
FROM SC
WHERE Cno='2';
```

2. 交操作

【例 3.56】 查询计算机科学系的学生与年龄不大于 19 岁的学生的交集。

```
SELECT  *
FROM Student
WHERE Sdept='CS'
INTERSECT
SELECT  *
FROM Student
WHERE Sage<=19;
```

【例 3.57】 查询选修课程 1 的学生集合与选修课程 2 的学生集合的交集。

```
SELECT Sno
FROM SC
WHERE Cno='1'
INTERSECT
SELECT Sno
FROM SC
WHERE Cno='2';
```

3. 差操作

【例 3.58】 查询计算机科学系的学生与年龄不大于 19 岁的学生的差集。

```
SELECT  *
FROM Student
WHERE Sdept='CS'
EXCEPT
SELECT  *
FROM Student
WHERE Sage <=19;
```

4. 对集合操作结果的排序

ORDER BY 子句只能用于对最终查询结果排序,不能对中间结果排序,任何情况下,ORDER BY 子句只能出现在最后,对集合操作结果排序时,ORDER BY 子句中可以用数字指定排序属性。

【例 3.59】 查询计算机科学系的学生与年龄不大于 19 岁的学生的交集,结果按学号排序。

```
SELECT  *
FROM Student
WHERE Sdept='CS'
INTERSECT
SELECT  *
```

```
FROM Student
WHERE Sage<=19
ORDER BY Sno;
```

3.4　数　据　更　新

数据更新操作有 3 种:向表中添加若干行数据、修改表中的数据和删除表中的若干行数据。在 SQL 中有相应的 3 类语句。

3.4.1　插入数据

SQL 的数据插入语句 NSTER 通常有两种形式:一种是插入一个元组,另一种是插入子查询结果。后者可以一次插入多个元组。

1. 插入一个元组

插入元组的 INSERT 语句的格式为

```
INSERT
INTO〈表名〉[(〈属性列 1〉[,〈属性列 2〉…)]
VALUES (〈常量 1〉[,〈常量 2〉]      …                )
```

其功能是将一条新元组插入指定表中。其中,新元组的属性列 1 的值为常量 1,属性列 2 的值为常量 2……INTO 子句中没有出现的属性列,新元组在这些列上将取空值。但必须注意的是,在表定义时说明了 NOT NULL 的属性列不能取空值,否则会出错。

如果 INTO 子句中没有指明任何属性列名,则新插入的元组必须在每个属性列上均有值。

【例 3.60】　将一个新学生元组(学号:201606001;姓名:陈冬;性别:男;所在系:信息;年龄:18 岁)插入到 Student 表中。

```
INSERT
INTO   Student (Sno,Sname,Ssex,Sdept,Sage)
VALUES ('201606001','陈冬','男','信息',18);
```

在 INTO 子句中指出了表名 Student,指出了新增加的元组在哪些属性上要赋值,属性的顺序可以与表的顺序不一样。VALUES 子句对新元组的各属性赋值,字符串常数要用单引号(英文符号)括起来。

【例 3.61】　将学生张成民的信息插入到 Student 表中。

```
INSERT
INTO   Student
VALUES ('201606002','张成民','男',18,'计算机');
```

与上面的例题的不同处是在 INTO 子句中只指出了表名,没有指出属性名,这表示新元组要在表的所有属性列上都指定值,属性列的次序与表中的次序相同。否则会因为数据类型不同而出错。

【例 3.62】 插入一条选课记录('201606002','1')。

```
INSERT
INTO SC(Sno,Cno)
VALUES ('201606002','1');
```

RDBMS 将在新插入记录的 Grade 列上自动地赋空值。或者:

```
INSERT
INTO SC
VALUES ('201606002',' 1',NULL);
```

因为没有指出 SC 表的属性名,在 Grade 列上要明确给出空值。

2. 插入子查询结果

子查询不仅可以嵌套在 SELECT 语句中,用以构造父查询的条件,也可以嵌套在 INSERT 语句中,用以生成要插入的批量数据。

插入子查询结果的 INSERT 语句的格式为

```
INSERT
         INTO〈表名〉 [(〈属性列 1〉[,〈属性列 2〉…   )]
                 子查询;
```

功能:将子查询结果插入指定表中。

子查询 SELECT 子句目标列必须与 INTO 子句匹配。

【例 3.63】 对每一个系,求学生的平均年龄,并把结果存入数据库。

第一步:建表。

```
CREATE   TABLE  Dept_age
                (Sdept  CHAR(15),    /* 系名 */
   Avg_age SMALLINT);  /*学生平均年龄*/
```

第二步:插入数据。

```
INSERT
         INTO   Dept_age(Sdept,Avg_age)
      SELECT   Sdept,AVG(Sage)
```

```
        FROM    Student
        GROUP BY Sdept；
```

RDBMS在执行插入语句时会检查所插元组是否破坏表上已定义的完整性规则。

3.4.2 修改数据

修改操作又称为更新操作，其语句的一般格式为

```
UPDATE  〈表名〉
        SET  〈列名〉=〈表达式〉[，〈列名〉=〈表达式〉]…
        [WHERE〈条件〉];
```

其功能是修改指定表中满足 WHERE 子句条件的元组。其中 SET 子句给出〈表达式〉的值用于取代相应的属性列值。如果省略 WHERE 子句，则表示要修改表中的所有元组。

1. 修改某一个元组的值

【例 3.64】 将学生 201601001 的年龄改为 22 岁。

```
UPDATE   Student
SET Sage=22
WHERE   Sno='201601001';
```

2. 修改多个元组的值

【例 3.65】 将所有学生的年龄增加 1 岁。

```
UPDATE Student
SET Sage=Sage+1;
```

3. 带子查询的修改语句

【例 3.66】 将计算机系全体学生的成绩置零。

```
UPDATE SC
SET   Grade=0
WHERE   '计算机'=
            (SELETE Sdept
            FROM    Student
            WHERE   Student. Sno=SC. Sno);
```

RDBMS在执行修改语句时会检查修改操作是否破坏表上已定义的完整性规则。

3.4.3 删除数据

删除语句的一般格式为

```
DELETE
FROM     〈表名〉
[WHERE〈条件〉];
```

DLETE 语句的功能是从指定表中删除满足 WHERE 子句条件的所有元组。如果省略 WHERE 子句,表示删除表中全部元组,但表的定义仍在字典中。也就是说,DELETE 语句删除的是表中的数据,而不是关于表的定义。

1. 删除某一个元组的值

【例 3.67】 删除学号为 201601002 的学生记录。

```
DELETE
FROM Student
WHERE Sno='201601002';
```

2. 删除多个元组的值

【例 3.68】 删除所有的学生选课记录。

```
DELETE
FROM SC;
```

3. 带子查询的删除语句

【例 3.69】 删除信息系所有学生的选课记录。

```
DELETE
FROM SC
WHERE  '信息'=(SELETE Sdept
                 FROM Student);
```

3.5 视   图

视图是从一个或几个基本表(或视图)导出的表。它与基本表不同,是一个虚表。数据库中只存放视图的定义,而不存放视图对应的数据,这些数据仍存放在原来的基本表中。所以基本表中的数据发生变化,从视图中查询出的数据也就随之改变了。从这个意义上讲,视图就像一个窗口,透过它可以看到数据库中自己感兴趣的数据及其变化。

视图是数据库系统的一个重要机制。无论从方便用户的角度,还是从加强数据库系统安全的角度,视图都有着极其重要的作用。

视图一经定义,就可以和基本表一样进行操作。用户在使用视图时,其感觉与使用基本表是相同的,但有如下几个不同点:

① 由于视图是虚表,所以 SQL 对视图不提供建立索引的语句;

② SQL 一般也不提供修改视图定义的语句;

③ 对视图的更新(增、删、改)操作则有一定的限制。

3.5.1　视图的定义与删除

1. 建立视图

SQL 语言用 CREATE VIEW 命令建立视图,其一般格式为

> CREATE VIEW　〈视图名〉　[(〈列名〉　[,〈列名〉]…)]
>
> 　　　　　　　　　　AS
>
> 〈子查询〉
>
> 　　　　　　　[WITH　CHECK　OPTION];

其中,子查询可以是任意复杂的 SELECT 语句,但通常不允许含有 ORDER BY 子句和 DISTINCT 短语。WITH CHECK OPTION 表示对视图进行 UPDATE、INSERT 和 DELETE 操作时要保证满足视图定义中的谓同条件(即子查询中的条件表达式)。

组成视图的属性列名或者全部省略或者全部指定,没有第三种选择。如果省略了视图的各个属性列名,则隐含该视图由子查询中 SELECT 子句目标列中的诸字段组成。但在下列 3 种情况下必须明确指定组成视图的所有列名:

① 某个目标列不是单纯的属性名,而是聚集函数或列表达式;

② 多表连接时选出了几个同名列作为视图的字段;

③ 需要在视图中为某个列启用新的更合适的名字。

【例 3.70】　建立信息系学生的视图。

> CREATE VIEW IS_Student
> AS
> SELECT Sno,Sname,Sage
> FROM　　Student
> WHERE　Sdept='信息';

【例 3.71】　建立管理系学生的视图,并要求进行修改和插入操作时仍需保证该视图只有管理系的学生。

> CREATE VIEW GL_Student
> AS
> SELECT Sno,Sname,Sage
> FROM　Student
> WHERE　Sdept='管理'
> WITH CHECK OPTION;

由于在定义 GL_Student 视图时加上了 WITH CHECK OPTION 子句,以后对该视图进行插入、修改和删除操作时,RDBMS 会自动加上"Sdept='管理'"的条件。

若一个视图是从单个基本表导出的,并且只是去掉了基本表的某些行和某些列,但保留了主码,我们称这类视图为行列子集视图。IS_Student 视图就是一个行列子集视图。

视图不仅可以建立在单个基本表上,也可以建立在多个基本表上。

【例 3.72】 建立信息系选修了 1 号课程的学生视图。

```
CREATE VIEW IS_S1(Sno,Sname,Grade)
AS
SELECT Student. Sno,Sname,Grade
FROM   Student,SC
WHERE  Sdept='信息' AND Student. Sno=SC. Sno AND SC. Cno='1';
```

视图不仅可以建立在一个或多个基本表上,也可以建立在一个或多个已定义好的视图上,或建立在基本表与视图上。

【例 3.73】 建立信息系选修了 1 号课程且成绩在 90 分以上的学生的视图。

```
CREATE VIEW IS_S2
AS
SELECT Sno,Sname,Grade
FROM   IS_S1
WHERE  Grade>=90;
```

这里的视图 IS_S2 就是建立在视图 IS_S1 基础之上的。

定义基本表时,为了减少数据库中的冗余数据,表中只存放基本数据,由基本数据经过各种计算派生出的数据,一般是不存储的。但由于视图中的数据并不实际存储,所以定义视图时可以根据应用的需要,设置一些派生属性列。这些派生属性由于在基本表中并不实际存在,也称它们为虚拟列。带虚拟列的视图也称为带表达式的视图。

【例 3.74】 定义一个反映学生出生年份的视图。

```
CREATE   VIEW BT_S(Sno,Sname,Sbirth)
AS
SELECT Sno,Sname,2016-Sage
FROM   Student;
```

还可以用带有聚集函数和 GROUP BY 子句的查询来定义视图。这种视图称为分组视图。

【例 3.75】 将学生的学号及他的平均成绩定义为一个视图。

```
CREATE   VIEW S_G(Sno,Gavg)
AS
SELECT Sno,AVG(Grade)
FROM   SC
GROUP BY Sno;
```

2. 删除视图

该语句的格式为

DROP VIEW 〈视图名〉[CASCADE];

视图删除后视图的定义将从数据字典中删除。如果该视图上还导出了其他视图,则使用 CASCADE 级联删除语句,把该视图和由它导出的所有视图一起删除。

基本表删除后,由该基本表导出的所有视图(定义)没有被删除,但均已无法使用了。

【例 3.76】 删除视图 IS_S1。

DROP VIEW IS_S1

执行此语句后,IS_S1 视图的定义将从数据字典中删除。由 IS_S1 视图导出 IS_S2 视图已无法使用,但其定义仍在数据字典中。

3.5.2 查询视图

视图定义后,用户就可以像对基本表一样对视图进行查询了。

【例 3.77】 在信息系学生的视图中找出年龄小于 20 岁的学生。

```
SELECT    Sno,Sage
FROM      IS_Student
WHERE     Sage<20;
```

RDBMS 执行对视图的查询时,首先进行有效性检查。检查查询中涉及的表、视图等是否存在。如果存在,则从数据字典中取出视图的定义,把定义中的子查询和用户的查询结合起来,转换成等价的对基本表的查询,然后再执行修正了的查询。这一转换过程称为视图消解(view resolutian)。

转换后的查询语句为

```
SELECT    Sno,Sage
FROM      Student
WHERE     Sdept='信息'  AND   Sage<20;
```

【例 3.78】 查询信息系选修了 1 号课程的学生。

```
SELECT    Sno,Sname
FROM      IS_Student,SC
WHERE     IS_Student.Sno=SC.Sno   AND   SC.Cno='1';
```

3.5.3 更新视图

更新视图是指通过视图来插入(INSERT)、删除(DELETE)和修改(UPDATE)

数据。

由于视图是不实际存储数据的虚表,因此对视图的更新,最终要转换为对基本表的更新。像查询视图那样,对视图的更新操作也是通过视图消解,转换为对基本表的更新操作。

【例3.79】 将信息系学生视图 IS_Student 中学号 201603003 的学生姓名改为"刘辰"。

```
UPDATE   IS_Student
SET   Sname='刘辰'
WHERE   Sno='201603003';
```

转换后的更新语句:

```
UPDATE   Student
SET Sname='刘辰'
WHERE Sno='201603003'AND Sdept='信息';
```

【例3.80】 向信息系学生视图 IS_Student 中插入一个新的学生记录,其中学号为16029,姓名为赵新,年龄为 20 岁。

```
INSERT
INTO IS_Student
VALUES('16029','赵新',20);
```

转换为对基本表的更新:

```
INSERT
INTO    Student(Sno,Sname,Sage,Sdept)
VALUES('16029','赵新',20,'IS');
```

【例3.81】 删除信息系学生视图 IS_Student 中学号为 16029 的记录。

```
DELETE
FROM IS_Student
WHERE Sno='16029';
```

转换为对基本表的更新:

```
DELETE
FROM Student
WHERE Sno='200215129' AND Sdept='IS';
```

更新视图的限制:一些视图是不可更新的,因为对这些视图的更新不能唯一地、有意义地转换成对相应基本表的更新。

例如:视图 S_G 为不可更新视图。

```
UPDATE    S_G
SET       Gavg=90
WHERE     Sno='201601001';
```

这个对视图的更新是无法转换成对基本表 SC 的更新的,因为系统无法修改各科成绩,以使平均成绩成为 90,所以 S_G 视图是不可更新的。

一般地,行列子集视图是可更新的。除行列子集视图外,还有些视图理论上是可更新的,但它们的确切特征还是尚待研究的课题。还有些视图从理论上就是不可更新的。

目前,各个关系数据库系统一般都只允许对行列子集视图进行更新,而且各个系统对视图的更新还有更进一步的规定,由于各系统实现方法上的差异,这些规定也不尽相同。

3.5.4 视图的作用

视图最终是定义在基本表之上的,对视图的一切操作最终也要转换为对基本表的操作。而且对于非行列子集视图进行查询或更新时还有可能出现问题。既然如此,为什么还要定义视图呢? 这是因为合理使用视图能够带来许多好处。

1. 视图能够简化用户的操作

视图机制使用户可以将注意力集中在所关心的数据上,如果这些数据不是直接来自基本表,则可以通过定义视图,使数据库看起来结构简单、清晰,并且可以简化用户的数据查询操作。例如,那些定义了若干张表连接的视图,就将表与表之间的连接操作对用户隐蔽起来了。换句话说,用户所做的只是对一个虚表的简单查询,而这个虚表是怎样得来的,用户无须了解。

2. 视图使用户能以多种角度看待同一数据

视图机制能使不同的用户以不同的方式看待同一数据,当许多不同种类的用户共享同一个数据库时,这种灵活性是非常重要的。

3. 视图对重构数据库提供了一定程度的逻辑独立性

在关系数据库中,数据库的重构往往是不可避免的。重构数据库最常见的是将一个基本表“垂直”地分成多个基本表。

如果建立一个把分解的几个基本表进行自然连接的视图,这样尽管数据库的逻辑结构改变了(一个基本表分解多个基本表),但应用程序不必修改,因为新建立的视图定义为用户原来的关系,使用户的外模式保持不变,用户的应用程序通过视图仍然能够查找数据。

4. 视图能够对机密数据提供安全保护

有了视图机制,就可以在设计数据库应用系统时,对不同的用户定义不同的视图,使机密数据不出现在不应看到这些数据的用户视图上。这样视图机制就自动提供了对机密数据的安全保护功能。

本章小结

SQL 是关系数据库的标准语言,由于查询和更新数据库中的数据,以及管理RDBMS中的元数据和各种数据库对象。SQL 是一种声明式语言,不同于传统的命令式编程语言,使用 SQL 只需要描述"做什么",而无须指明"怎么做"。

SQL 可以分为数据定义、数据查询、数据更新、数据控制四大部分。人们有时把数据更新称为数据操纵,或把数据查询与数据更新合称为数据操纵。本章系统而详尽地讲解了前面三部分的内容。

通过本章的学习,能够掌握并熟练运用 SQL 核心功能所用到的9个命令动词。掌握视图的概念及使用方法。

习　题

一、选择题

1. SQL 语言是(　　)的语言,易学习。

    A. 过程化   B. 非过程化

    C. 格式化   D. 导航式

2. SQL 语言具有两种使用方式,分别称为交互式 SQL 和(　　)。

    A. 提示式 SQL   B. 多用户 SQL

    C. 嵌入式 SQL   D. 解释式 SQL

3. 在 SQL 中,用户可以直接操作的是(　　)。

    A. 基本表   B. 视图

    C. 基本表或视图   D. 基本表和视图

4. SELECT 语句执行结果是(　　)。

    A. 数据项   B. 元组

    C. 表   D. 数据库

5. 在 SQL 语句中,对输出结果排序的语句是(　　)。

    A. GROUP BY   B. ORDER BY

    C. WHERE   D. HAVING

6. 在 SELECT 语句中,需对分组情况满足的条件进行判断时,应使用(　　)。

    A. WHERE   B. GROUP　BY

    C. ORDER BY   D. HAVING

7. SQL 中,与"NOT　IN"等价的操作符是(　　)。

    A. ＝SOME   B. <>SOME

    C. ＝ALL   D. <>ALL

8. 视图建立后,在数据字典中存放的是(　　)。

    A. 查询语句   B. 组成视图的表的内容

    C. 视图的定义   D. 产生视图的表的定义

9. 在 SELECT 语句中,使用 MAX(列名)时,该"列名"应该是(　　)。

A. 必须是数值型　　　　　　　　　B. 必须是字符型

C. 是数值型或字符型　　　　　　　D. 不限制数据类型

10. 若用如下 SQL 语句创建一个 STUDENT 表,可以插入到 STUDENT 表中的是
（　　）。

> CREATE TABLE STUDENT（SNO CHAR(4) NOT NULL,
> NAME CHAR(8) NOT NULL,
> SEX CHAR(2),
> AGE INT)

A.（'1031','曾华',男,23）　　　　　　B.（'1031','曾华',NULL,NULL）

C.（NULL,'曾华','男',23）　　　　　　D.（'1031',NULL,'男',23）

二、填空题

1. SQL 语言的数据定义功能用于定义＿＿＿＿、＿＿＿＿、＿＿＿＿和＿＿＿＿等
结构。

2. SELECT 命令中,＿＿＿＿子句用于选择满足给定条件的元组,使用＿＿＿＿子
句可按指定列的值分组,同时使用＿＿＿＿子句可提取满足条件的组。

3. 在 SELECT 命令中进行查询,若希望查询的结果不出现重复的元组应在
SELECT 语句中使用＿＿＿＿保留字。

4. 子查询的条件依赖于父查询,这类查询称为＿＿＿＿。

5. 视图是一个虚表,它是从＿＿＿＿导出的表。在数据库中,只存放视图的＿＿＿＿,
不存放视图对应的＿＿＿＿。

6. 用户可以根据应用环境的需要,在基本表上建立一个或多个＿＿＿＿,以提供多
种＿＿＿＿,加快查询速度。

7. 更新视图是指通过视图来＿＿＿＿、＿＿＿＿、＿＿＿＿数据。

8. 在 SELECT 语句中使用 * 表示＿＿＿＿。

9. 在嵌套查询中,根据查询的依赖性,可以将子查询分为＿＿＿＿和＿＿＿＿。

三、简答题

1. 在 SQL 中,基本表和视图的区别与联系是什么?

2. SQL 语言由哪几部分组成?

3. SQL 语言的特点是什么?

4. 在 SQL 语言中,如何实现分组查询? 分组查询目的是什么?

5. 定义视图时,什么情况下必须明确给出视图的所有列名?

6. 视图的作用有哪些?

四、操作题

已知有 3 个关系如下:

图书(总编号,分类号,书名,作者,出版社,单价)

读者(借书证号,单位,姓名,性别,地址,借阅册数)

借阅(借书证号,总编号,借书日期)

用 SQL 语句完成以下操作:

1. 将图书表按总编号降序创建唯一索引。

2. 查找"清华大学出版社"出版的所有图书的信息,结果按单价降序排列。

3. 查找被借出的单价在 17 元以上图书名、出版社和借书日期。

4. 查找图书中比"高等教育出版社"的所有图书单价都高的图书总编号。

5. 统计图书中各个出版社出版的图书册数和价值总和,显示册数在 5 本以上的出版社、册数、价值总和。

6. 查找借阅了借书证号为"006"读者的所借所有图书的读者的借书证号、姓名、地址。

7. 在借阅表中插入一条借书证号为"008",总编号为"010206",借书日期为"2016 年 9 月 24 日"的记录。

8. 将"人民邮电出版社"出版的图书单价都增加 10 元。

9. 删除读者"张三"的借阅记录。

10. 创建"计算机系"借阅"清华大学出版社"出版的图书的读者视图。

实　　验

实验一　数　据　定　义

1. 实验目的

(1) 熟悉和掌握数据库的创建和连接方法;

(2) 熟悉和掌握数据表的建立、修改和删除;

(3) 加深对表的实体完整性、参照完整性和用户自定义完整性的理解。

2. 实验内容

背景材料:在以下各个实验中,均使用学生管理数据库,它包含了 3 个基本表,分别描述了学生的基本信息、课程的基本信息及学生选修课程的信息。

(1) 创建一个数据库,数据库名为"学生管理";

(2) 使用 SQL Server Management Studio 的"对象资源管理器"的方法创建 3 个级别表:

① 创建学生表,表名为:Student(它由学号 Sno char(10)、姓名 Sname char(10)、性别 Ssex char(2)、年龄 Sage tinyint、所在系 Sdept char(20) 5 个属性组成。其中学号不能为空,值是唯一的,并且姓名取值也唯一);

Sno	Sname	Ssex	Sage	Sdept

② 创建课程表,表名为:Course(它是由课程号 Cno char(2)、课程名 Cname char(30)、开课学期 Cterm char(2)、学分 Ccredit tinyint 4 个属性组成。其中课程号不能为空,值是唯一);

Cno	Cname	Cterm	Ccredit

③ 创建课程表,表名为:SC(它是由学号 Sno char(10)、课程号 Cno char(2)、成绩 Grade tinyint 3 个属性组成,其中 Sno、Cno 为外码)。

Sno	Cno	Grade

（3）将以上 3 个基本表在查询窗口中用 SQL 创建，并把创建表的 SQL 命令以文件的形式保存在磁盘上。

（4）在 Student 表上增加"Birthday"属性列，数据类型为 DATETIME。

（5）删除 Student 表的"Sage"属性列。

（6）在 Course 表中的 Cname 属性列的创建唯一索引。

（7）删除表 SC，利用第（3）题保存在磁盘上的 SQL 文件重新创建表 SC。

实验二　数　据　查　询

1. 实验目的

（1）熟悉和掌握对数据表中数据的查询操作和 SQL 命令的使用；

（2）学会灵活熟练地使用 SQL 语句的各种形式；

（3）加深理解关系运算的各种操作（尤其是关系的选择、投影、连接和除运算）。

2. 实验内容

在学生管理数据库中完成以下查询：

（1）查询学生的基本信息；

（2）查询计算机系学生的基本信息；

（3）查询信息系年龄不在 19 到 21 之间的学生的学号、姓名；

（4）查询学生的最大年龄是多少岁；

（5）查询英语系年龄最大的学生，显示其学号、姓名；

（6）查询各系年龄最大的学生的学号、姓名；

（7）统计数学系学生的人数；

（8）统计各系学生的人数，并按升序排列；

（9）按系统计各系学生的平均年龄，并按降序排列；

（10）查询所有课程的课程名；

（11）查询第一学期开课的课程的课程名和学分；

（12）统计第二学期开课的课程的学分总数；

（13）统计每位学生选修课程的门数、总学分及其平均成绩；

（14）查询选修了 1 号或 2 号课程的学生学号和姓名；

（15）查询选修了课程名为"数据库"且成绩在 60 分以下的学生的学号、姓名和成绩；

（16）查询每位选修了课程的学生的学号、姓名、课程号、课程名、成绩；

（17）查询没有选修课程的学生的基本信息；

（18）查询选修了 3 门以上课程的学生学号；

（19）查询选修课程成绩至少有一门在 80 分以上的学生学号。

实验三　数　据　更　新

1. 实验目的

（1）熟悉和掌握数据表中数据的插入、修改、删除操作和命令的使用；

（2）加深理解表的定义对数据更新的作用。

2. 实验内容

（1）使用两种方法将数据插入学生管理数据库中的各个基本表中；

（2）将以上各个基本表中的数据以 txt 文件的形式保存在磁盘上；

（3）在表 Student、Course、SC 上练习数据的插入、修改、删除操作（比较在表上定义/未定义主码（Primary Key）或外码（Foreign Key）时的情况）；

（4）将表 Student、Course、SC 中的数据全部删除，再利用第二题保存的数据来恢复；

（5）在 SC 表中插入一个学生的选课信息，学号为"201615128"，课程号为"5"，成绩待定；

（6）将数学系全体学生的成绩置零；

（7）删除信息系全体学生的选课记录；

（8）将学号为"201615128"的学生的学号修改为"201615188"；

（9）把平均成绩大于 80 分的男同学的学号和平均成绩存入另一个表"S_GRADE（SNO，AVG_GRADE）"中；

（10）把选修了课程名为"数据结构"的学生的各门课成绩提高 10%；

（11）把选修了 2 号课程，且成绩低于该门课程的平均成绩的学生的成绩提高 5%；

（12）把选修了 2 号课程，且成绩低于该门课程的平均成绩的学生成绩删除掉；

（13）选做：将数据插入 SPJ 数据库中的 4 个表 S、P、J、SPJ 中，并以 SQL 文件和 txt 文件的形式保存在磁盘上。

3. 实验思考

（1）使用 SQL 的更新语句时，同时对几个表进行更新。

（2）在进行数据更新时，可能会产生破坏数据完整性的情况，因此，在数据更新（尤其是多表更新）时，思考应该注意什么问题。

（3）比较表中定义和未定义主码时，对 Student 表的更新操作有何异同？

（4）比较在表之间定义和未定义外码时，对 Student 表的更新操作有何异同？

（5）若要修改存有数据的表的属性或删除已定义表的某一属性列，应如何进行？

实验四　视图的定义、使用

1. 实验目的

（1）熟悉和掌握对数据表中视图的定义操作和 SQL 命令的使用；

（2）熟悉和掌握对数据表中视图的查询操作和 SQL 命令的使用；

（3）熟悉和掌握对数据表中视图的更新操作和 SQL 命令的使用，并注意视图更新与基本表更新的区别与联系；

（4）学习灵活熟练的进行视图的操作，认识视图的作用。

2. 实验内容

以学生管理数据库中的各个基本表 Student、Course、SC 为基础完成以下视图定义及使用。

（1）建立信息系学生的视图"V_IS"；

（2）将 Student、Course、SC 表中学生的学号、姓名、课程号、课程名、成绩定义为视图

"V_S_C_G";

 (3) 将各系学生人数,平均年龄定义为视图"V_NUM_AVG";

 (4) 定义一个反映学生出生年份的视图"V_YEAR";

 (5) 将各位学生选修课程的门数及平均成绩定义为视图"V_AVG_S_G";

 (6) 将各门课程的选修人数及平均成绩定义为视图"V_AVG_C_G";

 (7) 创建平均成绩为 90 分以上的学生学号、姓名和成绩的视图;

 (8) 更新视图"V_IS",将学号为"20161513"的学生姓名更改为"S1_MMM";

 (9) 通过视图"V_IS",新增加一个学生记录（'S12','YAN XI','男',19,'IS'）,并查询结果;

 (10) 通过视图"V_IS",删除学号为"S12"和"S13"的学生的信息,并查询结果。

第4章 数据库的完整性及安全性

学习目标

> 本章介绍数据库的完整性及安全性。在本章中,读者需要了解什么是数据库的完整性和安全性;了解数据库完整性与数据库安全性概念之间的区别和联系;了解实现数据库安全性控制的常用方法和技术。掌握 DBMS 完整性控制机制的 3 个方面,即完整性约束条件的定义、检查及违约处理;掌握数据库中自主存取控制方法和强制存取控制方法。学会使用 T-SQL 语句和 SSMS 工具定义关系模式的完整性约束条件,包括定义关系的实体完整性、定义参照完整性、定义与应用有关的完整性和定义触发器;学会使用 T-SQL 语句和 SSMS 工具实现 SQL Server 2008 的安全控制,包括身份验证、用户权限的授予和 SQL Server 的审核等。

4.1 数据库完整性概述

  数据库的完整性是指数据的正确性和一致性,它保证了数据库中的数据在任何时候都是有效的,是衡量数据库中数据质量的重要标志。例如,任意两位学生不能有相同的学号;年龄只能含有数字 0~9,而不能含有字母或其他符号;学生所选的课程必须是学校已经开设的课程;学生选课成绩只能在学校规定的 0~100 的范围等。数据库的完整性提供了一种手段来保证当授权用户对数据库做修改时不会破坏数据的一致性。因此,完整性防止的是对数据的意外破坏。

  数据库是否具备完整性关系到数据库系统能否真实地反映客观世界,因此维护数据库的完整性是非常重要的。为了维护数据库的完整性,DBMS 的完整性控制机制必须具有如下 3 个方面的功能:

1. 定义功能

  定义功能即提供定义完整性约束条件的机制。加在数据库数据之上的语义约束条件称为数据库完整性约束条件,它们一般由 SQL 语言的 DDL 语句来实现,并作为数据库模式的一部分存入数据库中。

2. 检查功能

  检查功能即 DBMS 检查用户发出的操作请求是否违背了完整性约束条件。检查是否违背完整性约束的时机通常在一条更新语句执行完成后立即检查,称这类约束为立即执行约束。但在某些情况下,完整性检查需要延迟到整个事务执行结束后再进行,称这类约束为延迟执行约束。

3. 违约处理

DBMS 若发现用户的操作请求使数据违背了完整性约束条件,则采取一定的动作来保证数据的完整性。若用户操作请求违背了立即执行约束,最简单的违约处理就是拒绝执行该操作,但也可以采取其他处理方法。若用户操作请求违背了延迟执行的约束,由于不知道是事务的哪个或者哪些操作破坏了完整性,所以只能拒绝整个事务,把数据库恢复到该事务执行前的状态。

现代 DBMS 产品一般都支持完整性控制,即完整性定义和检查控制由 DBMS 实现,违约由 DBMS 来处理,不必由应用程序来完成,从而减轻了应用程序员的负担。

在关系系统中,最重要的完整性约束是实体完整性约束和参照完整性约束,其他完整性约束条件则可以归入用户定义的完整性约束。我们在第 2 章中已经介绍了这 3 类完整性约束的基本概念,下面将介绍在 SQL Server 中实现这些完整性控制的方法。

4.2　实体完整性

实体完整性要求表中有一个主码,其值不能为空且能唯一的标识对应的元组。

4.2.1　定义实体完整性

1. 使用 T‐SQL 语句实现

实体完整性在 CREATE TABLE 或 ALTER TABLE 语句中用 PRIMARY KEY 短语定义。对单属性构成的码,既可以定义列级约束条件,也可以定义表级约束条件。对多个属性构成的码则只能定义为表级约束条件。

PRIMARY KEY 用于定义列级约束时,其语法格式如下:

[CONSTRAINT 〈约束名〉] PRIMARY KEY

PRIMARY KEY 用于定义表级约束时,其语法格式如下:

[CONSTRAINT 〈约束名〉] PRIMARY KEY (〈列名〉[,…n])

【例 4.1】　建立一个 Student 表,定义 Sno 为主码;建立 Course 表,定义 Cno 为主码。
定义 Student 表:

```
CREATE TABLE Student
( Sno CHAR(9) CONSTRAINT PK_S PRIMARY KEY,
    /*定义列级主码约束*/
Sname CHAR(20),
```

```
Ssex CHAR(2),
Sage SMALLINT,
Sdept CHAR(20) );
```

上述代码中指定了主码约束名为 PK_S,如果不指定,则系统会为其定义默认的约束名。

定义 Course 表:

```
CREATE TABLE Course
( Cno CHAR(4),
Cname CHAR(40),
Cpno CHAR(4),
Credit SMALLINT,
CONSTRAINT PK_C PRIMARY KEY (Cno)    /＊定义表级主码约束＊/
);
```

【例 4.2】 建立一个 SC 表,定义 Sno＋Cno 属性组为主码。

```
CREATE TABLE SC
( Sno CHAR(9),
Cno CHAR(4),
Grade SMALLINT,
CONSTRAINT PK_SC PRIMARY KEY (Sno,Cno)   /＊只能定义表级主码约束＊/
);
```

2. 使用 SSMS 工具实现

以创建 Student 表中 Sno 主码约束为例,介绍在 SSMS 中定义主码约束的过程。其步骤如下:

① 启动 SQL Server Management Studio,打开"对象资源管理器",选择"学生管理"数据库下的"Student"表,单击右键,在弹出的快捷菜单中选择"设计"命令,打开"表设计器"窗口,如图 4.1 所示。

② 选中"Sno"列,在"标准"工具栏中单击"设置主键"按钮▮,如图 4.2 所示。

③ 单击"标准"工具栏中的"保存"按钮▮,将上述设置保存,Student 表创建主码后的界面如图 4.3 所示。

注意:若主码为多列的组合,则在步骤②中,需要按住【Ctrl】键的同时选择多个列,然后右击选择"设置主键"命令,即可将多个列设置为表的主码。

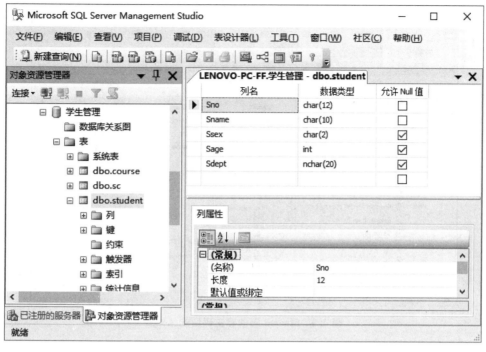

图 4.1　"表设计器"窗口

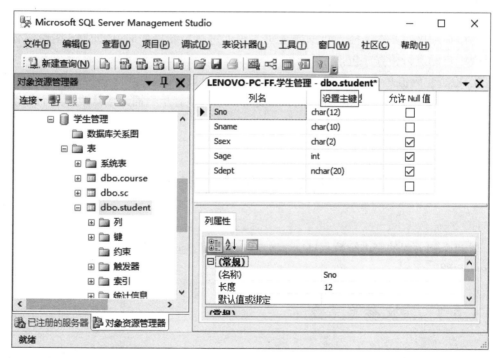

图 4.2　设置 Student 表的主码

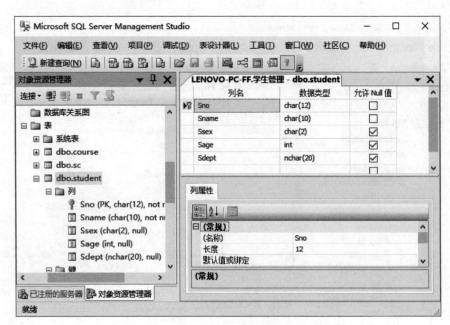

图 4.3　Student 表创建主码后的结果图

4.2.2　规范实体完整性

当用户程序对基本表插入数据或者对主码列进行更新操作时,RDBMS 按照实体完整性规则自动进行检查。包括:

① 检查主码值是否唯一,如果不唯一则拒绝插入或修改。

② 检查主码的各个属性是否为空,只要有一个为空就拒绝插入或修改。从而保证了实体完整性。

4.3　参照完整性

对两个相关联的表进行数据插入、删除和修改时,通过参照完整性保证它们之间数据的一致性。

4.3.1　定义参照完整性

定义表间参照关系:先定义被参照关系(主表或父表)的主码,再对参照关系(从表或子表)定义外码约束。

1. 使用 T‑SQL 语句实现

参照完整性在 CREATE TABLE 或 ALTER TABLE 语句中用 FOREIGN KEY 短语定

义从表中哪些列为外码,用 REFERENCES 短语指明这些外码参照哪些主表的主码。

FOREIGN KEY 既可用于列级约束,也可用于表级约束,其语法格式如下:

[CONSTRAINT〈约束名〉][FOREIGN KEY(〈列名〉[,…])] REFERENCES〈父表名〉(〈列名〉[,…])

【例 4.3】 定义 SC 表中的参照完整性。

ALTER TABLE SC
  ADD CONSTRAINT FK _ SNO FOREIGN KEY(Sno)REFERENCES Student(Sno)
  CONSTRAINT FK_CNO FOREIGN KEY(Cno)REFERENCES Course(Cno)

2. 使用 SSMS 工具实现

以实现 Student 表和 SC 表之间的参照完整性为例,介绍在 SSMS 中定义参照完整性约束的过程。其操作步骤如下:

① 按照前面介绍的方法定义主表 Student 的主码。若主码已经创建,此步可省略。

② 启动 SQL Server Management Studio,打开"对象资源管理器",选择"学生管理"数据库并展开,选择"数据库关系图",右击鼠标,在弹出的快捷菜单中选择"新建数据库关系图"命令,打开"添加表"窗口。

③ 在"添加表"窗口中选择要添加的表,本例中选择 Student 表和 SC 表,单击"添加"按钮后再单击"关闭"按钮退出窗口。

④ 在"数据库关系图设计"窗口将鼠标指向主表 Student 的主码字段 Sno,并拖动到从表 SC 中的 Sno 字段。在弹出的"表和列"窗口中输入关系名,设置主键表名和列名,如图 4.4 所示。单击"表和列"窗口中的"确定"按钮,再单击"外键关系"窗口中的"确认"按钮,进入如图 4.5 所示的界面。

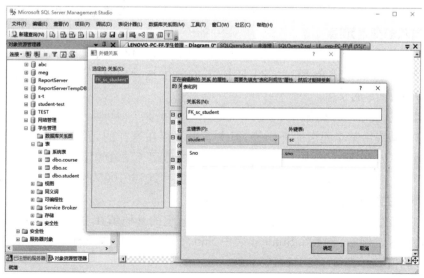

图 4.4 设置主键表名和别名

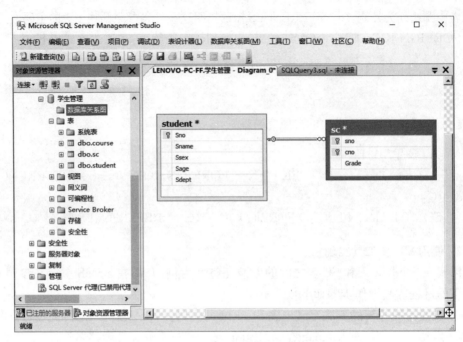

图 4.5　主表和从表的参照关系图

⑤ 单击"保存"按钮 <!-- 图标 -->，在弹出的"选择名称"对话框中输入关系图的名称，单击"确定"按钮，在弹出的"保存"对话框中单击"是"按钮，保存设置。

4.3.2　规范参照完整性

一旦定义了两个表之间的参照完整性，则两个表中的相应元组就有了联系。因此对数据库的更新操作可能会导致参照完整性约束规则被破坏，必须进行检查。

以表 Student 和 SC 为例进行分析，可能存在以下破坏参照完整性的情况：

1. 向从表插入元组

要向从表插入一个元组，但主表中不存在一个主码值与从表中插入的外码值相等。例如，向表 SC 中插入一条 Sno$=′201601005′$的学生选课信息，但 Student 表中尚没有 Sno$=′201601005′$的学生。

2. 修改从表中的外码值

要修改从表中某个元组的外码值，但主表中不存在这样的元组，其主码值等于从表中修改后的外码值。例如，要将从表 SC 中元组($′201601004′$,$′1′$,65)修改为($′201601005′$,$′1′$,65)，但 Student 表中尚没有 Sno$=′201601005′$的学生。

3. 删除主表元组

删除主表中的某个元组，造成从表中的某些元组的外码值在主表中找不到相应的主码值与之相等。例如，要删除 Student 表中 Sno$=′201601003′$的元组，而 SC 表中有 2 个元组的外码值 Sno 都等于$′201601003′$。

4. 修改主表中的主码值

修改主表中一个元组的主码值，造成从表中的某些元组的外码值在主表中找不到相应的主码值与之相等。例如,要将 Student 表中 Sno＝′201601003′修改为′201606003′,而 SC 表中有 2 个元组的外码值 Sno 都等于′201601003′。

当发生上述违反参照完整性约束情况时,SQL Server 系统可以采用以下策略加以处理:

1. 拒绝执行(NO ACTION)

不允许执行该操作。该策略一般为默认策略。

2. 级联操作(CASCADE)

当删除主表中的一个元组或修改主表中的某个主码值造成了与从表的不一致,破坏了参照完整性规则,则删除或修改从表中的所有造成不一致的元组,以维护参照完整性。

例如,删除 Student 表中 Sno＝′201601003′的元组,则级联删除从表 SC 中 Sno＝′201601003′的所有元组。

3. 设置为空值(SET NULL)

当删除主表中的一个元组或修改主表中的某个主码值造成了与从表的不一致,破坏了参照完整性规则,则将从表中所有造成不一致的元组的对应外码值设置为空值(外码允许取空值的情况下)。

例如,有学生关系(学号,姓名,性别,专业号,年龄,班长),“班长”是外码,它引用了本关系“学号”属性值。假设删除学号为′201601001′的学生信息,而该学生正好是班长,按照设置为空值的策略,则将学生表中所有元组的班长属性列设置为空值。即表明该班级班长空缺,尚未选出,符合实际语义。

在将外码值设为空值之前,必须考虑一下外码能否接受空值处理。

例如,要删除 Student 表中 Sno＝′201601003′的元组,而 SC 表中有 2 个元组的外码值 Sno 都等于′201601003′。按照设置为空值的策略,将 SC 表中所有 Sno＝′201601003′的属性列设置为空值。表明尚不存在的某个学生或者某个不知学号的学生选修了某门课程,其成绩记录在 Grade 列中。这显然与学校的应用环境语义是不相符的,所以 SC 表中 Sno 列不能取空值。

因此对于参照完整性,除了要定义外码外,还要定义外码列是否允许取空值。

4. 设置为默认值(SET DEFAULT)

当删除主表中的一个元组或修改主表中的某个主码值造成了与从表的不一致,破坏了参照完整性规则,则将从表中所有造成不一致的元组的对应外码值设置为它们的默认值。

注意:只有从表中的所有外码列必须具有默认值定义,此策略方可有效。如果某个外码列可为空值,并且未设置显式的默认值,则使用 NULL 作为该列的隐式默认值。

一般地,当对主表和从表的操作违反了参照完整性约束,系统选用默认策略,即拒绝执行。如果想让系统采用其他的策略,则必须在创建或修改表的时候显式地加以说明。

在 FOREIGN KEY 约束的创建语法中,REFERENCES 子句支持可选的 ON UPDATE 和 ON DELETE 子句。通过该子句可以定义在删除和更新操作时应如何保持参照完整性。其使用语法如下:

```
[ON DELETE{NO ACTION | CASCADE | SET NULL | SET DEFAULT}]
[ON UPDATE{NO ACTION | CASCADE | SET NULL | SET DEFAULT}]
```

【例 4.4】 修改 SC 表,显式说明参照完整性的违约处理。

```
ALTER TABLE SC
    DROP    CONSTRAINT FK_SNO,FK_CNO
ALTER TABLE SC
    ADD FOREIGN KEY（Sno）REFERENCES Student(Sno)
        ON DELETE CASCADE    /＊当删除 Student 表中的元组时,级联删除
                              SC 表中相应的元组＊/
        ON UPDATE CASCADE,    /＊当更新 Student 表中的 Sno 时,级联更
                              新 SC 表中相应的元组＊/
        FOREIGN KEY（Cno）REFERENCES Course(Cno)
        ON DELETE NO ACTION    /＊当删除 Course 表中的元组造成了与
                               SC 表不一致时拒绝删除＊/
        ON UPDATE CASCADE    /＊当更新 Course 表中的 Cno 时,级联更新
                             SC 表中相应的元组＊/
```

RDBMS 在实现参照完整性时,除了要提供定义主码、外码的机制外,还要提供不同的策略供用户选择。具体选择哪种策略,要根据应用环境的要求来确定。

4.4　用户定义的完整性

用户定义的完整性就是针对某一具体应用的数据必须满足的语义约束。RDBMS 提供了这类完整性的定义和检查机制,而不必由应用程序承担处理。

SQL Server 中实现用户定义的完整性方法有: UNIQUE 约束、NOT NULL、DEFAULT和CHECK 约束。

4.4.1 定义用户定义的完整性

4.4.1.1　列值唯一（UNIQUE）

UNIQUE 约束用于指明某一列或多个列的组合上的取值必须唯一,以防在列中输入重复的值。系统会自动为那些定义了 UNIQUE 约束的属性列建立唯一索引,从而保证其值的唯一性。若要求在非主码列中不输入重复的值,则可以使用 UNIQUE 约束。尽管 UNIQUE 约束与 PRIMARY KEY 约束都有强制唯一性,但想要强制非主码列(一列或多列组合)的唯一性时,应使用 UNIQUE 约束而不是 PRIMARY KEY 约束。

对一个表可以定义多个 UNIQUE 约束,但只能定义一个 PRIMARY KEY 约束。而且,UNIQUE 约束允许 NULL 值,但不允许有一行以上的值同时为 NULL,而 PRIMARY KEY 约束不能用于允许 NULL 值的列。

1. 使用 T‐SQL 语句实现

UNIQUE 约束既可用于列级约束,也可用于表级约束。用于定义列级约束时,可以

把它作为列定义的一部分添加进去。

【例 4.5】 建立部门表 DEPT，要求部门名称 Dname 列取值唯一，部门编号 Deptno 列为主码。

```
CREATE TABLE DEPT
    ( Deptno   NUMERIC(2) PRIMARY KEY,
      Dname   CHAR(9)   UNIQUE,     /*要求 Dname 列值唯一*/
      Location   CHAR(10),
    );
```

采用表级约束的方式实现多列联合唯一性约束，其语法格式如下：

[CONSTRAINT〈约束名〉] UNIQUE（列名 [ASC | DESC][,…n]）

其中，参数 ASC 和 DESC 指定了建立索引时的排列方式。

2. 使用 SSMS 工具实现

以例 4.5 为例，介绍在 SSMS 中定义表 DEPT 中的"Dname"列 UNIQUE 约束的过程，其操作步骤如下：

① 进入表 DEPT 的"表设计器"窗口，选择"Dname"列并右击鼠标，在弹出的快捷菜单中选择"索引/键"命令，打开"索引/键"窗口。

② 单击"添加"按钮，在右边的"常规"属性区域的"类型"栏中选择类型为"唯一键"，"列"栏中选择列名"Dname"，如图 4.6 所示。

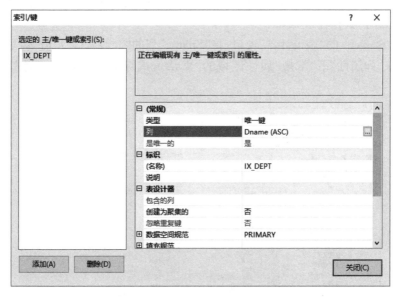

图 4.6 创建唯一键

4.4.1.2 列值非空（NOT NULL）

使用 CREATE TABLE 命令创建数据库表时，可以在列的数据类型后，通过 NOT NULL 关键字为列指定非空约束，这样在添加数据时，如果该列的值为 NULL，则 DBMS

将拒绝数据的添加。

4.4.1.3 默认值(DEFAULT)

使用 CREATE TABLE 命令创建数据库表时,可以为每列指定默认值。即当向表中插入数据或不指定该列的值时,系统会自动地采用设定的默认值。

指定默认值是通过 DEFAULT 关键字来实现的,其语法格式如下:

〈列名〉〈数据类型〉DEFAULT〈默认值〉

无论〈默认值〉使用什么类型的值,都必须符合在列定义中指定的数据要求。例如,如果使用 int 数据类型,那么指定的默认值也必须是 int 数据类型。

【例 4.6】 指定 Student 表中的 Sname 列为非空,Ssex 列默认值为"男"。

```
CREATE TABLE Student
(   Sno    CHAR(9) PRIMARY KEY,
    Sname CHAR(8) NOT NULL,
    Ssex   CHAR(2) DEFAULT '男',
    Sage   SMALLINT,
    Sdept  CHAR(20)
);
```

· 使用 SSMS 工具实现 NOT NULL 和 DEFAULT 约束。

以例 4.6 为例,介绍在 SSMS 中定义表 Student 中的"Sname"列非空和"Ssex"列默认值约束的过程,其操作步骤如下:

进入表 Student 的"表设计器"窗口,将"Sname"列的"允许 NULL 值"勾号去掉;选中"Ssex"列,在"列属性"下"常规"属性区域的"默认值或绑定"栏中输入"男"。结果如图4.7 所示。

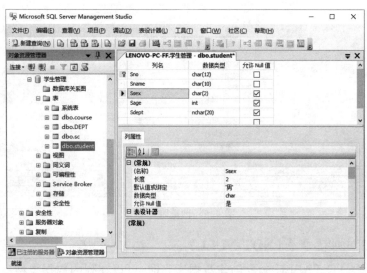

图 4.7 创建非空约束和默认值

4.4.1.4 校验约束(CHECK)

CHECK 约束用来检查字段值所允许的范围,只有符合特定条件和格式的数据才能存到字段中。可以通过任何基于逻辑运算符的逻辑表达式来创建 CHECK 约束。

CHECK 约束既可用于列级约束,也可用于表级约束,其语法格式如下:

[CONSTRAINT 〈约束名〉] CHECK (〈条件〉)

可以将多个 CHECK 约束应用于单个列,也可以通过创建表级 CHECK 约束,将一个 CHECK 约束应用于多个列。

【例 4.7】 建立教师表 TEACHER,要求每个教师的应发工资不低于 3000 元,教师性别只允许取"男"或"女"。

```
CREATE TABLE TEACHER
(Eno NUMERIC(4) PRIMARY KEY,
Ename CHAR(10),
Sex CHAR(2) CHECK (Sex in ('男','女')),
Job CHAR(8),                    /* 职称 */
Sal NUMERIC(7,2),               /* 实发工资 */
Deduct NUMERIC(7,2),            /* 扣除项 */
Deptno NUMERIC(2),
CONSTRAINT empfkey FOREIGN KEY (deptno) REFERENCES dept (deptno),
CONSTRAINT c1 CHECK (sal+deduct>=3000)
)
```

• 使用 SSMS 工具实现 CHECK 约束。

以例 4.7 为例,介绍在 SSMS 中定义表 TEACHER 中的 CHECK 约束的过程,其操作步骤如下:

① 进入表 TEACHER 的"表设计器"窗口,选择"Sex"属性列,右击鼠标,在弹出的菜单中选择"CHECK 约束"命令,打开"CHECK 约束"窗口。

② 单击"添加"按钮,添加一个 CHECK 约束。在"常规"属性区域中的"表达式"栏后面单击"▥"按钮(或直接在文本框中输入内容),打开"CHECK 约束表达式"窗口,并编辑相应的 CHECK 约束表达式为"Sex in ('男','女')"(或"Sex='男' OR Sex='女'")。

③ 单击"确定"按钮,完成 CHECK 约束表达式的编辑,返回到"CHECK 约束"窗口,如图 4.8 所示。

④ 重复②、③步骤,完成应发工资约束的创建,结果如图 4.9 所示。在"CHECK 约束"窗口中选择"关闭"按钮,并保存修改,完成"CHECK 约束"的创建。当使用 CHECK 约束时,需要考虑以下几个因素:

a. 一个列级 CHECK 约束只能与限制的字段有关;一个表级 CHECK 约束只能与限制的表中的字段有关。

b. 一个表中可以定义多个 CHECK 约束。

c. 每个 CREATE TABLE 语句中每个字段只能定义一个 CHECK 约束。

d. 在多个字段上定义 CHECK 约束时，则必须将 CHECK 约束定义为表级约束。

e. CHECK 约束中不能包括子查询。

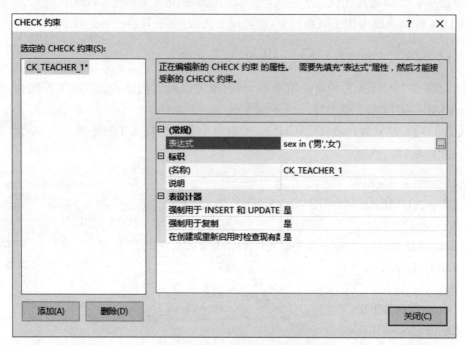

图 4.8 "CHECK 约束"窗口(性别约束)

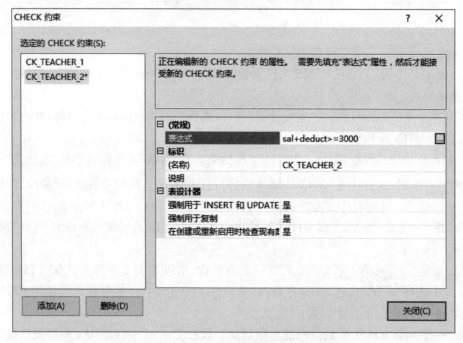

图 4.9 "CHECK 约束"窗口(应发工资约束)

4.4.2　规范用户定义的完整性

当用户程序往表中插入元组或修改属性的值时,RDBMS 就检测列级约束条件或表级约束条件是否被满足,如果不满足则操作被拒绝执行。

注意:表中的约束创建后,还可以添加新的约束,也可以删除约束和禁用约束。在 ALTER TABLE 语句中,可以使用 NOCHECK 关键字将表中的 CHECK 约束和 FOREIGN KEY 约束禁用。

4.5　触　发　器

触发器是一种与表紧密关联的特殊的存储过程,它基于表而建立,当该表发生插入(INSERT)、删除(DELETE)或修改(UPDATE)事件时,所设置的触发器就会自动被执行。触发器机制是一种维护数据引用完整性的很好的方法,它可以实现比 CHECK 约束更为复杂的完整性要求。比如被约束的列位于不同的表中,而 CHECK 约束无法引用其他表中的列,则需要使用触发器来实现。

注意:完整性约束的检查总是先于触发器的执行。如果某个表上既定义了完整性约束,又定义了触发器,则先执行完整性约束检查,符合约束后才执行数据操作语句,然后才能引发触发器执行。

4.5.1　触发器的分类

在 SQL Server 中,按照触发事件的不同,触发器分为两大类:DML 触发器和 DDL 触发器。

1. DML 触发器

当数据库中发生数据操作语言(DML)事件时将激活 DML 触发器。DML 事件包括在指定表或视图中修改数据的 INSERT 语句、UPDATE 语句或 DELETE 语句。

DML 触发器又可以分为如下两种类型:

(1) AFTER 触发器

在执行了 INSERT、UPDATE 或 DELETE 语句操作之后,AFTER 触发器才被激活。它一般用于对更新数据进行检查,如果发现错误,将拒绝或回滚更改的数据。AFTER 触发器只能在表上定义,不能在视图上定义。一个表上可以定义多个给定操作类型的 AFTER 触发器。

(2) INSTEAD OF 触发器

INSTEAD OF 触发器代替激活触发器的 DML 操作执行,即不再执行更新数据(INSERT、UPDATE 或 DELETE 操作)的操作,转而去执行 INSTEAD OF 触发器定义的操作。INSTEAD OF 触发器可以定义在表上和视图上,但对同一操作(INSERT、

UPDATE 或 DELETE)最多只能定义一个 INSTEAD OF 触发器。

2. DDL 触发器

当服务器或数据库中发生数据定义语言(DDL)事件时,将激活 DDL 触发器。与 DML 触发器不同的是,DDL 触发器不会被针对表或视图的 INSERT、UPDATE 或 DELETE 语句所激活,而是会被多种数据定义语言(DDL)语句所激活。这些语句主要是以 CREATE、ALTER、DROP 以及 GRANT、DENY、REVOKE 等关键字开头的 T‑SQL 语句。DDL 触发器可用于管理任务,例如审核系统、控制数据库的操作等。

4.5.2 创建触发器

1. 使用 T‑SQL 语句创建

(1) DML 触发器的创建

语法格式如下:

```
CREATE TRIGGER〈触发器名〉ON {〈表名〉|〈视图名〉}
[ WITH ENCRYPTION]
{ FOR | AFTER | INSTEAD OF }
{ [ INSERT ] [ , ] [ UPDATE ] [ , ] [ DELETE ] }
[ NOT FOR REPLICATION ]
AS
    〈sql_statement 〉
```

语法说明:

① 触发器名:用于指定触发器名,触发器名必须符合 SQL SERVER 的命名规则,且其名称在当前数据库中必须是唯一的。

② 表名/视图名:与触发器相关联的表或视图的名称。视图只能被 INSTEAD OF 触发器引用。

③ WITH ENCRYPTION:表示对 CREATE TRIGGER 语句的文本进行加密,防止用户通过查询 Syscomments 表获取触发器的代码。

④ FOR:作用同 AFTER。

⑤ NOT FOR REPLICATION:指示当复制表时,不执行与表关联的触发器。

⑥ Sql_statement:包含在触发器中的 T‑SQL 语句,指定 DML 触发器触发后将要执行的动作。

DML 触发器中使用的特殊表:

执行 DML 触发器时,系统会创建 2 个特殊的临时表——INSERTED 和 DELETED。它们动态驻留在内存,用于保存触发器表插入、删除或修改的数据信息。用户不能直接修改这两个临时表中的数据,触发器执行完后系统自动删除这两个表。INSERTED 表和 DELETED 表的结构同定义触发器的表的结构完全相同,且这两个临时表只能用在触发器代码中。

① INSERTED 表:保存了 INSERT 操作中新插入的数据和 UPDATE 操作中更新

后的数据。

② DELETED 表:保存了 DELETE 操作中删除的数据和 UPDATE 操作中更新前的数据。

（2）DDL 触发器的创建

语法格式如下：

```
CREATE TRIGGER〈触发器名〉ON { ALL SERVER | DATABASE }
[ WITH ENCRYPTION]
{FOR | AFTER } { event_type | event_group}[,…n]
AS
    〈sql_statement 〉
```

语法说明：

① ALL SERVER | DATABASE:将 DDL 触发器的作用域应用于当前服务器或当前数据库。如果指定了此参数,则只要当前服务器中的任何位置上或当前数据库中出现 event_type 或 event_group,就会激活该触发器。

② event_type:执行之后将导致激发 DDL 触发器的 T - SQL 语言事件的名称。每个事件都对应一个 T - SQL 语句,语句语法做了修改,在关键字之间包含了下划线（"_"）。触发事件如 CREATE_TABLE、ALTER_TABLE、DROP_TABLE 等。

③ event_group:预定义的 T - SQL 语言事件分组的名称。执行任何属于 event_group 的 T - SQL 语言事件之后,都将激发 DDL 触发器。触发事件如 CREATE_DATABASE 、ALTER_DATABASE 等。

④ 其余参数含义与 DML 触发器相同。

2. 使用 SSMS 工具创建触发器

（1）创建 DML 触发器

① 启动 SSMS,打开"对象资源管理器",选择"学生管理"数据库,依次展开"表"→"Student"→"触发器",选中"触发器"并单击右键,在弹出的快捷菜单中选择"新建触发器"命令,打开如图 4.10 所示的窗口,该窗口中显示了系统将提供的模板型规范 T - SQL 代码,可按需要进行修改,进而创建 DML 触发器。

② 完成新建触发器编辑后,单击"分析"按钮进行代码分析;单击"执行"按钮,执行修改好的创建触发器语句,最终完成 DML 触发器的创建。

（2）创建 DDL 触发器

启动 SSMS,打开"对象资源管理器",选择"学生管理"数据库并展开,选择"可编程性"→"数据库触发器",选中"数据库触发器"并单击右键,在弹出的快捷菜单中选择"新建数据库触发器"命令,打开如图 4.11 所示的窗口,该窗口中显示了系统将提供的模板型规范 T - SQL 代码,可按需要进行修改,进而创建 DDL 触发器。

3. 触发器的创建实例

【例 4.8】 为教师表 TEACHER 定义完整性规则"教授的工资不得低于 4000 元,如果低于 4000 元,自动改为 4000 元"。

图 4.10 新建 DML 触发器对话框

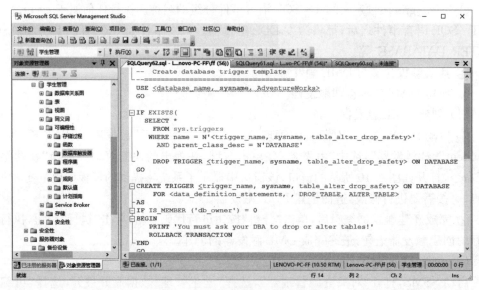

图 4.11 新建 DDL 触发器窗口

CREATE TRIGGER insert_or_update_sal ON Teacher /＊在教师表 TEACHER
上定义触发器＊/

AFTER INSERT，UPDATE /＊触发事件是插入或更新操作＊/

AS

BEGIN

```
            UPDATE Teacher
            SET Sal=4000
            FROM TEACHER T,INSERTED I
            WHERE T.Eno=I.Eno AND I.Job='教授' AND I.Sal<4000
    END
```

【例 4.9】 创建触发器,当教师表 TEACHER 的工资发生变化后就自动在工资变化表 Sal_log 中增加一条相应的记录。

首先建立工资变化表 Sal_log:

```
CREATE TABLE Sal_log
    ( Eno   NUMERIC(4) REFERENCES Teacher(Eno),
      Sal   NUMERIC(7,2),
      Username CHAR(10),
      Date   TIMESTAMP
    );
CREATE TRIGGER Insert_sal ON  Teacher        /* 在教师表 TEACHER 上定
                                                义触发器 */
    AFTER INSERT                    /* 触发事件是插入操作 */
AS
    BEGIN
        INSERT INTO Sal_log(Eno,Sal,Username)
        SELECT Eno, Sal, CURRENT_USER
        FROM INSERTED
    END
CREATE TRIGGER Update_sal ON Teacher      /* 在教师表 TEACHER 上定义
                                             触发器 */
AFTER UPDATE                        /* 触发事件是修改操作 */
AS
    BEGIN
        INSERT INTO Sal_log(Eno,Sal,Username)
        SELECT I.Eno, I.Sal, CURRENT_USER
        FROM INSERTED I,DELETED D
        WHERE I.Eno=D.Eno AND I.Sal<>D.Sal
    END
```

上面介绍的 DML 触发器实例,其触发事件只是针对表中的某行或某些行的 INSERT、UPDATE 和 DELETE 操作。实际上,触发器还可以根据对特定列的 UPDATE 或 INSERT 修改来执行某些操作。可在触发器的主体中使用 UPDATE()或 COLUMNS_UPDATED 来达到此目的。UPDATE()可以测试对某个列的 UPDATE

或 INSERT 尝试。COLUMNS_UPDATED 可以测试对多个列执行的 UPDATE 或 INSERT 操作,并返回一个位模式,指示插入或更新的列。

【例 4.10】 当对表 SC 的 Grade 属性进行修改时,若分数增加了 10%,则将此次操作记录到下面表中:SC_U(Sno,Cno,Oldgrade,Newgrade)。

```
CREATE TRIGGER Sc_t ON SC
AFTER UPDATE
AS
  BEGIN
    IF (UPDATE(Grade))                /* 判断 Grade 属性列是否被修改 */
      INSERT INTO SC_U(Sno,Cno,Oldgrade,Newgrade)
      SELECT I. Sno,I. Cno,D. Grade,I. Grade
      FROM INSERTED I,DELETED D
      WHERE I. Sno=D. Sno AND I. Cno=D. Cno AND I. Grade>=D. Grade * 1. 1
  END
```

在上例中,也可使用 COLUMNS_UPDATED 实现与其功能相同的触发器。只需将 UPDATE(Grade)换成(COLUMNS_UPDATED()&4)>0 或(COLUMNS_UPDATED()&4)=4 即可。

【例 4.11】 在 SC 表上创建一个 INSTEAD OF 触发器,当表中插入记录时显示相应信息。

```
USE 学生管理
GO
CREATE TRIGGER SC_insert ON SC
INSTEAD OF INSERT
AS
  BEGIN
    PRINT 'INSTEAD OF TRIGGER IS WORKING. '
    INSERT INTO SC(Sno,Cno,Grade)
    SELECT * FROM INSERTED
  END
```

注意:为 DML 触发器编写代码时,要考虑导致触发器激发的语句可能是影响多行数据(而不是单行)的单个语句,如一条 UPDATE 语句可能会修改多条记录或一条 DELETE 语句可能导致多条记录的删除。因此,要设计一个影响多行的触发器,除了使用基于行集的逻辑外,还可以使用游标对 INSERTED 表和 DELETED 表中的记录进行逐行处理。关于游标的知识将在第 7 章中介绍。

【例 4.12】 创建"学生管理"数据库作用域的 DDL 触发器,当修改一个表时,提示禁止该操作。

```
USE 学生管理
GO
CREATE TRIGGER Safety_database ON DATABASE
AFTER ALTER_TABLE
AS
    PRINT '不能修改此表.'
    ROLLBACK
```

【例 4.13】 创建服务器作用域的 DDL 触发器,当删除一个数据库时,提示禁止该操作。

```
CREATE TRIGGER Safety_server ON ALL SERVER
AFTER DROP_DATABASE
AS
    PRINT '不能删除该数据库.'
    ROLLBACK
```

4.5.3 管理触发器

触发器也是一种数据库对象,触发器创建好后,还可以对其进行查询、修改、设置和删除等一系列的管理工作。

1. 查询触发器的相关信息

(1) 使用系统存储过程查询

① sp_help〈触发器名〉:用于查询触发器的基本信息,如触发器的名称、属性、类型和创建时间等。

② sp_helptext〈触发器名〉:用于查看触发器的定义文本信息,即触发器的创建语句。

③ sp_depends〈触发器名〉|〈表名〉:用于查看指定触发器所引用的表或指定的表涉及的所有触发器。

(2) 使用 SSMS 工具查询

① 启动 SSMS,打开"对象资源管理器",选择"学生管理"数据库,依次展开"表"→"TEACHER"→"触发器"节点。

② 右击要查看的触发器名称,如图 4.12 所示,在弹出的快捷菜单中可选择"查看依赖性、修改、删除、禁用"触发器等操作,以实现触发器依赖性的查看、修改、删除和禁用。

2. 修改触发器

可以使用 ALTER TRIGGER 语句修改已经创建好的 DML 或 DDL 触发器的定义。其语法格式与使用 CREATE TRIGGER 语句创建触发器的语法完全相同,此处不再赘述。若使用 SSMS 工具修改 DML 触发器,只需在图 4.12 中选择"修改"命令,在打开的"查询编辑器"对话框中重新编辑原触发器代码即可。而对于已创建的 DDL 触发器,

SQL Server 2008 没有提供可供选择的"修改"命令,只能通过命令方式修改。

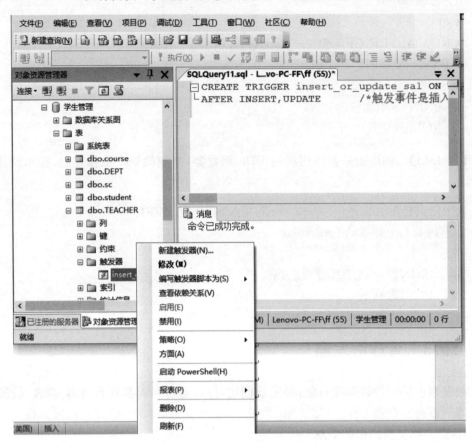

图 4.12　查看触发器相关信息

3. 禁用/启用触发器

当不再需要某个触发器时,可以禁用或删除该触发器。禁用触发器不会将其删除,该触发器仍然作为对象存在于当前数据库中。但是,当引发触发器触发的 T-SQL 语句运行时,该触发器将不会被激活,也可以重新启用禁用的触发器。创建触发器后,这些触发器在默认情况下处于启用状态。

禁用触发器的 T-SQL 语句格式如下:

> DISABLE TRIGGER {〈触发器名〉[,…n] | ALL } ON {〈对象名〉|DATA-BASE|ALL SERVER}

启用触发器的 T-SQL 语句格式如下:

> ENABLE TRIGGER {〈触发器名〉[,…n] | ALL } ON {〈对象名〉|DATA-BASE|ALL SERVER}

语法说明:

① ALL:表示禁用或重启在 ON 子句作用域中定义的所有触发器;

② 对象名:DML 触发器〈触发器名〉相关联的表名或视图名;

③ DATABASE：表示数据库作用域的 DDL 触发器；

④ ALL SERVER：表示服务器作用域的 DDL 触发器。

若使用 SSMS 工具禁用触发器，只需在图 4.12 中选择"禁用"命令即可；若需重新启用，则选择"启用"命令。

4. 设置触发器的激活顺序

前面已经介绍，可以为一个表定义同一操作类型的多个 AFTER DML 触发器；也可以针对相同的数据库或服务器事件，定义多个 DDL 触发器。在应用中，这些触发器的激发顺序是随机的。

对于所创建的多个触发器，可以用系统存储过程 sp_settriggerorder 来指定要对表执行的第一个和最后一个 AFTER 触发器或 DDL 触发器。对于一个表，只能为每个 INSERT、UPDATE 和 DELETE 操作指定第一个和最后一个 AFTER 触发器，而对于该表上的其他 AFTER 触发器，其执行顺序是随机的。

sp_settriggerorder 语法格式如下：

> sp_settriggerorder [@triggername=]'triggername',
> [@order=]'value',[@stmttype=]'statement_type'
> [,[@namespace=]{'database'|'server'|null}]

语法说明：

① Triggername：要设置或更改其顺序的 DML 或 DDL 触发器名。

② value：触发器的新顺序的设置。value 的数据类型为 varchar(10)，可能取值为 First、Last、None。

③ statement_type：指定触发触发器的 SQL 语句 statement_type 的数据类型为 varchar(50)，可以是 INSERT、UPDATE、DELETE 或用于 DDL 触发器的 DDL 事件中列出的任何 T-SQL 语句事件。

④ 'database'|'server'|null：如果 triggername 是 DDL 触发器，则指定其创建时的作用域是数据库作用域还是服务器作用域。

如果已为表、数据库或服务器定义了 First 触发器，则不能为相同 statement_type 的同一个表、数据库或服务器指定新的 First 触发器。此限制也适用于 Last 触发器。

如果同一事件中同时存在具有数据库作用域的 DDL 触发器和具有服务器作用域的 DDL 触发器，则可以将两个触发器分别指定为 First 触发器或 Last 触发器。但是，服务器作用域的触发器始终最先触发。一般情况下，同一事件中 DDL 触发器的执行顺序如下：

① 标记为 First 的服务器级触发器；

② 其他服务器级触发器；

③ 标记为 Last 的服务器级触发器；

④ 标记为 First 的数据库级触发器；

⑤ 其他数据库级触发器；

⑥ 标记为 Last 的数据库级触发器。

注意：如果 ALTER TRIGGER 语句更改了第一个或最后一个触发器，则最初为触发器设置的 First 或 Last 属性将被删除,且其值被替换为 None。必须使用 sp_settrigger-order 重新设置顺序值。

【例 4.14】 执行修改某个教师工资的 SQL 语句,激活在 Teacher 表上定义的 UPDATE DML 触发器。

UPDATE Teacher SET Sal=800 WHERE Ename='陈平';

执行顺序:因为触发器 Insert_or_update_sal 和 Update_sal 的执行顺序未定义,所以它们将按随机顺序执行。

可以通过 sp_settriggerorder 设定第一个触发器或最后一个触发器,因为在 Teacher 表上定义的 UPDATE DML 触发器只有两个,只需要设定其中一个即可确定这两个触发器的执行顺序。代码如下:

```
EXEC sp_settriggerorder 'Insert_or_update_sal', 'First', 'UPDATE'
USE 学生管理
UPDATE Teacher SET Sal=800 WHERE Ename='陈平'
```

5. 删除触发器

不需要的触发器可将其删除。删除触发器所在的表时,系统会自动删除与该表相关的触发器。删除触发器可以使用 DROP TRIGGER 语句。

语法格式如下:

```
DROP TRIGGER〈触发器名〉[,…];          /*删除 DML 触发器*/
DROP TRIGGER〈触发器名〉[,…] ON { DATABASE | ALL SERVER };
    /*删除 DDL 触发器*/
```

【例 4.15】 删除教师表 Teacher 上的触发器 Insert_sal;删除 DDL 触发器 Safety_server。

```
DROP TRIGGER Insert_sal;
DROP TRIGGER Safety_server ON ALL SERVER;
```

4.6 安全性控制

数据库的安全性是指保护数据库以防止不合法的使用造成对数据的泄露、更改或破坏。安全性问题涉及许多方面,如政策法律方面、管理安全方面、技术安全方面等,本书只讨论技术安全方面问题,即计算机系统在保证数据库安全方面的技术措施。安全的操作系统是数据库安全的前提。操作系统统管系统资源,DBMS 建立在操作系统之上,操作系统应能保证数据库中的数据必须经由 DBMS 访问,而不允许用户越过 DBMS 直接通过操作系统访问。有关操作系统的安全措施不在本书讨论之列,这里只讨论与数据库有关的安全技术。

4.6.1　用户标识与鉴别

用户标识和鉴别(identification & authentication)是数据库系统提供的最外层安全保护措施。用户标识是指用户向系统出示自己的身份证明,一般由系统提供一定的方式让用户标识自己的名字或身份。标识机制用于唯一标志进入系统的每个用户的身份,因此必须保证标识的唯一性。鉴别是指系统检查验证用户的身份证明,用于检验用户身份的合法性。标识和鉴别功能保证了只有合法的用户才能存取系统中的资源。

标识用户最简单、常用的方法就是用户名。数据库用户在 DBMS 注册时,每个用户都有一个用户名,系统内部记录着所有合法用户的标识。但用户名是用户公开的标识,它不足以成为鉴别用户身份的凭证。为了鉴别用户身份,常用的方法有:

1. 用户口令

这是目前最常用的方法。口令一般由字母、数字、特殊字符构成。

2. 生物特征鉴别

利用人类个体独一无二的生物特征作为口令,如指纹、虹膜、人脸和掌纹等,对用户进行唯一的识别。

3. 智能卡鉴别

智能卡(有源卡、IC 卡或 Smart 卡)作为个人所有物,可以用来验证个人身份,典型智能卡主要由微处理器、存储器、输入输出接口、安全逻辑及运算处理器等组成。在智能卡中引入了认证的概念,认证是智能卡和应用终端之间通过相应的认证过程来相互确认合法性。在卡和接口设备之间只有相互认证之后才能进行数据的读写操作,目的在于防止伪造应用终端及相应的智能卡。

为了获得更强的安全性,在一个系统中往往是多种鉴别方法并举。

4.6.2　存取控制

数据库安全性技术中最重要的技术就是 DBMS 的存取控制技术。通过数据库系统的存取控制机制可以确保只授权给有资格的用户访问数据库的权限,同时令所有未被授权的人员无法接近数据。

目前实现存取控制的方法主要有两种:自主存取控制和强制存取控制。

1. 自主存取控制(Discretionary Access Control,DAC)

在数据库系统中,要使每个用户只能访问他有权存取的数据,系统必须要预先定义用户的存取权限。所谓存取权限是指用户对某一数据对象的操作权力。存取权限由两个要素组成:数据对象和操作类型。定义一个用户的存取权限就是要定义该用户可以在哪些数据库对象上进行哪些类型的操作。对某个用户的存取权限的定义称为授权。对用户授权后,每当用户发出存取数据库的操作请求后,DBMS 将进行合法权限检查,若用户的操作请求超出了定义的权限,系统将拒绝执行此操作。

在自主存取控制方法中,用户对于不同的数据库对象可以有不同的存取权限,不同的用户对同一数据库对象也有不同的权限,而且用户还可以将其拥有的存取权限转授给其他用户。自主存取控制通过授权机制有效地控制了用户对敏感数据的存取,但由于用户可以自己决定是否将数据的存取权限授予其他用户或将"授权"的权限转授给其他用户,因此可能会造成数据的无意泄露。

2. 强制存取控制(Mandatory Access Control,MAC)

MAC实现了比DAC更高程度的安全性,它对系统控制下的所有实体实施强制存取控制策略。与自主存取控制中的"自主"不同,强制存取控制是"强加"给主体的,即系统强制主体服从存取控制策略。MAC不是用户能直接感知或进行控制的,它适用于那些对数据有严格而固定密级分类的部门,如军事部门或政府部门。

在MAC中,DBMS所管理的全部实体被分为主体和客体。主体是系统中的活动实体,是存取动作的发起者,它可以是DBMS所管理的用户或代表用户的各进程。客体是系统中接受主体操纵的被动实体,包括文件、基本表、索引和视图等。

在强制存取控制下,DBMS为所有主客体的每个实例都指定一个敏感度标记(Label),这些敏感度标记被分成若干安全级别,如绝密级别TS(Top Secret)、秘密级别S(Secret)、机密级别C(Confidential)、限制级别R(Restricted)和无级别级U(Unclassified),其级别为TS>S>C>R>U,主体不能改变自身和客体的安全级别。主体的安全级别反映主体的可信度,而客体的安全级别反映客体所含信息的敏感程度。MAC机制就是通过对比主体和客体的敏感度标记,最终确定主体是否能够存取客体。

主体对客体的存取遵循如下规则:

① 向下读(rd,read down):主体安全级别高于或等于客体的安全级别时允许读操作。

② 向上写(wu,write up):主体安全级别低于或等于客体的安全级别时允许写操作。

以上规则就是利用了不上读/不下写来保证数据的保密性,即不允许低安全级别的用户读高敏感度的数据,也不允许高敏感度的数据写入低敏感度区域,禁止信息从高级别流向低级别,从而防止了敏感数据的泄露。

MAC是对数据本身进行敏感度标记,无论数据如何复制,标记与数据是一个不可分的整体,只有符合敏感度标记要求的用户才可以操纵数据,从而提供了更高级别的安全性。

一般来说,较高安全性级别提供的安全保护都包含较低安全性级别的所有保护,因此,实现强制存取控制的DBMS都包含自主存取控制。DBMS首先进行自主存取控制检查,检查通过后再进行强制存取控制检查,该检查也通过后,存取操作方可进行。

4.6.3 视图机制

为不同的用户定义不同的视图,可以限制用户的访问范围。通过视图机制把需要保密的数据对无权存取这些数据的用户隐藏起来,可以对数据库提供一定程度的安全保护。实际应用中常将视图机制与授权机制结合起来使用,以间接地实现支持存取谓词的用户权限定义。首先用视图机制屏蔽一部分保密数据,然后在视图上进一步进行授权。

【例4.16】 建立计算机系学生的视图,把对该视图的SELECT权限授予用户WANG,把该视图上的所有操作权限授予用户ZHANG。

```
CREATE VIEW CS_Student              /*建立视图 CS_Student*/
AS
    SELECT *
    FROM Student
    WHERE Sdept='计算机';
    GRANT SELECT                    /*给 WANG 授权*/
    ON CS_Student
    TO WANG;
    GRANT ALL PRIVILEGES            /*给 ZHANG 授权*/
    ON CS_Student
    TO ZHANG;
```

4.6.4　数据加密

由于数据库在操作系统中以文件形式管理,所以非法用户一方面可以直接利用操作系统的漏洞窃取数据库文件,或者篡改数据库文件内容。另一方面,数据库管理员(DBA)可以任意访问所有数据,往往超出了其职责范围,同样造成安全隐患。为了防止这些窃密活动,常用的方法是对数据加密。因此,数据库的保密问题不仅包括在传输过程中采用加密保护和控制非法访问,还包括对存储的敏感数据进行加密保护,这样即使数据不幸泄露或者丢失,也难以造成泄密。

数据加密的基本思想就是根据一定算法将原始数据(明文,plain text)变换为不可直接识别的格式(密文,cipher text)。通常加密的方法有替换法、置换法、混合加密法等。加密算法是数据加密的核心,常用的加密算法包括对称密钥算法和非对称密钥算法,在数据库加密中一般采取对称密钥的分组加密算法。

对数据库加密必然会带来数据存储与索引、密钥分配和管理等一系列问题,同时加密也会显著地降低数据库的访问与运行效率。因此保密性与可用性之间不可避免地存在冲突,需要妥善解决二者之间的矛盾。

4.6.5　审计

任何系统的安全措施都是不完美的,蓄意盗窃、破坏数据的人总是想方设法打破控制。对于某些敏感度高的保密数据,必须采用审计功能作为预防手段。审计是将用户操作数据库的所有记录存储在审计日志(audit log)中,它对将来出现问题时可以方便调查和分析有着重要的作用。审计日志中包括的内容有:操作类型(如修改、查询等)、操作终端标识与操作人员标识、操作日期和时间、操作的数据对象(如表、视图、记录、属性等)、数据修改前后的值。如果系统出现问题,DBA 可以利用审计跟踪的功能,很快找出非法存取数据的时间、内容以及相关的人。

审计通常比较费时间和空间,所以 DBMS 往往都将其作为可选特征,允许 DBA 根据应用对安全性的要求,灵活地打开或关闭审计功能。审计功能一般主要用于安全性要求较高的部门。

从软件工程的角度上看,目前通过存取控制、数据加密的方式对数据进行保护是不够的。因此,作为重要的补充手段,审计方式是安全的数据库系统不可缺少的一部分,也是数据库系统的最后一道重要的安全防线。

4.7 SQL Server 2008 的安全性管理

用户要访问 SQL Server 数据库中的数据,需要经过三级验证。首先是身份验证,即对登录 SQL Server 的用户账户(SQL Server 称之为登录名)进行验证,判断该用户是否具有连接到 SQL Server 2008 服务器的资格。如果用户身份验证成功,则该用户可以连接到 SQL Server 2008 实例;否则系统将拒绝该用户的连接。其次是访问权验证,当用户访问数据库时,必须具有数据库的访问权,即验证用户是否是数据库的合法用户。最后是存取权限验证,当数据库用户对数据库对象(表、视图、存储过程等)进行操作时,必须具有相应的存取权限。这个过程的示意图如图 4.13 所示。

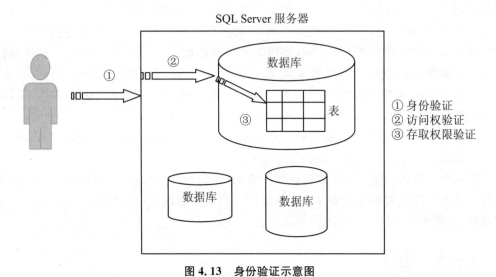

图 4.13 身份验证示意图

4.7.1 身份验证模式

SQL Server 2008 的身份验证模式是指系统确认用户的方式。SQL Server 2008 有两种身份验证模式:Windows 身份验证模式和 SQL Server 身份验证模式。

1. Windows 身份验证模式

该模式使用 Windows 操作系统的安全机制验证用户身份,Windows 完全负责对客户端进行身份验证,只要用户能通过 Windows 的用户账户验证,登录 SQL Server 2008

时就不再进行身份验证。

Windows 身份验证模式会启用 Windows 身份验证并禁用 SQL Server 身份验证。Windows 身份验证始终可用,并且无法禁用。

2. SQL Server 身份验证模式(混合身份验证模式)

混合模式会同时启用 Windows 身份验证和 SQL Server 身份验证。在该模式下,SQL Server 服务器要对登录的用户进行身份验证。SQL Server 2008 会首先验证在 master 数据库的 syslogins 数据表中是否有与之相匹配的用户账号和密码,若通过验证,则进行服务器连接;否则需要验证用户账号在 Windows 操作系统下是否可信以及连接到 SQL Server 服务器的权限,若通过验证,则进行服务器连接;若上述两种方式均验证失败,则系统将拒绝该用户的连接请求。

3. 设置身份验证模式

在安装 SQL Server 2008 过程中,必须为数据库引擎选择身份验证模式,可以根据实际应用情况设置为 Windows 身份验证模式或混合验证模式。在安装完成之后,也可以根据需要利用 SSMS 工具重新设置数据库引擎的身份验证模式。

在 SSMS 中设置身份验证模式的步骤如下:

① 启动 SSMS,以系统管理员身份连接到 SQL Server 实例,右击"对象资源管理器"中的 SQL Server 实例,在弹出的快捷菜单中选择"属性"命令,打开"服务器属性"窗口。

② 单击"服务器属性"窗口左边的"选择页"上的"安全性"选项,如图 4.14 所示,在"服务器身份验证"下选择新的服务器身份验证模式,再单击"确定"按钮。

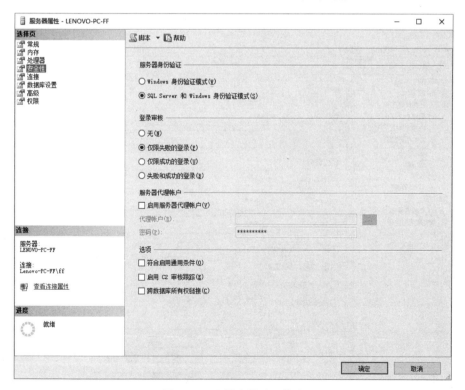

图 4.14 设置身份验证模式

③ 重新启动 SQL Server 服务,使设置生效。

4.7.2 用户账户管理

在 SQL Server 中,用户账户有两种:一种是登录到 SQL Server 服务器的登录账户(Login Name,登录名),另一种是访问服务器中数据库的用户账户(User Name,用户名)。若指定了有效的登录名,则用户可以连接到 SQL Server 服务器,但该用户并不具有访问服务器中数据库的权限,只有成为数据库的合法用户后,才能访问此数据库。

4.7.2.1 用户登录名管理

在成功安装 SQL Server 2008 后,系统本身会自动地创建一些默认登录名,如 sa(系统管理员)、SYSTEM 等,称为内置系统账户,用户也可以根据自己的需要建立自己的登录账户。

1. 创建登录名

(1) 使用 SSMS 工具创建

· 建立 Windows 身份验证的登录名

① 创建 Windows 用户

右击"我的电脑",在弹出的快捷菜单中选择"管理"命令,打开"计算机管理"窗口,右击"本地用户和组"中的"用户"文件夹,在弹出的快捷菜单中选择"新用户"命令,打开"新用户"窗口,如图 4.15 所示。在该窗口中输入用户名(如 xu_user1)、密码,完成新用户的创建。

② 将 Windows 用户映射到 SQL Server 中

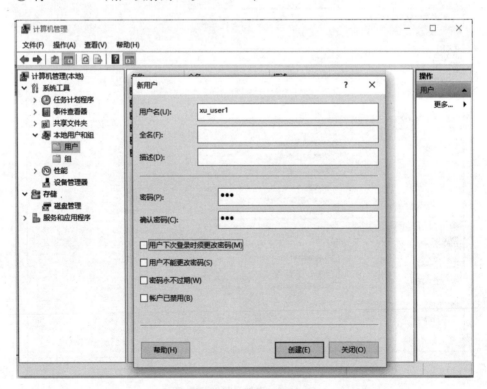

图 4.15　创建新用户

启动 SSMS,以系统管理员身份连接到 SQL Server 实例,依次展开"对象资源管理器"→"安全性"→"登录名"节点,右击"登录名",在弹出的快捷菜单中选择"新建登录名"命令,打开"登录名—新建"窗口,单击"常规"选项卡的"搜索"按钮,在弹出的"选择用户或组"对话框中单击"高级"命令,再单击"立即查找"命令,选择相应的用户名或用户组并添加到 SQL Server 2008 登录用户列表中(如上面创建的用户名 Lenovo-PC-FF\xu_user1,其中 Lenovo-PC-FF 为本地计算机名),如图 4.16 所示。单击"确定"按钮完成 Windows 验证方式的登录名的创建。

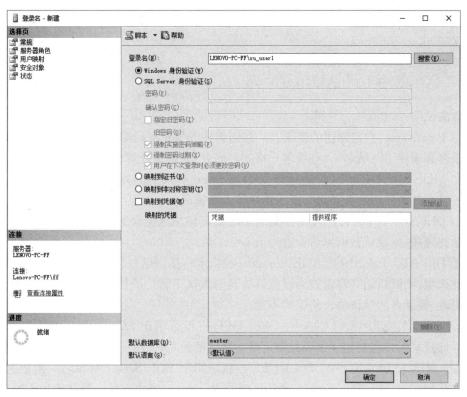

图 4.16　新建 windows 身份验证登录名

• 建立 SQL Server 身份验证的登录名

在如图 4.16 所示的界面中,在"登录名"文本框中输入一个自定义的登录名,如 xu_user2,选中"SQL Server 身份验证"选项,输入密码,并将"强制密码过期"复选框中的勾号去掉,单击"确定"按钮即可。

注意:要建立 SQL Server 身份验证的登录名,必须首先按照前面介绍的方法将 SQL Server 服务器支持的身份验证模式设置为混合模式。

(2) 使用 T‐SQL 语句创建

语法格式如下:

```
CREATE LOGIN loginName { WITH 〈option_list1〉| FROM 〈sources〉}
〈option_list1〉::=
```

```
PASSWORD='password' [ MUST_CHANGE ][ ,⟨option_list2⟩ [ ,… ] ]
⟨option_list2⟩∷=
DEFAULT_DATABASE=database
    | DEFAULT_LANGUAGE=language
    | CHECK_EXPIRATION={ ON | OFF}
    | CHECK_POLICY={ ON | OFF}
⟨sources⟩∷=
    WINDOWS [ WITH ⟨windows_options⟩ [ ,… ] ]
⟨windows_options⟩∷=
    DEFAULT_DATABASE=database
    | DEFAULT_LANGUAGE=language
```

语法说明：

① loginName：指定创建的登录名。在创建从 Windows 域账户映射的登录名时，用户登录名必须使用[⟨域名⟩\⟨登录名⟩]格式，"域名"为本地计算机名。

② MUST_CHANGE：仅适用于 SQL Server 登录名。如果包括此选项，则 SQL Server 将在首次使用新登录名时提示用户输入新密码。

③ DEFAULT_DATABASE=database：指定将指派给登录名的默认数据库。如果未包括此选项，则默认数据库将设置为 master。

④ DEFAULT_LANGUAGE=language：指定将指派给登录名的默认语言。如果未包括此选项，则默认语言将设置为服务器的当前默认语言。即使将来服务器的默认语言发生更改，登录名的默认语言仍保持不变。

⑤ CHECK_EXPIRATION={ ON | OFF }：仅适用于 SQL Server 登录名。指定是否对此登录账户强制实施密码过期策略。默认值为 OFF。

⑥ CHECK_POLICY={ ON | OFF }：仅适用于 SQL Server 登录名。指定应对此登录名强制实施运行 SQL Server 的计算机的 Windows 密码策略。默认值为 ON。

⑦ WINDOWS：指定将登录名映射到 Windows 登录名。

【例 4.17】 创建 Windows 身份验证的登录账户，登录名为 xu_user1，本地计算机名为 Lenovo-PC-FF，默认数据库为 master。

```
CREATE LOGIN [Lenovo-PC-FF\xu_user1] FROM WINDOWS
WITH DEFAULT_DATABASE=master
```

【例 4.18】 创建 SQL Server 身份验证的登录账户，登录名为 xu_user2，密码为：123，要求该登录账户首次连接服务器时必须更改密码。

```
CREATE LOGIN xu_user2 WITH PASSWORD='123' MUST_CHANGE
```

（3）使用系统存储过程 sp_addlogin 创建

sp_addlogin 语法格式如下：

```
sp_addlogin [ @loginame=]′login′ [ , [ @passwd=]′password′ ]
             [ , [ @defdb=]′database′ ] [ , [ @deflanguage=]′language′ ]
```

语法说明：

① [@loginame=]′login′：登录的名称。

② [@passwd=]′password′：登录的密码，默认值为 NULL。

③ [@defdb=]′database′：登录的默认数据库(在登录后首先连接到该数据库)，默认值为 master。

④ [@deflanguage=]′language′：登录的默认语言，默认值为 NULL。如果未指定 language，则新登录的默认 language 将设置为服务器的当前默认语言。

【例4.19】 创建一个登录账户，登录名为 xu_user3，密码为：123，默认数据库为"学生管理"，默认语言为 English。

EXEC sp_addlogin ′xu_user3′，′123′，′学生管理′，′English′

2. 删除登录名

下面以删除 xu_user3 登录名为例进行说明。

(1) 使用 SSMS 工具删除

① 启动 SSMS，以系统管理员身份连接到 SQL Server 实例，依次展开"对象资源管理器"→"安全性"→"登录名"节点。

② 右击要删除的登录名，在弹出的快捷菜单中选择"删除"命令，弹出"删除对象"窗口，单击"确定"按钮，即可完成登录名的删除。

(2) 使用 T-SQL 语句删除

语法格式：

```
DROP LOGIN login_name        /* login_name：要删除的登录名 */
```

(3) 使用系统存储过程 sp_droplogin 删除

```
sp_droplogin [ @loginame=]′login′
```

【例4.20】 使用上述两种命令方式删除登录名 xu_user3。

DROP LOGIN xu_user3　　　或　　　EXEC sp_droplogin ′xu_user3′

4.7.2.2　数据库用户管理

在实现了安全登录 SQL Server 服务器后，系统将进一步验证登录用户对数据库是否具有访问权限。数据库的访问权是通过映射数据库用户与登录账户之间的关系来实现的，只有登录用户成为数据库用户并授予其相应权限时才能访问数据库资源。因此创建了登录用户后，需要为登录用户在欲访问的数据库内创建数据库用户，然后为数据库用户授予权限，用户就可以访问该数据库了。数据库用户是登录名在数据库中的映射，大多数情况下，用户名和登录名可以使用相同的名称。

注意：一个登录账户可以映射到不同的数据库，产生多个数据库用户(但一个登录账户在一个数据库中至多只能映射一个数据库用户)，而一个数据库用户只能映射到一个已建的登录账户。

1. 创建数据库用户

(1) 使用 SSMS 工具创建

以创建"学生管理"数据库的数据库用户为例：

① 启动 SSMS，以系统管理员身份连接到 SQL Server 实例，依次展开"对象资源管理器"→"数据库"→"学生管理"→"安全性"→"用户"节点。

② 右击，在弹出的快捷菜单中选择"新建用户"命令，打开"数据库用户-新建"窗口。在"用户名"文本框中填写要创建的数据库用户名（如 user1），在"登录名"框中填写一个能够登录 SQL Server 的登录名（如 xu_user1），在"默认架构"中选择 dbo，单击"确定"按钮完成创建。如图 4.17 所示。

图 4.17 新建数据库用户账户

(2) 使用 T-SQL 语句创建

语法格式如下：

```
CREATE USER user_name
    [{ { FOR | FROM }
        LOGIN login_name
        | CERTIFICATE cert_name
        | ASYMMETRIC KEY asym_key_name
    }
    | WITHOUT LOGIN ]
    [ WITH DEFAULT_SCHEMA=schema_name ]
```

语法说明：

① user_name：指定在此数据库中用于标识该用户的名称。它的长度最多是 128 个字符。

② LOGIN login_name：指定要为其创建数据库用户的 SQL Server 登录名。login_name 必须是服务器中有效的登录名。

③ CERTIFICATE cert_name：指定要为其创建数据库用户的证书。

④ ASYMMETRIC KEY asym_key_name：指定要为其创建数据库用户的非对称密钥。

⑤ WITH DEFAULT_SCHEMA＝schema_name：指定服务器为此数据库用户解析对象名时将搜索的第一个架构，默认为 dbo。

⑥ WITHOUT LOGIN：指定不应将用户映射到现有登录名。

注意：不能使用 CREATE USER 创建 guest 用户，因为每个数据库中均已存在 guest 用户。可通过授予 guest 用户 CONNECT 权限来启用该用户。

（3）使用系统存储过程 sp_grantdbaccess 创建

sp_grantdbaccess ［＠loginame＝］′login′

　　　　　　　　［，［＠name_in_db＝］′name_in_db′］

① ［＠loginame＝］′login′：映射到新数据库用户的 Windows 组、Windows 登录名或 SQL Server 登录名的名称。

② ［＠name_in_db＝］′name_in_db′：新数据库用户的名称。

【例 4. 21】 使用上述两种命令方式在"学生管理"数据库中创建与登录名 xu_user1 对应的数据库用户 user1。

```
USE 学生管理
GO
CREATE USER user1 FOR LOGIN xu_user1
```

或

```
EXEC sp_grantdbaccess ′xu_user1′, ′user1′
```

2. 删除数据库用户

（1）使用 SSMS 工具删除

以删除"学生管理"数据库中的 user1 数据库用户为例：

① 启动 SSMS，以系统管理员身份连接到 SQL Server 实例，依次展开"对象资源管理器"→"数据库"→"学生管理"→"安全性"→"用户"节点。

② 右击要删除的数据库用户，在弹出的快捷菜单中选择"删除"命令，弹出"删除对象"窗口，单击"确定"按钮，即可完成数据库用户的删除。

（2）使用 T‑SQL 语句删除

语法格式如下：

```
DROP USER user_name
```

其中，user_name 为要删除的数据库用户名。

（3）使用系统存储过程 sp_revokedbaccess 删除

语法格式如下：

```
sp_revokedbaccess [ @name_in_db=]'name'
```

【例 4.22】 使用上述两种命令方式删除"学生管理"数据库中的数据库用户 user1。

```
USE 学生管理
GO
DROP USER user1
```

或

```
EXEC sp_revokedbaccess 'user1'
```

4.7.3 角色

在实际应用中，有很多用户的权限是相同的，如果让 DBA 针对每个用户分别授权将是件十分繁琐的事情。在 SQL Server 中，为了集中管理服务器或数据库权限，引入了角色(role)这一概念。角色是权限的集合，不同的角色具有不同的权限。角色建立后，由 DBA 对角色授予权限，然后 DBA 将数据库用户或登录账户添加到该角色中，使其成为该角色的成员，从而数据库用户或登录账户拥有了相应的权限。当一个角色被赋予的权限发生了修改或删除，其所有成员则均被修改或删除权限。

在 SQL Server 中，角色分为系统预定义的固定角色(固定服务器角色和固定数据库角色)、用户自定义的数据库角色和应用程序角色。固定服务器角色和固定数据库角色都是 SQL Server 内置的，不能进行添加、修改和删除。应用程序角色此处不作介绍，感兴趣的读者可参考其他资料学习。

4.7.3.1 固定服务器角色

固定服务器角色的作用域为服务器范围，独立于各个数据库，这些角色具有完成特定服务器级管理活动的权限。可以向固定服务器角色中添加 SQL Server 登录名、Windows 账户和 Windows 组。固定服务器角色中的每个成员都具有向其所属角色添加其他登录账户的权限。表 4.1 显示了 SQL Server 2008 支持的服务器级角色及其能够执行的操作。

表 4.1 固定服务器角色的权限

服务器级角色名称	说　明
sysadmin	sysadmin 固定服务器角色的成员可以在服务器上执行任何活动
serveradmin	serveradmin 固定服务器角色的成员可以更改服务器范围的配置选项和关闭服务器
securityadmin	securityadmin 固定服务器角色的成员可以管理登录名及其属性。它们可以 GRANT、DENY 和 REVOKE 服务器级别的权限。它们还可以 GRANT、DENY 和 REVOKE 数据库级别的权限。此外，它们还可以重置 SQL Server 登录名和密码

服务器级角色名称	说　　明
processadmin	processadmin 固定服务器角色的成员可以终止在 SQL Server 实例中运行的进程
setupadmin	setupadmin 固定服务器角色的成员可以添加和删除链接服务器
bulkadmin	bulkadmin 固定服务器角色的成员可以运行 BULK INSERT 语句
diskadmin	diskadmin 固定服务器角色用于管理磁盘文件
dbcreator	dbcreator 固定服务器角色的成员可以创建、更改、删除和还原任何数据库
public	其角色成员可以查看任何数据库。在服务器上创建的每个登录账户自动是 public 服务器角色的成员，且都将具有服务器权限

1. 使用 SSMS 工具添加固定服务器角色成员

可以使用 SSMS 工具添加、查看、删除固定服务器角色成员，此处只介绍添加的过程。以将 xu_user1 登录名添加到 sysadmin 角色中为例，操作方法及步骤如下。

方法一：

① 启动 SSMS，以系统管理员身份连接到 SQL Server 实例，依次展开"对象资源管理器"→"安全性"→"登录名"→"LENOVO-PC-FF\xu_user1"节点，右击选择"属性"命令，打开"登录属性-LENOVO-PC-FF\xu_user1"窗口。

② 在"选择页"下选择"服务器角色"选项卡，在窗口右边的"服务器角色"下选中 sysadmin 复选框，单击"确定"按钮即可完成固定服务器角色成员的添加。如图 4.18 所示。

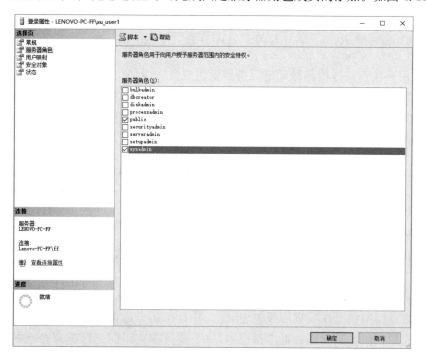

图 4.18　添加固定服务器角色成员

方法二：

① 启动 SSMS，以系统管理员身份连接到 SQL Server 实例，依次展开"对象资源管理器"→"安全性"→"服务器角色"→"sysadmin"节点，双击，打开"服务器角色属性－sysadmin"窗口。

② 单击"添加"按钮，打开"选择登录名"窗口，单击"浏览"按钮，打开"查找对象"窗口，选中要添加到该角色中的登录名（xu_user1），单击"确定"按钮，回到"选择登录名"窗口，单击"确定"按钮，回到"服务器角色属性－sysadmin"窗口。单击"确定"按钮，即可完成在服务器角色中添加成员的操作。

2. 使用系统存储过程添加固定服务器角色成员

使用系统存储过程 sp_addsrvrolemember 可将一登录名添加到某一固定服务器角色中，使其成为固定服务器角色的成员。

语法格式如下：

> sp_addsrvrolemember $[$ @loginame=$]'$login$'$, $[$ @rolename=$]'$role$'$

语法说明：

① $[$ @loginame=$]'$login$'$：添加到固定服务器角色中的登录名。login 可以是 SQL Server 登录或 Windows 登录。如果未向 Windows 登录授予对 SQL Server 的访问权限，则将自动授予该访问权限。

② $[$ @rolename=$]'$role$'$：要添加登录的固定服务器角色的名称。

【例 4.23】 将 Windows 登录名 LENOVO-PC-FF\xu_user1 添加到 sysadmin 角色中。

> EXEC sp_addsrvrolemember $'$LENOVO-PC-FF\xu_user1$'$, $'$sysadmin$'$

3. 使用系统存储过程删除固定服务器角色成员

使用系统存储过程 sp_dropsrvrolemember 可将某个登录名从某个服务器角色中删除。当该成员从服务器角色中被删除后，不再具有该服务器角色所设置的权限。

语法格式如下：

> sp_dropsrvrolemember $[$ @loginame=$]'$login$'$, $[$ @rolename=$]'$role$'$

【例 4.24】 将 Windows 登录名 LENOVO-PC-FF\xu_user1 从 sysadmin 角色中删除。

> EXEC sp_dropsrvrolemember $'$LENOVO-PC-FF\xu_user1$'$, $'$sysadmin$'$

4.7.3.2 固定数据库角色

固定数据库角色是在数据库级别定义的，并且存在于每个数据库中。可以将任何有效的数据库用户添加到固定数据库角色中，每个成员都获得固定数据库角色的权限。也可以将数据库用户添加到同一数据库的多个角色中，以继承多个角色的权限。表 4.2 显示了 SQL Server 2008 支持的固定数据库级角色及其能够执行的操作。

表 4.2　固定数据库角色的权限

数据库级别的角色名称	说　　明
db_owner	db_owner 固定数据库角色的成员可以执行数据库的所有配置和维护活动,还可以删除数据库
db_securityadmin	db_securityadmin 固定数据库角色的成员可以修改角色成员身份和管理权限。向此角色中添加主体可能会导致意外的权限升级
db_accessadmin	db_accessadmin 固定数据库角色的成员可以为 Windows 登录名、Windows 组和 SQL Server 登录名添加或删除数据库访问权限
db_backupoperator	db_backupoperator 固定数据库角色的成员可以备份数据库
db_ddladmin	db_ddladmin 固定数据库角色的成员可以在数据库中运行任何数据定义语言（DDL）命令
db_datawriter	db_datawriter 固定数据库角色的成员可以在所有用户表中添加、删除或更改数据
db_datareader	db_datareader 固定数据库角色的成员可以从所有用户表中读取所有数据
db_denydatawriter	db_denydatawriter 固定数据库角色的成员不能添加、修改或删除数据库内用户表中的任何数据
db_denydatareader	db_denydatareader 固定数据库角色的成员不能读取数据库内用户表中的任何数据

（1）使用 SSMS 工具添加固定数据库角色成员

可以使用 SSMS 工具添加、查看、删除固定数据库角色成员,此处只介绍添加的过程。以将"学生管理"数据库中用户 user1 添加到 db_owner 角色中为例,操作方法如下。

方法一:

① 启动 SSMS,以系统管理员身份连接到 SQL Server 实例,依次展开"对象资源管理器"→"数据库"→"学生管理"→"安全性"→"用户"节点。右击"user1",在弹出的快捷菜单中选择"属性"命令,打开"数据库用户- user1"窗口。

② 在窗口右下部"数据库角色成员身份"的"角色成员"列表中,选中"db_owner"前的复选框,单击"确定"按钮完成固定数据库角色成员的添加。如图 4.19 所示。

方法二:

① 启动 SSMS,以系统管理员身份连接到 SQL Server 实例,依次展开"对象资源管理器"→"数据库"→"学生管理"→"安全性"→"角色"→"数据库角色"节点。双击"db_owner",打开"数据库角色属性- db_owner"窗口。

② 单击"添加"按钮,打开"选择数据库用户或角色"窗口,单击"浏览"按钮,打开"查找对象"窗口,选中要添加到该角色中的用户名(user1),单击"确定"按钮,回到"选择数据库用户或角色"窗口,单击"确定"按钮,回到"数据库角色属性- db_owner"窗口。单击"确定"按钮,即可完成在固定数据库角色中添加成员的操作。

（2）使用系统存储过程添加固定数据库角色成员

使用系统存储过程 sp_addrolemember 可将一数据库用户添加到某一固定数据库角

色中,使其成为固定数据库角色的成员。

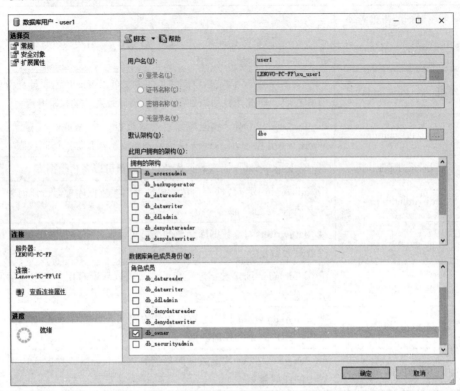

图 4.19 添加固定数据库角色成员

语法格式如下:

> sp_addrolemember [@rolename=]'role', [@membername=]'security_account'

语法说明:

① [@rolename=]'role':当前数据库中的数据库角色的名称。

② [@membername=]'security_account':是添加到该角色的安全账户。security_account 可以是数据库用户、数据库角色、Windows 登录或 Windows 组。

【例 4.25】 将"学生管理"数据库中用户 user1 添加到 db_owner 角色中。

```
USE 学生管理
GO
EXEC sp_addrolemember 'db_owner', 'user1'
```

(3) 使用系统存储过程删除固定数据库角色成员

使用系统存储过程 sp_droprolemember 可将某个数据库用户从某个数据库角色中删除。当该成员从数据库角色中被删除后,不再具有该数据库角色所设置的权限。

语法格式如下:

> sp_droprolemember [@rolename=]'role', [@membername=]'security_account'

【例 4.26】 将"学生管理"数据库中用户 user1 从 db_owner 角色中删除。

```
USE 学生管理
GO
EXEC sp_droprolemember 'db_owner', 'user1'
```

4.7.3.3 自定义数据库角色

SQL Server 2008 除了提供系统预定义的固定数据库角色外,还提供了用户在数据库中自定义角色的功能。用户自定义的角色是针对具体数据库而言的,因此数据库角色的创建需要在特定的数据库下进行。用户自定义的数据库角色与固定数据库角色的不同点在于:数据库角色创建后,需先给角色授予权限再添加用户,而固定数据库角色只需要添加用户即可。

1. 使用 SSMS 工具创建自定义数据库角色

以在"学生管理"数据库中建立一个 xu_role 角色为例,操作步骤如下:

① 启动 SSMS,以系统管理员身份连接到 SQL Server 实例,依次展开"对象资源管理器"→"数据库"→"学生管理"→"安全性"→"角色"→"数据库角色"节点。右击,在弹出的快捷菜单中选择"新建数据库角色"命令,打开"数据库角色-新建"窗口。

② 在"选择页"下选择"常规"选项卡,在"角色名称"文本框中输入 xu_role,在"所有者"文本框中输入拥有该角色的用户名或数据库角色名,默认为 dbo。单击"确定"按钮,即可完成数据库角色的创建。如图 4.20 所示。

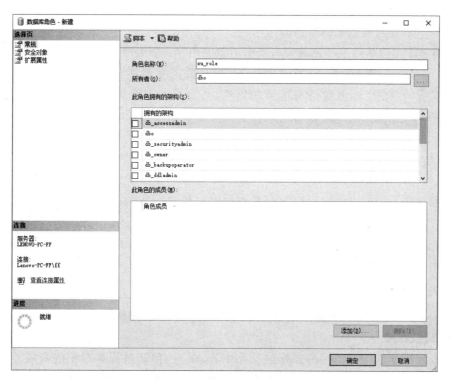

图 4.20 新建数据库角色

创建好数据库角色后可为其添加角色成员,添加方法与前面介绍的添加固定数据库角色成员的方法类似。或者在定义数据库角色的同时添加该角色成员:直接单击图 4.19 中的"添加"按钮,按照操作提示完成角色成员的添加。

2. 使用 T‑SQL 语句创建自定义数据库角色

语法格式如下:

CREATE ROLE role_name［ AUTHORIZATION owner_name ］

① role_name:待创建角色的名称。

② AUTHORIZATION owner_name:将拥有新角色的数据库用户或角色。如果未指定用户,则执行 CREATE ROLE 的用户将拥有该角色。

【例 4.27】 在"学生管理"数据库中创建名为 xu_role 的新角色,并指定 dbo 为该角色的所有者。

```
USE 学生管理
GO
CREATE ROLE xu_role AUTHORIZATION dbo
```

3. 使用 T‑SQL 命令删除自定义数据库角色

语法格式如下:

DROP ROLE role_name

其中,role_name 为要删除的数据库角色名。

注意:① 无法从数据库删除拥有安全对象的角色。若要删除拥有安全对象的数据库角色,必须首先转移这些安全对象的所有权,或从数据库删除它们。② 无法从数据库删除拥有成员的角色。若要删除有成员的角色,必须首先删除角色的成员。③ 不能使用 DROP ROLE 删除固定数据库角色。

4.7.4　权限管理

权限指明了数据库用户可以对哪些数据库对象执行何种类型的操作。当数据库的合法用户欲对数据库对象进行操作时,必须事先被赋予相应的访问权限(即授权),否则系统将拒绝访问。用户在数据库中拥有的权限取决于两方面的因素:用户账户的数据库权限和用户所在角色的权限。

4.7.4.1　权限类型

SQL Server 2008 将权限分为对象权限、语句权限和隐含权限 3 种。

1. 对象权限

对象权限是指用户访问和操作数据库中表、视图、存储过程等对象的权限。主要包括:查询(SELECT)、插入(INSERT)、更新(UPDATE)、删除(DELETE)、执行(EXECUTE),其中前 4 个权限用于表和视图,执行只用于存储过程。

2. 语句权限

语句权限是用于控制创建数据库或数据库中的对象所涉及的权限,如创建数据库或在数据库中创建或修改对象、执行数据库或事务日志备份等的权限。语句权限有:CREATE DATABASE、BACKUP DATABASE、CREATE FUNCTION、CREATE PROCEDURE、CREATE TABLE、CREATE VIEW、BACKUP LOG 等。只有 sysadmin、db_owner 和 db_securityadmin 角色的成员才能够授予用户语句权限。

3. 隐含权限

隐含权限是指系统预定义角色的成员或数据库对象所有者所拥有的权限,是由系统预先定义好的而不需要授权就有的权限。例如,sysadmin 固定服务器角色成员自动继承在 SQL Server 安装中进行操作或查看的全部权限;数据库对象所有者可以对所拥有的对象执行一切活动。

4.7.4.2 授予权限

授予权限是指授予用户或角色对一个对象实施某种操作或执行某种语句的权限。通过角色,所有该角色的成员继承此权限。

1. 使用 SSMS 工具授予对象权限

以给"学生管理"数据库的用户 user1(假设该用户已经使用登录名 xu_user1 创建)授予 Student 表 SELECT 和 DELETE 权限为例,操作步骤如下。

方法一:

① 启动 SSMS,以系统管理员身份连接到 SQL Server 实例,依次展开"对象资源管理器"→"数据库"→"学生管理"→"表"→"student"节点,单击右键,在弹出的快捷菜单中选择"属性"命令,打开"表属性-student"窗口,在"选择页"列表中选择"权限"选项卡。

② 单击"搜索"按钮,在弹出的"选择用户或角色"窗口中单击"浏览"按钮,选择要授权的用户 user1,单击"确定"回到"表属性-student"窗口。

③ 选择用户 user1,在权限列表中选中需要授予的权限,如"选择(SELECT)""删除(DELETE)",如图 4.21 所示,单击"确定"按钮即可完成授权。

方法二:

① 启动 SSMS,以系统管理员身份连接到 SQL Server 实例,依次展开"对象资源管理器"→"数据库"→"学生管理"→"安全性"→"用户"节点,右击 user1,在弹出的快捷菜单中选择"属性"命令,打开"数据库用户-user1"窗口。

② 在"选择页"列表中选择"安全对象"选项卡,单击"搜索"按钮,在弹出的"添加对象"窗口中选择要添加的对象类型,默认添加"特定对象"类,单击"确定",弹出"选择对象"窗口,单击"对象类型"按钮,弹出"选择对象类型"窗口,选择要授予权限的对象类型,此处选中"表"前的复选框,如图 4.22 所示,单击"确定"按钮,回到"选择对象"窗口。

③ 单击"浏览"按钮,弹出"查找对象"窗口,该窗口列出了当前可以被授权的全部表,此处选中"student"前的复选框,单击"确定"按钮,回到"选择对象"窗口,单击"确定"按钮,回到"数据库用户-user1"窗口。

④ 在"安全对象"列表框中选中"student",在下面的权限部分选中需要授予的权限,

如"选择(Select)""删除(Delete)",如图 4.23 所示,单击"确定"按钮即可完成授权。

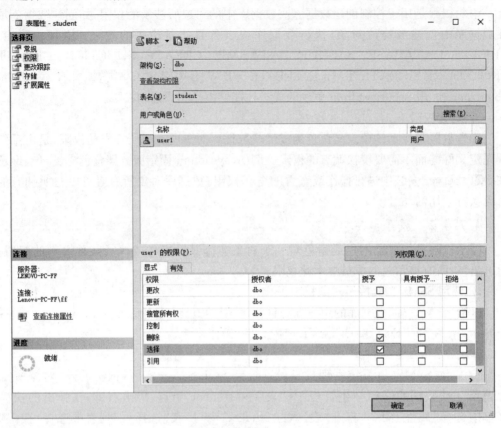

图 4.21　授予用户数据库对象(表)上的权限

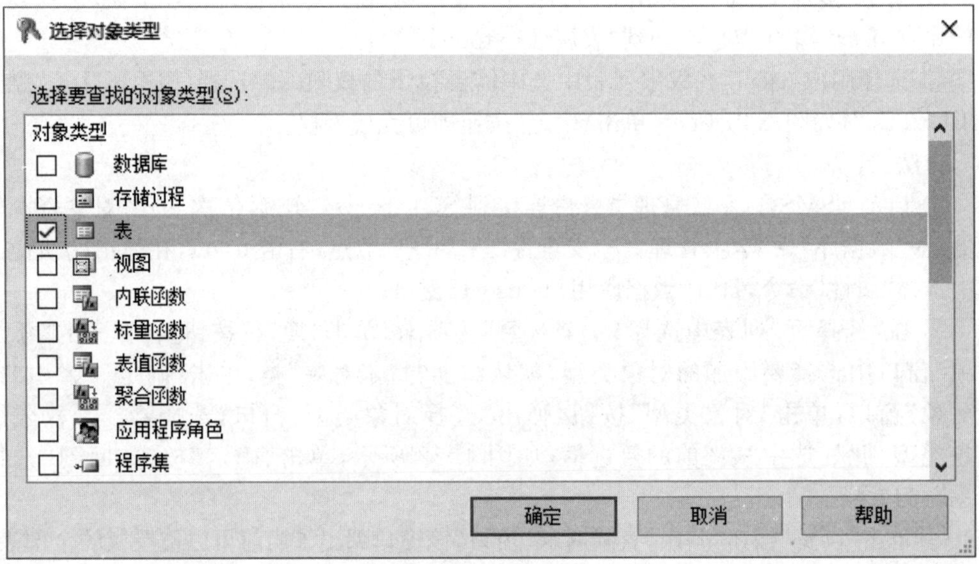

图 4.22　"选择对象类型"窗口

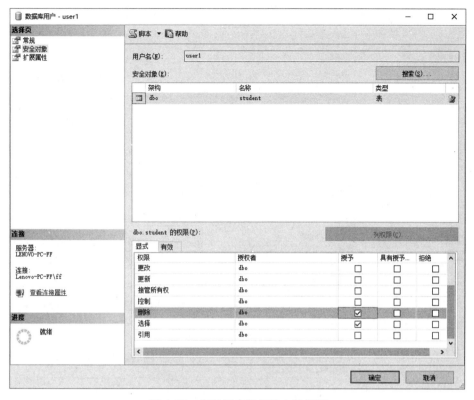

图 4.23　授予用户数据库上的权限

2. 使用 SSMS 工具授予语句权限

以给用户 user1 授予"学生管理"数据库的创建表（CREATE TABLE）的权限为例，操作步骤如下：

① 同上面"方法二"中的步骤①、②，但此处在图 4.21 所示的"选择对象类型"窗口中要选中"数据库"前的复选框，单击"确定"按钮，回到"选择对象"窗口。

② 单击"浏览"按钮，弹出"查找对象"窗口，该窗口列出了当前可以被授权的全部数据库，此处选中"学生管理"前的复选框，单击"确定"按钮，回到"选择对象"窗口，单击"确定"按钮，回到"数据库用户- user1"窗口。

③ 在"安全对象"列表框中选中"学生管理"，在下面的权限部分选中需要授予的权限，如"创建表（CREATE TABLE）"，如图 4.24 所示，单击"确定"按钮即可完成授权。

3. 使用 T‑SQL 语句授予

可使用 GRANT 命令给数据库用户、角色授予数据库级别或对象级别的权限。

（1）授予对象权限

语法格式如下：

```
GRANT { ALL [ PRIVILEGES ] } | permission [ ( column [ ,…n ] ) ] [ ,…n ]
  ON 〈对象名〉 TO principal [ ,…n ]
  [ WITH GRANT OPTION ]
```

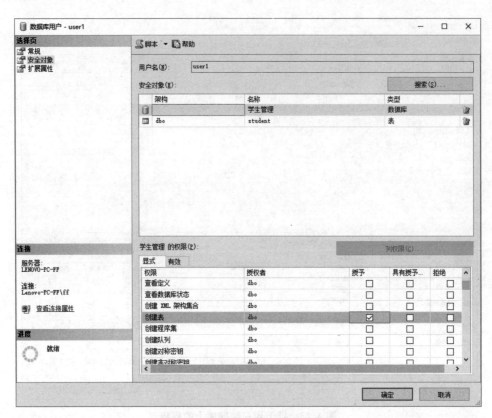

图 4.24 授予数据库用户语句权限

① ALL：表示授予所有可用的权限。对于不同的权限，ALL 的含义有所不同，如表 4.3 所示。

表 4.3 不同对象的 ALL 权限

数据库对象	ALL 权限
表的权限	SELECT,INSERT,DELETE,UPDATE,REFERENCES
视图的权限	SELECT,INSERT,DELETE,UPDATE,REFERENCES
标量函数的权限	EXECUTE,REFERENCES
表值函数的权限	SELECT,INSERT,DELETE,UPDATE,REFERENCES
存储过程的权限	SELECT,INSERT,DELETE,UPDATE,EXECUTE,SYNONYM

② permission：指定可以授予的数据库对象的权限的名称。如对于表或视图，permission的取值可为 SELECT、INSERT、DELETE、UPDATE 或 REFERENCES。

③ column：指定表中将授予其权限的列的名称，需要使用括号"()"。只能授予对列的 SELECT、UPDATE 及 REFERENCES权限。

④ principal：即主体的名称，指被授予权限的对象，可为当前数据库的用户、数据库角色。

⑤ WITH GRANT OPTION：指示被授权者在获得指定权限的同时还可以将指定

权限授予其他用户或角色。

（2）授予语句权限

语法格式如下：

```
GRANT permission［,…n］
TO principal［,…n］［WITH GRANT OPTION］
```

语法说明：

permission：指定可对数据库授予的权限的名称。如 CREATE DATABASE 、BACKUP DATABASE 、CREATE FUNTION、CREATE TABLE 或 CREATE VIEW 等。

【例 4.28】 在当前数据库"学生管理"中给 user1 用户授予对 Student 表的 SELECT 和 DELETE 权限及授予对表 SC 中 Grade 属性列的 UPDATE 权限。

```
USE 学生管理
GO
GRANT SELECT, DELETE
ON student
TO user1
GRANT UPDATE(Grade)
ON SC
TO user1
```

【例 4.29】 授予 user1 用户具有创建表的权限。

```
USE 学生管理
GO
GRANT CREATE TABLE TO user1
```

4.7.4.3 撤销权限

撤销权限是指收回（或撤销）以前给当前数据库用户或角色授予或拒绝了的权限，可使用 REVOKE 命令实现。撤销权限是撤销已授予的权限，但并不会撤销用户或角色从其他途径如继承角色获得的权限。

可使用 SSMS 工具实现撤销权限的操作，在相关的数据库或对象的属性窗口中，如图 4.21、图 4.23 和图 4.24 中，直接取消相应复选框中的勾号即可。此处只介绍撤销权限的 T - SQL 语句。

（1）撤销对象权限

语法格式如下：

```
REVOKE［GRANT OPTION FOR］
    ｛ALL［PRIVILEGES］｝| permission［（column［,…n］)］［,…n］
    ON 〈对象名〉｛TO | FROM｝principal［,…n］
    ［CASCADE］
```

（2）撤销语句权限

语法格式如下：

```
REVOKE [ GRANT OPTION FOR ] permission [ ,…n ]
    { TO | FROM } principal [ ,…n ]
    [ CASCADE]
```

语法说明：

GRANT OPTION FOR：指示将撤销授予指定权限的能力。在使用 CASCADE 参数时，需要具备该功能。

【例 4.30】 撤销"学生管理"数据库中 user1 用户对表 SC 中 Grade 属性列的 UPDATE 权限。

```
USE 学生管理
GO
REVOKE UPDATE(Grade)
ON SC
FROM user1
```

【例 4.31】 撤销对 user1 用户授予的创建表的权限。

```
USE 学生管理
GO
REVOKE CREATE TABLE FROM user1
```

4.7.4.4　拒绝权限

拒绝权限是指拒绝某用户或角色具有某种操作权限，并阻止用户或角色继承权限。一旦拒绝了用户的某个操作权限，则用户从任何地方都不能获得该权限。可使用 DENY 命令实现。

可使用 SSMS 工具实现拒绝权限的操作，在相关的数据库或对象的属性窗口中，如图 4.21、图 4.23 和图 4.24 中，选中相应的"拒绝"复选框即可。此处只介绍拒绝权限的 T-SQL 语句。

（1）拒绝对象权限

语法格式如下：

```
DENY { ALL [ PRIVILEGES ] } | permission [ ( column [ ,…n ] ) ] [ ,…n ]
    ON〈对象名〉 TO principal [ ,…n ]
        [ CASCADE]
```

（2）拒绝语句权限

语法格式如下：

```
DENY permission [ ,…n ]   TO principal [ ,…n ]
    [ CASCADE]
```

语法说明：

CASCADE：指示拒绝授予指定用户或角色该权限，同时对该用户或角色授予了该权限的所有其他用户或角色，也拒绝授予该权限。当主体具有带 GRANT OPTION 的权限时，为必选项。

其他各项的含义与 GRANT 语法格式中的各项含义相同。

【例 4.32】 拒绝 user1 用户对 SC 的删除权限。

```
USE 学生管理
GO
DENY DELETE
ON SC
TO user1
```

【例 4.33】 对所有 PUBLIC 角色成员拒绝 CREATE TABLE 权限。
    DENY CREATE TABLE TO PUBLIC

注意：DENY 语句优先于所有其他授予的权限。

如果使用 DENY 命令拒绝了用户的某个权限，那么该用户无论如何也无法取得这个权限。例如拒绝了用户 WANG 在某个表上的 SELECT 权限，那么即使用户 WANG 属于的角色拥有 SELECT 权限，用户 WANG 仍不能查询该表的数据。

【例 4.34】 创建角色 myrole，给角色授权，使得角色 myrole 拥有对 Student 表的 SELECT、UPDATE、INSERT 的权限；将用户 WANG 和用户 ZHANG 加入该角色。

```
USE 学生管理
GO
CREATE ROLE myrole
GRANT SELETE,UPDATE,INSERT
ON   STUDENT
TO myrole
EXEC   sp_addrolemember 'myrole', 'WANG'
EXEC   sp_addrolemember 'myrole', 'ZHANG'
```

4.7.5 SQL Server 审计

相比于以前的版本，SQL Server 2008 引入了专门的数据库审核功能（SQL Server Audit），可以对服务器级别和数据库级别事件组以及单个事件进行审核。审核包括零个或多个审核操作项目，这些审核操作项目可以是一组操作，例如 Server_Object_Change_Group；也可以是单个操作，例如对表的 SELECT 操作。审核结果将发送到目标，目标可以是二进制文件、Windows 安全事件日志或 Windows 应用程序日志。

可以使用 SQL Server Management Studio 或 T‑SQL 语句定义审核。在创建并启用审核后,目标将接收审核数据。用户可以使用 Windows 中的"事件查看器"实用工具来读取 Windows 事件;对于文件目标,您可以使用 SQL Server Management Studio 中的"日志文件查看器"或使用 fn_get_audit_file 函数来读取目标文件。

创建和使用审核的一般过程如下:

① 创建审核并定义目标。

② 创建映射到审核的服务器审核规范或数据库审核规范,启用审核规范。

③ 启用审核。

④ 通过使用 Windows"事件查看器""日志文件查看器"或 fn_get_audit_file 函数来读取审核事件。

1. 创建审核并定义目标

(1) 使用 T‑SQL 语句创建

使用 CREATE Server Audit 语句创建服务器审核对象。语法格式如下:

```
CREATE SERVER AUDIT audit_name
TO { [ FILE (⟨file_options⟩ [ , …n ]) ] | APPLICATION_LOG | SECURITY
_LOG }
      [ WITH ( ⟨audit_options⟩ [ , …n ] ) ]
      }
[ ; ]
⟨file_options⟩::=
{   FILEPATH='os_file_path'
      [ , MAXSIZE={ max_size { MB | GB | TB } | UNLIMITED } ]
      [ , MAX_ROLLOVER_FILES={ integer | UNLIMITED } ]
      [ , RESERVE_DISK_SPACE={ ON | OFF } ]
}
⟨audit_options⟩::=
{   [   QUEUE_DELAY=integer ]
      [ , ON_FAILURE={ CONTINUE | SHUTDOWN } ]
      [ , AUDIT_GUID=uniqueidentifier ]
}
```

语法说明:

① TO { FILE | APPLICATION_LOG | SECURITY }:确定审核目标的位置。选项包括二进制文件、Windows 应用程序日志或 Windows 安全日志。

② FILEPATH='os_file_path':审核日志的路径。文件名是基于审核名称和审核 GUID 生成的。

③ MAXSIZE={ max_size }:指定审核文件可增大到的最大容量。max_size 值必须后跟 MB、GB、TB 或 UNLIMITED 的整数。为 max_size 指定的最小容量为 2 MB,最大

容量为 2147483647 TB。如果指定为 UNLIMITED,则文件将增长到磁盘变满为止。

④ MAX_ROLLOVER_FILES={ integer ∣ UNLIMITED }:指定要保留在文件系统中外加当前文件的最大文件数。MAX_ROLLOVER_FILES 的值必须是整数或 UNLIMITED。默认值为 UNLIMITED。

⑤ RESERVE_DISK_SPACE={ ON ∣ OFF }:此选项会按 MAXSIZE 值为磁盘上的文件预先分配大小。仅在 MAXSIZE 不等于 UNLIMITED 时适用。默认值为 OFF。

⑥ QUEUE_DELAY=integer:确定在强制处理审核操作之前可以经过的时间(以毫秒为单位)。值 0 指示同步传递。可设置的最小延迟值为 1000(1 秒),这是默认值。

⑦ ON_FAILURE={ CONTINUE ∣ SHUTDOWN }:指示在目标无法执行写操作时写入目标的实例是应继续还是停止。默认值为 CONTINUE。

⑧ AUDIT_GUID=uniqueidentifier:为了支持数据库镜像之类的方案,审核功能需要一个与在镜像数据库中所找到的 GUID 相匹配的特定 GUID。创建审核之后,即不能修改该 GUID。

【例 4.35】 使用 T‐SQL 语句创建一个审核 MyAudit,假设事先在 G 盘先创建好 audit 文件夹。

```
USE master
GO
CREATE SERVER AUDIT MyAudit
TO FILE (FILEPATH='G:\audit',MAXSIZE=6GB,MAX_ROLLOVER_
          FILES=10)
WITH (QUEUE_DELAY=1000,ON_FAILURE=CONTINUE);
```

注意:必须在 master 数据库中创建审核。

(2) 使用 SSMS 工具创建

以例 4.35 为例,介绍使用 SSMS 工具创建审核的过程,操作步骤如下:

启动 SSMS,以系统管理员身份连接到 SQL Server 实例,依次展开"对象资源管理器"→"安全性"→"审核"节点,右击选择"新建审核"命令,打开"创建审核"窗口,在该窗口中填写相应信息,完成审核的创建,如图 4.25 所示。

2. 创建审核规范并启用

在创建完 SQL Server 的审核之后,用户必须创建一个服务器审核规范或一个数据库审核规范,或者两个都创建。

(1) 服务器审核规范

服务器审核规范可收集许多由扩展事件功能引发的服务器级操作组。用户可以在服务器审核规范中包括"审核操作组"。审核操作组是预定义的操作组,它们是数据库引擎中发生的原子事件。这些操作将发送到审核,审核将它们记录到目标中。

① 使用 T‐SQL 语句创建

语法格式如下:

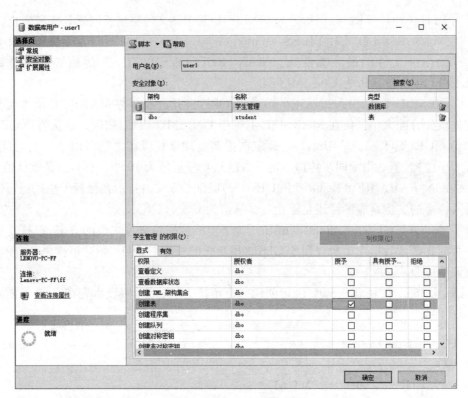

图 4.25 "创建审核"窗口

```
CREATE SERVER AUDIT SPECIFICATION audit_specification_name
FOR SERVER AUDIT audit_name
{
        { ADD ( { audit_action_group_name } )
        } [ , …n]
        [ WITH ( STATE={ ON | OFF } ) ]
}
[ ; ]
```

语法说明：

◆ audit_specification_name：服务器审核规范的名称。

◆ audit_name：应用此规范的审核的名称。

◆ audit_action_group_name：服务器级别可审核操作组的名称。

◆ WITH（STATE={ ON | OFF })：允许或禁止审核收集此审核规范的记录。

注意：审核必须已存在，才能为它创建服务器审核规范。服务器审核规范在创建之后默认处于禁用状态。

【例 4.36】 使用 T‑SQL 语句创建一个服务器审核规范 ServerAuditSpec_MyAudit，应用此规范的审核为 MyAudit，审核操作组为 SUCCESSFUL_LOGIN_GROUP 和 FAILED_LOGIN_GROUP。

```
USE master
GO
CREATE SERVER AUDIT SPECIFICATION ServerAuditSpec_MyAudit
FOR SERVER AUDIT MyAudit
ADD(SUCCESSFUL_LOGIN_GROUP),
ADD(FAILED_LOGIN_GROUP)
WITH（STATE=ON）                    /＊启用服务器审核规范＊/
```

② 使用 SSMS 工具创建

以例 4.36 为例，介绍使用 SSMS 工具创建服务器审核规范的过程，操作如下：

启动 SSMS，以系统管理员身份连接到 SQL Server 实例，依次展开"对象资源管理器"→"安全性"→"服务器审核规范"节点，右击选择"新建服务器审核规范"命令，打开"创建服务器审核规范"窗口，创建的结果如图 4.26 所示。

图 4.26 "创建服务器审核规范"窗口

服务器审核规范创建完成后，默认为禁用状态，必须将其改为启用状态，操作如图

4.27 所示。

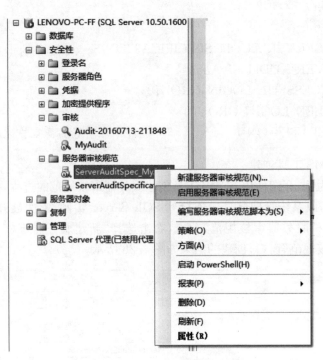

图 4.27　启用服务器审核规范

（2）数据库审核规范

不同于服务器审核规范，数据库审核规范是具体到一个数据库。与服务器审核规范一样，用户可以添加审核操作组，只不过它们是特定于某个数据库，是数据库级别的审核操作组。此外，用户可以为数据库审核规范添加数据库级别的审核操作。数据库级别的审核操作是发生在数据库里的一项具体操作，比如查询数据或删除数据等。

① 使用 T‑SQL 语句创建

语法格式如下：

```
CREATE DATABASE AUDIT SPECIFICATION audit_specification_name
{
    FOR SERVER AUDIT audit_name
        [ { ADD ( { 〈audit_action_specification〉 | audit_action_group_name } )
} [ , …n ] ]
    [ WITH ( STATE={ ON | OFF } ) ]   }
[ ; ]
〈audit_action_specification〉::=
{
    action [ ,…n ]ON [ class :: ] securable BY principal [ ,…n ]
}
```

语法说明：

◆ audit_specification_name：是审核规范的名称。

◆ audit_name：是应用此规范的审核的名称。

◆ audit_action_specification：是主体对安全对象执行的应记录到审核中的操作的规范。

◆ Action：是一个或多个数据库级别可审核操作的名称。

◆ audit_action_group_name：是一个或多个数据库级别可审核操作组的名称。

◆ Class：是安全对象上的类名（如果适用）。

◆ Securable：是应用审核操作或审核操作组的数据库中的表、视图或其他安全对象。

◆ principal：是应用审核操作或审核操作组的 SQL Server 主体的名称。

◆ WITH（STATE={ ON | OFF }）：允许或禁止审核收集此审核规范的记录。

注意：数据库审核规范在创建之后默认处于禁用状态。

【例 4.37】 使用 T‐SQL 语句创建一个数据库审核规范 DatabaseAuditSpec_MyAudit，应用此规范的审核为 MyAudit，该规范针对"学生管理"数据库中的 dbo.student 表，审核 dbo 用户发出的 SELECT 和 INSERT 语句。

```
USE 学生管理
GO
CREATE DATABASE AUDIT SPECIFICATION DatabaseAuditSpec_MyAudit
FOR SERVER AUDIT MyAudit
    ADD ( SELECT,INSERT ON dbo. student BY  dbo )
    WITH (STATE=ON) ;            / * 启用服务器审核规范 * /
```

② 使用 SSMS 工具创建

以例 4.37 为例，介绍使用 SSMS 工具创建数据库审核规范的过程，操作步骤如下：

启动 SSMS，以系统管理员身份连接到 SQL Server 实例，依次展开"对象资源管理器"→"数据库"→"学生管理"→"安全性"→"数据库审核规范"节点，右击选择"新建数据库审核规范"命令，打开"创建数据库审核规范"窗口，创建的结果如图 4.28 所示。

数据库审核规范创建完成后，默认为禁用状态，必须将其改为启用状态，操作如图 4.29 所示。

3. 启用审核

服务器审核在创建之后处于禁用状态，需要显式启用。从前面的内容可知，CREATE SERVER AUDIT 语句的 WITH 子句不支持 STATE 参数，这意味着用户必须使用单独的步骤启用审核。ALTER SERVER AUDIT 语句的 WITH 子句支持 STATE 参数，要启用 MyAudit 服务器审核，可使用如下语句：

```
USE master
GO
ALTER SERVER AUDIT MyAudit
  WITH ( STATE=ON ) ;
```

也可使用 SSMS 工具启用审核，只需右击要启用的服务器审核，在弹出的快捷菜单中单击"启用审核"命令即可。此处不再截图。

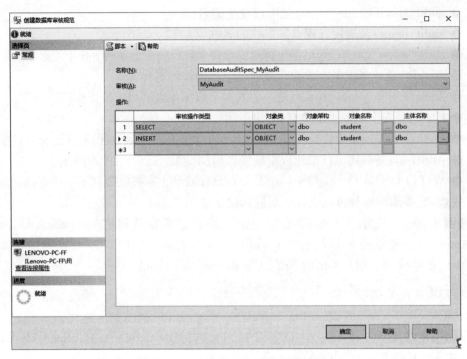

图 4.28　"创建数据库审核规范"窗口

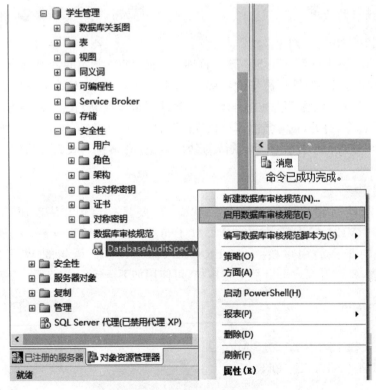

图 4.29　启用数据库审核规范

4. 查看审核数据

（1）审核服务器级别操作

使用登录名 log1 登录 SQL Server 服务器，尝试输入不同的密码，图 4.30 中为错误密码；图 4.31 中为密码正确截图。

图 4.30　登录 SQL Server 服务器失败（密码错误）

由于 MyAudit 审核设置输出到二进制文件，因此可以使用 SSMS 中的"日志文件查看器"或使用 fn_get_audit_file 函数来查看审核数据。在 SSMS 中右击"MyAudit"，在弹

图 4.31　登录 SQL Server 服务器界面（密码正确）

出的快捷菜单中选择"查看审核日志"命令,打开如图 4.32 所示的审核结果。

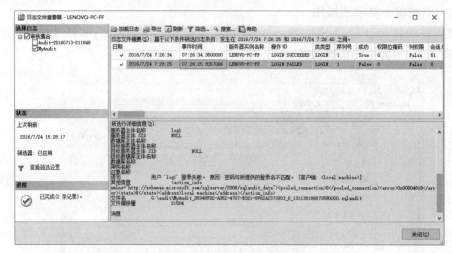

图 4.32 登录服务器审核数据

(2) 审核数据库级别操作

在查询分析器中分别输入如下语句:

```
USE  学生管理
GO
SELECT * FROM student
INSERT INTO student VALUES('201601005','李勇','男',21,'计算机')
```

点击"执行"按钮。使用"日志文件查看器"查看审核结果,如图 4.33 所示。

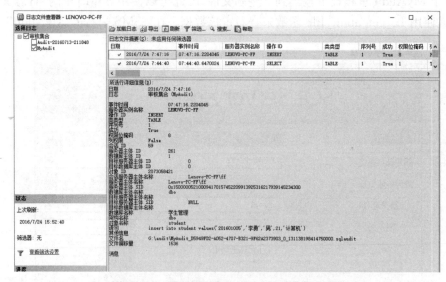

图 4.33 "日志文件查看器"显示的审核结果

使用 fn_get_audit_file 函数查看审核结果,在查询编辑器中输入语句:

select * from sys. fn_get_audit_file ('g:\audit\MyAudit_D5949FD2-A052-4707-

B321- 9F62A2373903_0_131138198414750000. sqlaudit′, default，default)

执行后结果如图 4.34 所示。

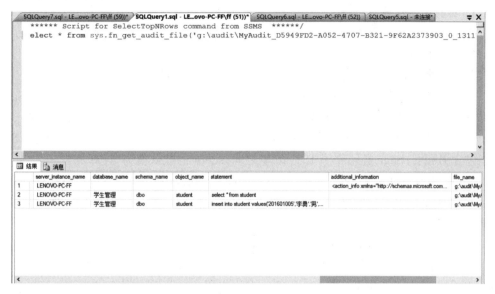

图 4.34　使用 fn_get_audit_file 函数查看审核结果

 本章小结

本章介绍了数据库的数据保护，主要包括数据库的完整性和安全性。在完整性控制方面，主要介绍了 DBMS 完整性控制机制的 3 个方面（完整性约束条件的定义、完整性约束条件的检查和违约处理），如何使用 T－SQL 命令和 SSMS 工具定义关系的实体完整性、参照完整性和与应用有关的完整性，以及如何定义和使用触发器来维护数据引用完整性。在安全性控制方面，主要介绍了数据库安全性问题及其实现技术，有用户标识与鉴别、存取控制、视图机制、数据加密和审计；重点介绍了 SQL Server 2008 的安全性管理，包括：身份验证模式、登录名和数据库用户管理、角色管理、权限管理和 SQL Server 审核。利用 SQL Server 2008 提供的 T－SQL 语句和 SSMS 工具，可以很方便地实现数据库的安全管理。

实　　验

实验一　数据库完整性

1. 实验目的

（1）理解数据完整性的概念及分类。

（2）掌握各种数据完整性的实现方法。

（3）掌握触发器的使用方法。

2. 实验平台

（1）操作系统：Windows XP、Windows 7 或更高。

（2）数据库管理系统：SQL Server 2008。

3. 实验内容和要求

使用 T‑SQL 命令和 SSMS 工具对数据进行完整性控制（三类完整性、触发器）。

4. 实验任务

在已经建立的"学生管理"数据库上完成如下所有实验任务：

（1）分别使用 T‑SQL 命令和 SSMS 工具创建表 Student(Sno,Sname,Ssex,Sage,Sdept)，属性列的数据类型分别为：char(12)、char(10)、char(2)、int 和 nchar(20)。将 Sno 设为主码，定义为列级约束；对 Sname 列进行 UNIQUE 约束，定义为表级约束；Ssex 只能包含男和女；Sage 必须介于 15～45 岁之间；sdept 的默认值为"计算机"。

（2）使用 T‑SQL 命令创建表 Course(Cno,Cname,Cterm,Ccredit)，属性列的数据类型分别为：char(10)、char(20)、char(10)和 int。将 Cno 设为主码；cname 列不允许有空值。

（3）为 Course 表增加一个完整性约束：Ccredit 列的取值必须大于 0。

（4）使用 T‑SQL 命令创建表 SC(Sno,Cno,grade)，属性列的数据类型分别为：char(12)、char(10)和 float。将 Sno＋Cno 设为主码；grade 列的值定义在 0～100 之间；定义 Sno 参照 Student 表的主码 Sno，Cno 参照表 Course 的主码 Cno。当删除 Course 表中的元组，造成了与 SC 表不一致时，拒绝删除 Course 表的元组；对更新操作则采取级联更新的策略。

（5）对于"学生管理"数据库，Student 表的 Sno 列与 SC 表的 Sno 列应满足参照完整性约束，即

① 向 SC 表添加记录时，该记录的"Sno"字段值在 Student 表中应存在。

② 在 SC 表中更新"Sno"字段值时，更新后的"Sno"字段值在 Student 表中应存在。

③ 更新 Student 表的"Sno"字段值时，该字段在 SC 表中的对应值也应更新。

④ 删除 Student 表中的记录时，该记录的"Sno"字段值在 SC 表中对应的记录也应删除。

对于上述参照完整性规则，请分别使用触发器实现。

（6）创建 INSTEAD OF 触发器，当向 SC 表中插入记录时，先检查 Cno 列上的值在 Course 表中是否存在，如果存在则执行插入操作；如果不存在则提示"该课程号不存在"。

（7）创建 DDL 触发器，当删除"学生管理"数据库的一个表时，提示"不能删除该表"，并回滚删除表的操作。

（8）创建 DDL 触发器，如果当前服务器实例出现任何 CREATE DATABASE、ALTER DATABASE 或 DROP DATABASE 事件，提示"有 DATABASE 事件出现，拒绝执行"，并回滚操作。

实验二　数据库安全性

1. 实验目的

熟悉通过 T‑SQL 对数据进行安全性控制。

2. 实验平台

（1）操作系统：Windows XP、Windows 7 或更高。

（2）数据库管理系统：SQL Server 2008。

3. 实验内容和要求

（1）掌握 Windows 登录名和 SQL Server 登录名的创建方法。

（2）掌握数据库用户创建与管理的方法。

（3）掌握数据库角色的用法。

（4）掌握数据库权限授予、拒绝和撤销的方法。

（5）掌握 SQL SERVER 审核的创建和使用。

4. 实验任务

（1）将 Windows 用户名：win_log，密码：123 设定为 SQL SERVER 登录者。

（2）使用用户 win_log 登录 Windows，然后启动 SSMS，以 Windows 身份验证模式连接，看看与以系统管理员身份登录时有什么不同？

（3）分别使用 T-SQL 命令和 SSMS 工具创建密码为 123 的 log1 登录名，默认数据库为"学生管理"，默认语言为 English。

（4）创建 SQL SERVER 登录名 log2 和 log3，在"学生管理"数据库创建 3 个用户 U1、U2 和 U3，分别和登录名 log1、log2 和 log3 相映射。

（5）使用命令方式和 SSMS 工具将登录名 win_log 添加到 sysadmin 固定服务器角色中。

（6）使用命令方式和 SSMS 工具授予用户 U1 在"学生管理"数据库上的 CREATE TABLE 权限；授予用户 U1 在 Student 表和 Course 表上的 SELECT、DELETE 权限，并允许将此权限再授予其他用户。

（7）用 log1 建立一个数据库引擎查询，然后分别执行下述语句，能否成功？为什么？

```
ALTER TABLE student add class char(10)
SELECT * FROM student
INSERT INTO student VALUES('201601005','李明','男',20,'计算机')
```

（8）用 log2 建立一个数据库引擎查询，然后执行下述语句，能否成功？为什么？

```
SELECT * FROM student
DELETE FROM student WHERE Sno='201601001'
```

（9）用 log1 登录，授予用户 U2 在 Student 表上的 SELECT、DELETE 权限；用 log2 建立一个数据库引擎查询，然后执行 SELECT * FROM student 和 DELETE FROM student WHERE Sno='201601001'语句，能否成功？为什么？

（10）授予用户 U2 在 Student 表和 Course 表上的 SELECT、INSERT 和 DELETE 权限；使用 T-SQL 语句撤销用户 U1 在 Student 表中的 SELECT 和 DELETE 权限；用 log2 建立一个数据库引擎查询，然后执行 SELECT * FROM student 语句，能否成功？为什么？

（11）使用 T-SQL 语句拒绝用户 U1 在 Course 表上的 SELECT 权限，拒绝用户 U2 在 Course 表上的 SELECT 和 INSERT 权限。

（12）自定义数据库角色 myrole，授予其 SC 表上的 SELECT、INSERT 和 DELETE

权限,并将 U3 添加为其角色成员。

(13) 用 log3 建立一个数据库引擎查询,然后执行 SELECT ＊ FROM sc 语句,能否成功？为什么？

(14) 创建一个审核,记录下任何用户对"学生管理"数据库下的 Student 表的 DML 和表结构修改操作。

习　　题

1. 什么是数据库的完整性？什么是数据库的安全性？两者之间有什么区别和联系？

2. RDBMS 中用户的操作请求可能会出现哪些破坏参照完整性约束的情况？

3. 当操作违反参照完整性约束时,SQL Server 系统可以采取哪些策略加以处理？

4. 简述关系的参照完整性规则中,外码取值允许为空和不允许为空的条件。

5. 什么是触发器？SQL Server 中触发器的分类有哪些？

6. 简述 DML 触发器中使用的 INSERTED 表和 DELETED 表的特点和作用。

7. 设有 2 个关系模式:职工(职工号,姓名,性别,部门号)、部门(部门号,部门名),如果规定当删除某个部门信息时,必须同时删除职工关系中该部门的员工信息。分别使用外码约束子句和触发器实现上述规则。

8. 简述实现数据库安全性控制的常用方法和技术。

9. 什么是数据库中的自主存取控制方法和强制存取控制方法？

10. 解释 MAC 机制中主体、客体、敏感度标记的含义。

11. 简述权限的定义及 SQL Server 2008 中权限的分类。

12. T－SQL 语言中提供了哪些实现自主存取控制的语句？请分别举例说明它们的使用方法。

13. 设有两个关系模式:

职工(职工号,姓名,性别,年龄,职务,工资,部门号)

部门(部门号,部门名称,经理名,地址,电话)

如果 DBA 要对用户 U1、U2、U3、U4、角色 R1 分别规定下列权限:

(1)授予用户 U1 对两个表的所有权限,并可给其他用户授权。

(2)授予用户 U2 对职工表具有查看权限,对职务具有更新权限。

(3)将对部门表的查看权限授予所有用户。

(4)授予用户 U3 具有修改这两个表的结构的权限。

(5)将对职工表的查询、更新权限,对部门表的更新权限授予角色 R1。

(6)将用户 U4 加入角色 R1。

(7)撤销用户 U1 对职工表的查看权限。

(8)拒绝用户 U4 对部门表的删除权限。

14. 什么是数据库的审计功能？为什么要提供审计功能？

15. 简述 SQL Server 2008 中创建和使用审核的一般过程。

第5章　关系规范化理论

　　本章介绍关系规范化理论,这是关系数据库的重点内容。在本章中,读者需要了解什么是一个"不好"的关系模式,什么是关系模式的操作异常(插入/更新/删除异常)。需要掌握数据依赖的基本概念(函数依赖、平凡函数依赖、非平凡函数依赖、部分函数依赖、完全函数依赖、传递函数依赖的概念;码、超码、候选码及外码的概念;多值依赖的概念);掌握规范化定义、范式的概念,从 1NF 到 4NF 的定义。理解各个级别范式中所存在的问题(操作异常、数据冗余)和解决方法。能根据应用语义,完整写出关系模式的数据依赖集合,并以此来分析某一关系模式属于第几范式。

　　前面已经介绍了关系数据库系统的一般概念,如关系数据库、关系模式和关系数据库的标准语言 SQL。在本章中,我们将介绍数据库设计的问题,确切地说是关系数据库模式设计的问题,即针对一个具体的应用,如何构造一个适合它的关系模式集合,以及每个关系中应该有哪些属性等。数据库设计需要理论指导,关系数据库规范化理论是数据库设计的一个理论指导工具。本章介绍基于函数依赖概念的关系数据库设计的规范方法,讨论一个"不好"的关系模式存在的弊病,区分一个关系模式设计的优劣程度的标准——范式,以及如何将"不好"的关系模式转换成"好"的关系模式。

5.1　问题的提出

　　关系规范化理论由 IBM 公司的 E. F. Codd 于 1970 年首先提出的,它研究关系模式中各属性之间的依赖关系及其对关系模式的影响,探讨关系模式应该具备的性质和设计方法。关系规范化理论提供了判断关系逻辑模式优劣的理论标准,帮助预测模式可能出现的问题,为数据库设计工作提供了严格的理论依据,是设计人员的有力工具。

　　数据库模式设计为什么要遵循规范化理论? 因为可能会设计一个"不好"的关系模式。下面通过例子来说明。

　　【例 5.1】　要求设计一个学生管理数据库,该数据库涉及的对象包括学生的学号(Sno)、姓名(Sname)、专业(Major)、院系(Sdept)、课程号(Cno)、学分(Credit)和成绩

（Grade）。假设用一个单一的关系模式 Enrolls 来表示如下：

Enrolls(Sno,Sname,Major,Sdept,Cno,Credit,Grade)

根据现实世界的认知，这些数据有如下的语义规定：

① 一个班级有若干个学生，但一个学生只属于一个班级。

② 一个系有若干班级，但一个班级只属于一个系。

③ 一个学生可以选修多门课程，每门课程有若干学生选修。

④ 每个学生选修每门课程有一个成绩。

表 5.1 是某一时刻关系模式 Enrolls 的一个实例，即一个学生管理数据库。

表 5.1　Enrolls 表

Sno	Sname	Major	Sdept	Cno	Credit	Grade
201601001	李勇海	软件工程	计算机	1	2	80
201601001	李勇海	软件工程	计算机	2	3	74
201601002	刘晨	软件工程	计算机	3	2	90
201602001	李林	网络工程	计算机	1	2	85
201602001	李林	网络工程	计算机	2	3	78
...	...	...	...	...	...	...

根据上述的语义规定，可以分析得出，(Sno,Cno)属性的组合能唯一标识一个元组，所以(Sno,Cno)是 Enrolls 关系模式的主码。从观察表 5.1 所示的数据中，看看这个学生管理数据库是否存在什么问题？

通过分析，可发现此表存在以下几个方面问题：

① 数据冗余：每个学生的基本信息（包括姓名、专业和院系）和课程基本信息（学分）都存在重复存储的现象。如每个学生姓名和专业的重复次数与该学生所选课程门数相同；每个院系的重复次数等于该院系下所有班级学生选课门数之和等。

② 修改异常：由于数据冗余，会加剧因为数据更新而造成的数据不一致性的风险，系统要付出很大的代价来维护数据库的完整性。比如，某门课程更换了学分，则所有选修该门课程的记录都要修改 Credit 列值；如果一位学生从计算机系的某专业转到了信息系的某专业，那么不但要修改此学生的 Major 列值，还要修改其 Sdept 列值，从而使修改复杂化。

③ 插入异常：若某个学生尚未选课，即 Cno 未知，而 Enrolls 表的主码是(Sno,Cno)，由于主属性不能为 NULL 值，则该学生信息和课程信息都无法存入数据库。

④ 删除异常：若某个学生放弃了他所选修的唯一一门课程，那么应该删除其选修这门课程的记录。但由于这个学生只选修了这一门课程，则删除其选课记录的同时也删除了此学生的其他信息。

鉴于以上存在的问题，可以得出这样的结论：Enrolls 关系模式不是一个"好"的关系模式。一个"好"的关系模式应当不会发生操作异常（更新异常、插入异常、删除异常），数据冗余应尽可能少。

为什么会产生以上种种操作异常现象呢？这是因为 Enrolls 关系模式的某些属性之

间存在着"不良"的数据依赖关系。在 Enrolls 关系中,实际上包含了 4 个方面的信息:学生的基本信息、专业信息、课程信息和学生选课成绩的信息。现在所有这 4 个方面的数据都集中在一个关系中,关系主码为(Sno,Cno),使得(Sno,Sname,Major)、(Major,Sdept)和(Cno,Credit)本来可以作为 3 个独立的关系而存在,却不得不依赖于其他关系(Sno,Cno,Grade)。

那么,如何解决上述问题呢? 可以把关系 Enrolls 进行模式分解,分解为 4 个关系:学生关系 S(Sno,Sname,Major)、专业关系 M(Major,Sdept)、课程关系 C(Cno,Credit)和选课关系 SC(Sno,Cno,Grade)。

这样的分解使每个关系概念单一,有效消除了那些"不良"的数据依赖,使之符合"一事一地"的原则,杜绝了数据分不清、扯不开的状况。分解后的 4 个关系模式都不会发生插入异常、删除异常、更新异常的问题,数据的冗余也得到了控制。

按照一定的规范设计关系模式,将结构复杂的关系分解成结构简单的关系,以消除"不良"的数据依赖,从而把不好的关系模式转变为好的关系模式,这就是关系的规范化。关系的规范化程度与关系中各属性间的数据依赖有关。因此,下面先介绍属性间的数据依赖关系,然后再介绍关系规范化理论。

5.2　基　本　概　念

关系模式中的各属性间相互依赖、相互制约的联系称为数据依赖(Data Dependency,DD),它通过属性间值的相等与否来体现约束关系。它是现实世界属性间相互联系的抽象,是语义的体现。数据依赖一般分为函数依赖(Functional Dependency,FD)、多值依赖(MultiValued Dependency,MVD)和连接依赖(Join Dependency,JD),其中最重要的是函数依赖和多值依赖。

5.2.1　函数依赖

定义 5.1　设关系模式 R(U),U 是属性全集,X⊆U,Y⊆ U,对于 R(U)的任意一个可能的关系 r,设 t1、t2 是关系 r 中的任意两个元组,如果 t1[X]=t2[X],则 t1[Y]=t2[Y],称 X 函数决定 Y 或 Y 函数依赖于 X,记作:X→Y。若 X→Y 且 Y→X,记作:X↔Y。

有关函数依赖有以下几点说明:

(1) 函数依赖不是指关系模式 R 的某个或某些关系满足的约束条件,而是指 R 的一切关系均要满足的约束条件。

(2) 函数依赖是语义范畴的概念。

我们只能根据语义来确定函数依赖关系,而不能根据关系中已有的数据来确定,因为函数依赖实际上是对现实世界中事物之间性质相关的一种断言。例如,对于关系模式S(Sno,Sname,Major,Sage),若其某个时刻对应的实例中无重名现象,那么是否能断定存在如下函数依赖呢?

　　　　Sname→Sno

　　　　Sname→Major

　　　　Sname→Sage

　　很显然答案是否定的。若我们增加一个约束条件,即设定学生姓名不得重名,那么以上 3 个函数依赖便成立。所以函数依赖反映了一种语义完整性约束。

　　(3) 函数依赖于属性之间的联系类型有关。

　　在一个关系模式中:

　　① 如果属性 X 与 Y 有 1∶1 联系,则存在函数依赖 X→Y,Y→X,即 X↔Y。例如,当学生无重名时,有 Sno ↔ Sname。

　　② 如果属性 X 与 Y 有 n∶1 联系,则存在函数依赖 X→Y。例如,Sno 和 Sname、Major 之间均为 n:1 联系,则有 Sno→Sname,Sno→Major。

　　③ 如果属性 X 与 Y 有 m∶n 联系,则 X 与 Y 之间不存在任何函数依赖关系。例如:一个学生可以选修多门课程,每门课程可以有多个学生选修,所以 Sno 与 Cno 之间不存在函数依赖关系。

　　(4) 函数依赖关系的存在与时间无关。

　　函数依赖是指关系中所有元组必须满足的约束条件,而不是关系中某个或某些元组所满足的约束条件。关系中元组的插入、修改和删除操作都不能破坏这种依赖关系。属性间的函数依赖必须根据语义而不是根据某一时刻的实例来确定。

　　下面介绍一些本章使用的术语和符号:

　　若 X→Y,但 Y⊈X,则称 X→Y 是非平凡的函数依赖。

　　若 X→Y,但 Y⊆X,则称 X→Y 是平凡的函数依赖。对于任一关系模式,平凡函数依赖总是必然成立的。如不特别声明,本章都是讨论非平凡函数依赖。

　　若 X→Y,则称 X 为决定因子或决定因素。

　　若 Y 不函数依赖于 X,则记作 X↛Y。

　　定义 5.2　在 R(U)中,如果 X→Y,并且对于 X 的任意一个真子集 X′,都有 X′↛Y,则称 Y 完全函数依赖于 X,记作 $X \xrightarrow{f} Y$。如果对 X 的某个真子集 X′,有 X′→Y,则称 Y 部分函数依赖于 X 或 Y 对 X 部分函数依赖,记作 $X \xrightarrow{p} Y$。

　　在例 5.1 中,因为 Sno↛Grade、Cno↛Grade,所以有 $(Sno,Cno) \xrightarrow{f} Grade$;因为 Sno→Sname,所以有 $(Sno,Cno) \xrightarrow{p} Sname$。

　　定义 5.3　在 R(U)中,如果 X→Y,(Y⊈X),且 Y↛X,Y→Z,则称 Z 传递函数依赖于 X 或 Z 对 X 传递函数依赖,记作 $X \xrightarrow{t} Z$。如果 Y→X,则 X↔Y,称 Z 直接函数依赖于 X,而不是传递函数依赖。

　　在例 5.1 中,有 Sno→Major、Major↛Sno、Major→Sdept 成立,所以 $Sno \xrightarrow{t} Sdept$。假设学生不能重名,则有 Sno→Sname、Sname→Sno、Sname→Major,所以 $Sno \xrightarrow{直接} Major$,即 Major 直接函数依赖于 Sno,而不是传递函数依赖。

5.2.2 码

码是关系模式中一个重要概念,下面用函数依赖的概念来定义码。

定义 5.4 设 K 为关系模式 R(U) 中的属性或属性组合,若 K→U,则 K 为 R 的超码 (Superkey)。若 $K' \subseteq K$,有 $K' \xrightarrow{f} U$,则 K' 为 R 的候选码(Candidate Key)。若候选码多于一个,则选定其中一个为主码(Primary Key)。主码可用下划线标记出来。

包含在任何一个候选码中的属性,叫作主属性(Prime Attribute)。不包含在任何码中的属性称为非主属性(Nonprime Attribute)或非码属性(Non-key Attribute)。

最简单的情况,单个属性是码。最极端的情况,整个属性组是码,称为全码。

【例 5.2】 在关系模式 S(Sno,Sname,Major) 中,有 $Sno \xrightarrow{f} U$,所以 Sno 为关系 S 的候选码,Sno 与其他属性的任意组合均为关系 S 的超码。

【例 5.3】 在关系模式 Teaching(Teacher,Course,Student) 中,假设一名教师可以讲授多门课程,一门课程可以由多名教师讲授,学生可以选听不同教师讲授不同的课程。有 $(Teacher, Course, Student) \xrightarrow{f} U$,则关系模式 Teaching 的候选码为 (Teacher, Course,Student),即全码。

定义 5.5 关系模式 R 中属性或属性组 X 并非 R 的码,但 X 是另一个关系模式 S 的码。则称 X 是 R 的外部码(Foreign Key),也称外码。

【例 5.4】 在关系模式 SC(Sno,Cno,Grade) 中,Sno 不是码,但 Sno 是关系模式 S(Sno,Sname,Major) 的码,所以 Sno 是关系模式 SC 的外码。

关系之间的联系是通过主码和外码来体现的,如关系模式 SC 和 S 就是通过 Sno 来实现联系的。

5.3 规 范 化

“不好”的关系模式会带来一些异常问题,为了消除这些异常,人们采用模式分解的方法,力求使关系的语义单纯化,从而消除关系模式中的数据冗余,消除“不良”的数据依赖,以解决数据插入、删除、修改时发生的异常问题,这就是关系的规范化。

规范化规定关系模式要满足一定的要求,由于规范化的要求程度不同,从而出现了不同的范式(Normal Forms,NF)。满足最低要求的关系模式称为第一范式(1NF)。在第一范式基础上进一步满足一些要求的关系模式称为第二范式(2NF),以此类推,有第三范式(3NF)、BC 范式(BCNF)、第四范式(4NF)和第五范式(5NF)。

显然,各个范式之间存在以下关系:$5NF \subset 4NF \subset BCNF \subset 3NF \subset 2NF \subset 1NF$。

通常将某一关系模式 R 属于第 n 范式简记为 $R \in nNF$。

5.3.1 第一范式

定义 5.6 如果一个关系模式 R 的所有属性都是基本的、不可再分的,则 R 属于第一范式,简称 1NF,记作 R∈1NF。

第一范式是最基本的规范形式,把满足 1NF 的关系称为规范化关系。在任何一个关系数据库管理系统中,1NF 是对关系模式的一个最起码的要求。不满足 1NF 的数据库模式不能称为关系数据库。

然而,满足 1NF 的关系模式并不一定是一个好的关系模式。如例 5.1,关系模式 Enrolls 属于第一范式,但它具有大量的数据冗余,存在插入异常、删除异常和修改异常等问题。因此 Enrolls 不是一个好的关系模式。

5.3.2 第二范式

定义 5.7 如果关系模式 R∈1NF,且每个非主属性都完全函数依赖于码,则 R 属于第二范式,简称 2NF,记作 R∈2NF。

由定义可以看出,若关系模式 R 的码为单属性或全码,则 R∈2NF;若码是多个属性的组合,且存在非主属性对码的部分函数依赖,则 R 不属于第二范式,记作 R∉2NF。

【例 5.5】 在关系模式 S(Sno,Sname,Sage)中,Sno 为主码,所以 Sno $\xrightarrow{f}$ (Sname,Sage),则 S∈2NF。

【例 5.6】 对于例 5.3 中的关系模式 Teaching(Teacher,Course,Student),其码为全码,所以 Teacher、Course 和 Student 均为主属性,而没有非主属性,因此不存在非主属性对码的部分函数依赖,所以 Teaching∈2NF。

【例 5.7】 在关系模式 Enrolls(Sno,Sname,Mijor,Sdept,Cno,Credit,Grade)中,有:

主属性:Sno,Cno

非主属性:Sname,Major,Sdept,Credit,Grade

因为 Sno→(Sname,Major,Sdept),Cno→Credit,所以 (Sno,Cno) $\xrightarrow{p}$ (Sname,Major,Sdept,Credit),即存在非主属性对码的部分函数依赖,所以 Enrolls∉2NF。

前面已经介绍过关系模式 Enrolls 中存在操作异常,而这些操作异常正是由于其存在非主属性对码的部分函数依赖造成的。可以通过模式分解的方法将 1NF 的关系模式分解为多个 2NF 的关系模式集合,以消除非主属性对码的部分函数依赖。分解时遵循"一事一地"的基本原则,尽量让一个关系只描述一个实体型或实体型间的联系。

在关系模式 Enrolls 中,非主属性 Grade 完全函数依赖于码(Sno,Cno),而其余非主属性对码都是部分函数依赖,所以可以将 Enrolls 分解为 3 个关系模式:

S_M(Sno,Sname,Major,Sdept)

C(Cno,Credit)

SC(Sno,Cno,Grade)

分解后的 3 个关系模式 S_M、C 和 SC,主码分别为 Sno、Cno 和(Sno,Cno),非主属性都码完全函数依赖,所以 S_M∈2NF、C∈2NF、SC∈2NF。

很显然,将 1NF 的关系模式分解为多个 2NF 后,可以消除一些数据冗余。如学生基本信息和选课信息分别存储在关系 S 和关系 SC 中,因此,不论某学生选修多少门课程,他的姓名、专业等信息都只存储一次,也可在一定程度上避免数据更新所造成的数据不一致的问题。同样也可以解决其他操作异常问题。如在 S_M 关系中可以插入尚未选课的学生;将某一学生的所有选课信息从 SC 关系中删除,不会导致该学生在 S_M 关系中的基本信息也删除。

通过以上分析可知,2NF 的关系模式解决了 1NF 中存在的一些问题,2NF 规范化的程度比 1NF 严格。那么,2NF 的关系模式是否还存在问题呢? 分析关系模式 S_M,其实例数据如表 5.2 所示。

表 5.2　S_M 表

Sno	Sname	Major	Sdept
201601001	李勇海	软件工程	计算机
201601001	李勇海	软件工程	计算机
201601002	刘晨	软件工程	计算机
201602001	李林	网络工程	计算机
201602001	李林	网络工程	计算机
…	…	…	…

从表 5.2 所示的数据中可以看到,每个系信息被存储多遍,次数为该系所含各专业人数之和,因此还存在数据冗余,也就存在操作异常。比如,当某个系新开设一个专业,但还未招生,则无法将此专业信息插入到数据库中;或某系所有专业学生全部毕业而没有招生时,删除全部学生的记录也随之删除了该系及专业信息。

由此可以看出,S_M 仍不是一个好的关系模式。属于 2NF 的关系模式仍然可能存在数据冗余和操作异常问题,因此还需要对关系模式进行进一步的分解。

5.3.3　第三范式

定义 5.8　如果关系模式 R∈2NF,且每个非主属性都不传递函数依赖于码,则 R 属于第三范式,简称 3NF,记作 R∈3NF。

从定义可知,如果存在非主属性对码的传递依赖,则相应的关系模式就不属于 3NF。以前面的关系模式 S_M、C 和 SC 为例:

对于 S_M(Sno,Sname,Major,Sdept),存在 Sno→Major 和 Major→Sdept,即 Sno $\xrightarrow{t}$ Sdept,所以 S∉3NF。

对于 C(Cno,Credit),不存在非主属性 Credit 对码 Cno 的传递函数依赖,所以 C∈3NF。

对于 SC(Sno,Cno,Grade),不存在非主属性 Grade 对码(Sno,Cno)的传递函数依

赖,所以 SC∈3NF。

前面已经介绍过关系模式 S_M 中仍存在操作异常,而这些操作异常正是由于其存在非主属性对码的传递函数依赖造成的。因此,还需要对其进行模式分解,分解为多个 3NF 的关系模式集合,以消除非主属性对码的传递函数依赖。分解时遵循"一事一地"的基本原则,尽量让一个关系只描述一个实体型或实体型间的联系。

可以将关系模式 S_M 分解为两个关系模式:

S(Sno,Sname,Major)

M(Major,Sdept)

分解后的两个关系模式中既没有非主属性对码的部分函数依赖,也没有非主属性对码的传递函数依赖,所以 S∈3NF、M∈3NF。

很显然,将 2NF 的关系模式分解为多个 3NF 后,可以进一步解决数据冗余和操作异常问题。比如,系部信息存储的次数与该系各专业学生人数无关;在关系 M 中可以插入无在校生的专业信息;删除某专业的全部学生时,M 关系中关于该专业的信息仍然存在;某学生更换专业,只需修改关系 S 中一个相应记录的分量值即可。

但是,3NF 的关系模式并不能完全消除关系模式中的各种异常情况和数据冗余,也就是说,3NF 的关系模式仍不一定是好的关系模式。

【例 5.8】 关系模式 STJ(S,T,J),S 表示学生,T 表示教师,J 表示课程。假设每个教师只授一门课,每门课由若干教师教授,某一学生选定某门课,就确定了一个固定教师。

根据语义,可确定存在函数依赖:$T \rightarrow J$,$(S,J) \rightarrow T$

显然,关系模式的候选码为(S,J)和(S,T)。那么 S、T、J 这 3 个属性均为主属性,所以不存在非主属性对码的部分函数依赖和传递函数依赖,因此 STJ∈3NF。

3NF 的关系模式 STJ 也存在一些问题:

① 数据冗余:虽然每个教师只教授一门课,但每个选修该教师该门课程的学生元组都要记录这一信息。

② 修改异常:若某个教师将授课课程改名,则所有选修了该教师该门课程的学生元组都要做相应修改。

③ 插入异常:若某学生尚未选修课程,则 J 值和 T 值均为 NULL,受主属性不能为空的限制,那么该学生信息无法存入数据库。同理,若某教师所开设的课程尚未被学生选修,则相关信息也无法存入数据库。

④ 删除异常:若选修某门课程的学生全部毕业,则在删除这些学生记录的同时,相应教师开设的课程信息也被一并删除。

属于 3NF 的关系模式仍然存在以上问题,是因为 3NF 只限制了非主属性对码的依赖关系,而没有限制主属性对码的依赖关系。因此,仍需要对 3NF 进一步规范化,消除主属性对码的依赖关系。为了解决这个问题,弥补 3NF 的不足,Boyce 与 Codd 共同提出了一个新范式的定义,即 BCNF(Boyce Codd Normal Form)或 BC 范式。通常认为 BCNF 是修正的第三范式或扩充的第三范式。

5.3.4 BC 范式

定义 5.9 如果关系模式 R∈1NF,且对所有的函数依赖 X→Y(Y⊈X),决定因素 X 必含有码,则 R 属于 BC 范式,简称 BCNF,记作 R∈BCNF。

由 BCNF 的定义可知,一个满足 BCNF 的关系模式具有如下 3 个性质:

① 所有非主属性都完全函数依赖于每个候选码;

② 所有主属性都完全函数依赖于每个不包含它的候选码;

③ 没有任何属性完全函数依赖于非码的任何一组属性。

如果关系模式 R∈BCNF,由定义可知,R 中不存在任何属性部分函数依赖于码或传递函数依赖于码,所以必定有 R∈3NF。但若 R∈3NF,则 R 不一定属于 BCNF。3NF 和 BCNF 的区别是:如果 B 是主属性,A 不是候选码,3NF 允许关系中存在函数依赖 A→B;而 BCNF 则强调,如果关系中存在该函数依赖,那么 A 必须是一个候选码。

【例 5.9】 设关系模式 R(A,B,C,D),有 F={B→D,D→B,AB→C}。根据 F 可推断关系模式 R 的候选码为 AB 和 AD。R 中主属性为 A、B 和 D,非主属性为 C。因为不存在非主属性 C 对码的部分函数依赖和传递函数依赖,所以 R∈3NF。又因为对于函数依赖 B→D 和 D→B,它们的决定因素均不包含码,从另一个角度说,存在主属性对码的部分函数依赖:$AB \xrightarrow{P} D$ 和 $AD \xrightarrow{P} B$,所以 R∉BCNF。

【例 5.10】 设关系模式 R(A,B,C),有 F={B→A,A→B,A→C}。根据 F 可推断关系模式 R 的候选码为 A 和 B。R 中主属性为 A 和 B,非主属性为 C。因为不存在非主属性 C 对码的部分函数依赖,并且由 B→A 和 A→B 可得 A⟷B,故 $B \xrightarrow{直接} C$,即不存在非主属性 C 对码的传递函数依赖,所以 R∈3NF。又因为对于 F 中的每个函数依赖,其决定因素都包含码,所以 R∈BCNF。

对于例 5.8 中的关系模式 STJ(S,T,J),前面已经介绍过其存在操作异常,而引起这些操作异常的原因正是由于存在主属性 J 对码的部分函数依赖:$(S,T) \xrightarrow{P} J$,所以 STJ∉BCNF。要消除这些异常,仍可采用模式分解的方法,将 STJ 分解为两个关系模式:

ST(S,T)

TJ(T,J)

显然,ST∈BCNF,TJ∈BCNF。分析可知,将关系模式 STJ 规范到 BCNF 后,可以进一步解决 3NF 关系模式中存在的插入异常、删除异常、数据冗余、修改异常等问题。3NF 和 BCNF 相比:3NF 只对非主属性消除了操作异常,而 BCNF 则是针对所有属性(主属性和非主属性)消除了操作异常。

3NF 和 BCNF 是在函数依赖的条件下对模式分解所能达到的分离程度的测度。如果一个关系数据库中所有关系模式都属于 BCNF,那么在函数依赖的范畴内,已经实现了模式的彻底分解,达到了最高的规范化程度,消除了插入异常和删除异常,而且数据冗余也减少到极小程度。

5.3.5 多值依赖和第四范式

前面我们是在函数依赖的范畴内讨论关系模式的规范化问题。函数依赖表示的是关系模式中属性间的一对一或一对多联系,却不能表示属性间的多对多联系。因而某些关系模式虽然已经规范到 BCNF,但仍存在一些问题。为了解决 BCNF 的问题,R. Fagin 提出了多值依赖(Multivalued Dependency,MVD)和第四范式(4NF)的思想。首先看一个例子。

【例 5.11】 假设一个关系模式 CST(Course,Student,Text),存在这样事实:每门课程可由多个学生选修,并使用相同的一套教材。其某个实例部分数据如表 5.3 所示。

数据库原理及应用

表 5.3　关系 CST

课程	学生	教材
计算机基础	刘彬	大学计算机文化基础
计算机基础	刘彬	计算机应用基础
计算机基础	王伟	大学计算机文化基础
计算机基础	王伟	计算机应用基础
数据库原理	陈丽萍	数据库系统
数据库原理	陈丽萍	数据库原理及应用
数据库原理	陈丽萍	数据库教程
数据库原理	王小木	数据库系统
数据库原理	王小木	数据库原理及应用
数据库原理	王小木	数据库教程
…	…	…

分析表 5.3 可知,关系模式 CST 具有唯一的候选码(Course,Student,Text),即全码,因此 CST∈BCNF。但 CST 依然存在以下问题:

① 数据冗余大:课程、学生和教材信息都被多次存储。如一门课程有多少学生选修,教材就要重复存储多少次。

② 插入异常:当某一课程增加一名学生选修,该课程有多少教材,就必须插入多少个元组。

③ 删除异常:若要删除某门课程的某本教材,则该门课程有多少学生选修,就要删除多少个元组。

④ 修改异常:若某门课程要修改一本教材,这该课程有多少学生选修,就要修改多少个元组。

BCNF 的关系模式 CST 之所以会产生上述问题,是因为关系模式 CST 中存在一种不同于函数依赖的数据依赖——多值依赖。

定义 5.10 设关系模式 R(U),U 是属性全集,X⊆U,Y⊆U,Z⊆U,且 Z=U−X−Y。对于 R 的任一关系 r,如果对于每个 X 值,都存在一组 Y 值与其对应,而 Y 的这组值仅仅决定于 X 的值而不以任何方式与 Z 值相关,则称 Y 多值依赖于 X,或 X 多值决定 Y,记作 X→→Y。

由上述定义可知,多值依赖是指一组值而不是单个值的函数依赖。函数依赖要求一个属性的值对应另一个属性的唯一值,而多值依赖要求一个属性的值对应另一个属性的多个值。

在多值依赖中,若 Z=U−X−Y=∅,则称 X→→Y 为平凡的多值依赖,否则称 X→→Y 为非平凡的多值依赖。

在关系模式 CST 中,对于每个 Course 值,都存在一组 Student 值与其对应,且这种对应与 Text 值无关。例如,表5.3 中课程 Course 上的一个值(计算机基础),有一组学生 Student 值(刘彬,王伟)与其对应,不管教材 Text 值是否发生改变,无论是(大学计算机文化基础)还是(计算机应用基础)也好,该组 Student 值仅仅决定于课程 Course 上的值(计算机基础),而与教材 Text 值无关。因此一个 Course 对应多个 Student,Student 多值依赖于 Course,即 Course→→Student。

多值依赖具有下列性质:

① 函数依赖可看作是多值依赖的特殊情况。

若 X→Y,则 X→→Y。因为当 X→Y 时,对于 X 的每一个值 x,Y 有一个确定的值 y 与之对应,所以 X→→Y。

② 多值依赖具有对称性。

若 X→→Y,则 X→→Z,其中 Z=U−X−Y。例如在关系模式 CST(Course,Student,Text)中,有 Course→→Text。

多值依赖与函数依赖的区别:

① 多值依赖的有效性与属性集的范围有关。

多值依赖 X→→Y 在属性集 U(U=X+Y+Z)上是否成立,其检查不仅涉及属性集 X 和 Y,还涉及 U 中的其余属性 Z。

若 X→→Y 在 U 上成立,则在 W(XY⊆W⊆U)上一定成立;反之则不然,即 X→→Y 在 W(W⊂U)上成立,在 U 上并不一定成立。示例如表5.4 所示。

表5.4 S→→T 在{STU}上成立,而在{STUV}上不成立

S	T	U	V
s1	t1	u1	v1
s1	t1	u2	v1
s1	t2	u1	v2
s1	t2	u2	v2

在 R(U)中若有 X→→Y 在 W(W⊂U)上成立,则称 X→→Y 为 R(U)的嵌入型多值

依赖。

在关系模式 R(U) 中，函数依赖 X→Y 的有效性仅取决于 X、Y 这两个属性集，而不涉及其他属性集。若 X→Y 在 R(U) 的任何一个关系 r 中成立，则函数依赖 X→Y 在任何属性集 W(XY⊆W⊆U) 上成立。

② 若函数依赖 X→Y 在 R(U) 上成立，则对于任何 Y′⊂Y 均有 X→Y′ 成立。而多值依赖 X→→Y 若在 R(U) 上成立，不能断言对于任何 Y′⊂Y 有 X→→Y′ 成立。示例如表 5.5 所示。

表 5.5　S→→TU 成立，S→→T 不成立

S	T	U	V
s1	t1	u1	v1
s1	t1	u1	v2
s1	t2	u2	v1
s1	t2	u2	v2

定义 5.11　如果关系模式 R∈1NF，且对于 R 的任一多值依赖 X→→Y(Y⊈X)，要么是平凡的多值依赖，要么 X 必含有码，则称 R∈4NF。

显然，4NF 定义与 BCNF 定义的唯一不同在于多值依赖的使用。4NF 实际上是消除了非平凡的、非函数依赖的多值依赖后的 BCNF。也就是说，一个关系模式是 4NF，则必为 BCNF，但一个关系模式是 BCNF，而不一定是 4NF。

前面讨论的关系模式 CST，存在非平凡的多值依赖 Course→→Student、Course→→Text，因为码为 (Course,Student,Text)，Course 不是候选码，所以 CST∉4NF。为了消除数据冗余、操作异常等问题，我们将 CST 进行模式分解，分解为如下两个关系模式：

CS(Course,Student)

CT(Course,Text)

在这两个关系模式中，分别存在一个多值依赖 Course→→Student 和 Course→→Text，而这两个多值依赖均是平凡的多值依赖，所以 CS∈4NF，CT∈4NF。分析可知，关系模式 CST 中存在的问题在 CS 和 CT 中可以得到解决。

函数依赖和多值依赖是两种最重要的数据依赖。如果只考虑函数依赖，则属于 BCNF 的关系模式的规范化程度已达到最高；如果考虑多值依赖，则属于 4NF 的关系模式的规范化程度最高。除了这两种数据依赖外，还有一种称为连接依赖（Join Dependency，JD）的数据依赖。实际上函数依赖是多值依赖的一种特殊情况，而多值依赖又是连接依赖的一种特殊情况。不同于函数依赖和多值依赖可由语义直接导出，连接依赖是在关系的连接运算中才反映出来。存在连接依赖的关系模式仍可能遇到数据冗余和操作异常的问题。如果消除了 4NF 关系模式中存在的连接依赖，则可进一步规范化到 5NF。本章节不再继续讨论连接依赖和 5NF，读者可参阅其他书籍学习相关内容。

5.3.6 规范化小结

在关系数据库中,对关系模式的基本要求是其分量都是不可分的数据项,满足此要求的关系属于 1NF。但关系仅仅满足 1NF 的条件是不够的,因为存在数据冗余和操作异常的问题。为了消除这些异常,需要对关系模式进行规范化。由于规范化的要求不同,便产生不同级别的范式。所谓关系模式的规范化,是指将一个低级别范式的关系模式,通过模式分解转换为若干个高级别范式的关系模式的集合的过程。

规范化的基本思想是通过模式分解的方法逐步消除数据依赖中不合适的依赖,使关系模式结构合理,达到数据冗余尽量少、消除操作异常的目的。规范化的基本原则是遵循"一事一地"的原则,即一个关系模式只描述一个实体或实体间的联系;若多于一个主题,就应该将它分解为多个关系模式,使每个关系模式只描述一个实体或实体间的联系。具体规范化过程如图 5.1 所示。

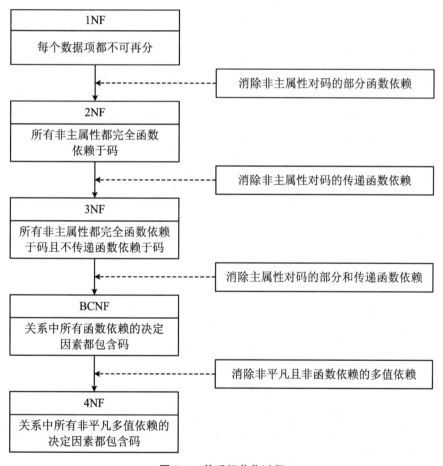

图 5.1 关系规范化过程

 **本章小结**

关系数据库的规范化理论是数据库逻辑设计的一个有力工具和理论指南。本章首先通过一个实例分析设计的关系模式存在数据冗余和操作异常的问题，引出使用规范化理论作为数据库设计理论指导意义。接着详细介绍了数据依赖的基本概念，包括：函数依赖、平凡函数依赖、非平凡函数依赖、部分函数依赖、完全函数依赖、传递函数依赖以及码、超码、候选码、外码的概念。然后介绍了规范化的定义，详细介绍了 1NF、2NF、3NF、BCNF、多值依赖及 4NF 的概念。将一个低级别范式的关系模式，通过模式分解转换为若干个高级别范式的关系模式的过程就是关系模式的规范化。

最后要强调的是，不能说规范化程度越高的关系模式就越好。在设计数据库模式结构时，必须结合现实世界的实际情况和用户应用需求，确定一个合适的、能够反映现实世界的数据库模式。对于一般的数据库应用来说，设计到第三范式就足够了。

习　题

1. 理解并解释下列术语的含义：函数依赖、部分函数依赖、完全函数依赖、传递函数依赖、超码、候选码、主码、外码、全码、1NF、2NF、3NF、BCNF、多值依赖、4NF。

2. 设有关系模式 R(S#，C#，CNAME，TNAME)，其属性分别表示学生的学号、选修课程号、课程名、任课教师名。请说明该关系模式存在哪些操作异常。

3. 如果关系模式 R 的候选码由全部属性组成，那么 R 是否属于 3NF？说明理由。

4. 试证：只有 2 个属性的关系模式必属于 BCNF。

5. 下列关系模式最高属于第几范式？请说明理由。

(1) R(ABCDE)，F＝{A→BC，CD→E，B→D，E→A}。

(2) R(ABCDEG)，F＝{E→D，C→B，CE→G，B→A}。

(3) R(ABCD)，F＝{B→D，AB→C}。

(4) R(ABCD)，F＝{A→C，C→A，B→AC，D→AC}。

(5) R(ABCDE)，F＝{AB→CE，E→AB，C→D}。

(6) R(ABCDE)，F＝{AB→C，C→E，E→CD，C→D，AB→E}。

(7) R(ABCDEF)，F＝{AB→E，AC→F，AD→B，B→C，C→D}。

(8) R(ABCDEP)，F＝{A→B，C→P，E→A，CE→D}。

6. 设有一个反映职工每月超额完成生产任务的关系模式：

R(日期，职工号，姓名，工种，额定工作量，本月超额)

如果规定：每个职工只隶属于一个工种，每个工种的额定工作量唯一，每个工种的职工有多人。根据上述规定，写出模式 R 的基本 FD，判断 R 最高属于第几范式，并说明理由。

7. 什么是多值依赖？试举出几个多值依赖的实例。

8. 设关系模式 R(ABC)，r 为 R 的一个实例，r＝{ab_1c_1，ab_2c_2，ab_1c_2，ab_2c_1}，r 满足条件 A→→B 吗？为什么？如果在 r 中任取一个 3 个元组的子集，这些子集满足条件 A→→B 吗？

第6章　数据库设计过程

本章主要掌握数据库设计整个过程的步骤、思路；重点掌握数据库设计的需求分析、概念结构设计、逻辑结构设计、物理结构设计、数据库实施、数据库运行与维护6个阶段；掌握每个阶段的描述工具，如需求分析的工具有数据字典及数据字典的组成；掌握概要结构设计描述的工具E-R图的规则；掌握如何将概要结构设计转换成具体DBMS的逻辑结构；掌握如何进行视图合并的方法及消除冗余的联系和属性；了解物理结构设计的方法及优化方法；了解如何从整体思路把握数据库设计过程等。

6.1　数据库设计概述

6.1.1　数据库设计规律

数据库设计是一个综合性技术问题，涉及管理学、数据库、工程等学科。数据库设计指数据库应用系统从需求分析到模型架构，从编码到运行及维护的全过程。数据库设计是个复杂的过程，与软件系统的开发过程有很多类似之处，但也有自身独有的特点。

6.1.1.1　数据库建设的基本规律

在数据库建设过程中，要善于用管理学的知识把握整个设计的建设过程。另外，数据库设计通常是基于企业的业务管理，企业的业务管理更加复杂，也更重要，直接影响着数据库的结构设计。因为数据库结构是企业各部门间的业务数据及各职能部门间业务联系的抽象，数据库设计的好坏与软件应用系统可用性密切相关。在长期的数据库建设过程实践中，人们深刻地认识到，企业数据的数据库管理化提高了企业的信息化程度，是企业管理改革及管理效率提高的关键。

数据库设计，最终是建设一个模型来管理数据，为数据的收集、整理、组织和不断更新提供可靠的保障，所以基数数据是数据库建设中的重要环节。随着人们对信息的需求,数据库中的数据不断更新,而在这庞大的数据中,隐藏着大量的可以提高企业业务管理、提高行业竞争力的知识,这些都离不开数据。在长期的数据库建设过程中,将技术、管理、基础数据按比例形容各自的重要性,可概括为:"三分技术,七分管理,十二分的基础数据",由此可知,管理比技术更重要。

6.1.1.2　结构设计与行为设计相结合

过去人们开发软件,数据库的设计与软件应用开发是分离设计的,这样会影响整个数据库的完善性,数据库结构不能很好地为软件的行为服务。有如现在的高级语言,以前的 C 语言是面向过程的计算机语言,将数据的定义及对数据的操作分开设计,但面向对象的 Java 语言,引用类的概念,将数据的定义及对数据的行为操作定义在一个类中,使定义的数据结构充分为对象的行为服务。

由此,现在的数据库设计过程把结构设计与对数据的处理设计紧密结合,即是结构设计与行为设计相结合,具体如图 6.1 所示。

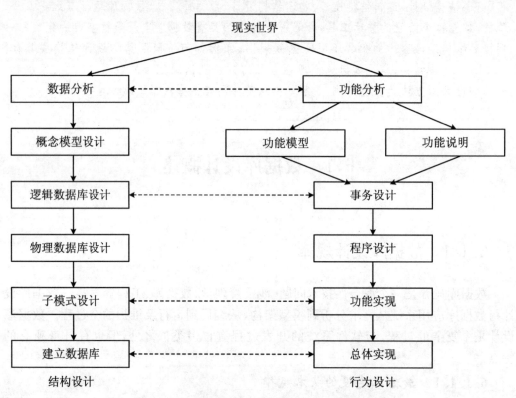

图 6.1　数据库的结构设计与行为设计相结合

6.1.2　数据库设计方法

大型数据库设计是一项庞大而复杂的工程项目,涉及工程、管理、计算机等多学科的综合性技术,所以对于数据库设计要求设计人员有较高的综合素质,熟悉软件工程的方法和技巧,掌握程序设计的方法,精通数据库基本知识及设计技术,了解应用领域的知识,具备较强的沟通及表达能力等。

早期数据库设计主要采用手工与经验相结合的方法,设计质量与设计人员的水平及经验有直接的关系,但无章法可循,缺乏科学理论和工程方法的支撑,设计出的数据库质量无法保证。对于后期的维护也增加了工作量,甚至要重新设计,所以此类方法越来越不适应现代的大型信息管理系统的需要。

为提高设计质量,数据库设计人员努力探索,提出了各种数据库设计方法。1978 年,来自三十多个国家的数据库专家在美国 New Orleans 专门讨论了数据库设计问题,利用软件工程的思想和方法,提出了数据库设计的规范,这就是著名的新奥尔良法,是目前公认的较完整和权威的一种规范设计方法。此方法将整个数据库设计分需求分析(对用户需求进行分析)、概念设计(抽象需求,对信息进行分析、定义)、逻辑设计(实现概念设计的模型)和物理设计(数据库的存储)等几个阶段。由新奥尔良方法延伸,得到以下几种常用方法:

1. 基于 E-R 模型的设计方法

P. P. S. Chen 于 1977 年提出的基于 E-R 模型的数据库设计方法,通过需求分析,用 E-R 图构造一个反映现实世界实体间相互联系的企业模式,然后再将企业模型转换成基于某特定的 DBMS 的概念模式。

2. 基于 3NF 的数据库设计方法

基于 3NF 的数据库设计方法是由 S. Atre 提出的数据库设计结构化方法,其基本思想是在需求分析的基础上,识别并确认数据库模型中的全部属性和属性间的依赖,将它们组织成一个单一的关系模式,再分析模式中不符合 3NF 的约束条件,用连接和投影的方法分解模式,使其达到 3NF 的规范条件。

3. 基于视图的数据库设计方法

基于视图的数据库设计方法,先以每个应用各自建立相应的视图,然后再将各个视图合并,得到一个完整的模念模式,合并时需注意解决下列 3 个问题:

(1) 消除命名冲突

对于有同名异义或异义同名的要消除,避免命名歧义。

(2) 消除冗余的实体和联系

有的实体可以与其他实体合并,有的联系可以由其他联系演算,消除冗余的实体及联系,可有效减少表的复杂性,方便数据库管理。

(3) 进行模式重构

消除命名冲突、冗余实体及联系后,要调整整个汇总模式,对于结构冲突的要重新构成模式,以使满足全部完整性约束条件,符合用户的需求。

以上 3 种设计方法,属于规范化设计方法,从本质上来说仍然有手工方法的痕迹,基本思想是过程迭代和逐步求精。在实际应用过程中,人们还探索出面向对象的数据库设计方法、统一建模语言方法。

为方便设计,数据库工作者坚持不懈的努力,已开发出一些辅助工具,可通过人机交互方式实现设计中的部分工作,辅助设计人员完成数据库过程的很多任务,且已经将数据库设计工具实用化和产品化,比如 SYSBASE 公司的 Power Designer 和 Oracle 公司的 Design 2000。

6.1.3　数据库设计步骤

数据库设计和软件设计一样,也有从产生到消亡的生命周期。按照规范化设计方法,可将数据库设计分为需求分析、概念结构设计、逻辑结构设计、物理结构设计、数据库实施、数据库运行和维护6个阶段。在数据库设计过程中,需求分析、概念结构设计是对用户需求的描述及建模,与具体的实现方式无关,独立于任何数据库管理系统。逻辑结构设计、物理结构设计是将建好的模型实现,根据实际需要选择具体的数据库管理系统,组织及存储数据库。最后是数据库实施及运行维护。

数据库设计的各阶段完成的工作各有不同:

1. 需求分析阶段

需求分析阶段是数据库设计的开始,也是整个设计过程的基础,收集所有用户的信息及处理要求。因数据库设计人员对具体的应用领域不一定能够充分了解,需求描述时显得有些吃力,所以需求分析阶段是最困难、最耗时的一步。需求分析相当于建设房屋的地基,对用户需求做得是否充分、准确,决定了后期数据库构建的速度与质量。若前期工作未做好,后期可能导致整个设计返工重做。

2. 概念结构设计阶段

概念结构设计是数据库设计的关键,将需求分析得到的信息进行归纳、抽象并转换成模型,独立于具体的 DBMS 软件和硬件实现无关,典型的描述工具是 E - R 图(实体-联系图)。

3. 逻辑结构设计阶段

逻辑结构设计是将概念结构转换为某个 DBMS 支持的数据模型,并对其进行优化。

4. 物理结构设计阶段

物理结构设计将逻辑数据模型选择合适的硬件环境,包括选择适当的存储结构和存取方法。

5. 数据库实施阶段

根据数据库的逻辑模型、物理结构设计结果,数据库设计人员利用 DBMS 提供的数据库语言及宿主语言,编写和调试相应的应用程序,组织数据入库,进行试运行。

6. 数据库运行与维护阶段

数据库应用系统经过一段时间的试运行后,在基本能满足用户需求的基础上可投入正式运行。为提高数据库系统的性能,根据用户运行时对系统的要求及运行时出现的问题,进一步调整和修改数据库。运行中的数据库,能够有效处理数据库故障并恢复数据库。

以上6个阶段是设计数据库的完整过程。设计一个有良好性能的、完善的数据库应用系统并不是一蹴而就的,往往是6个阶段不断反复的过程。在设计过程中,数据库设计属于数据结构的设计,应用系统设计属于行为的设计,要将结构设计与行为设计密切结合,把结构与行为的需求分析、抽象、设计和实现在各阶段同时进行,相互参考、相互补充,以完善这两方面的设计。

实际开发过程中,每完成一个阶段都要进行设计分析,设置一些重要的评价指标。

对设计产生的文档组织评审,并与用户进行广泛交流。遇到不符合要求的设计,要进行反复修改,最终经用户确认后方可交付产品。

由于上述 6 个阶段环环相扣,所以设计过程往往是逐步迭代,精益求精。具体如图 6.2 所示。

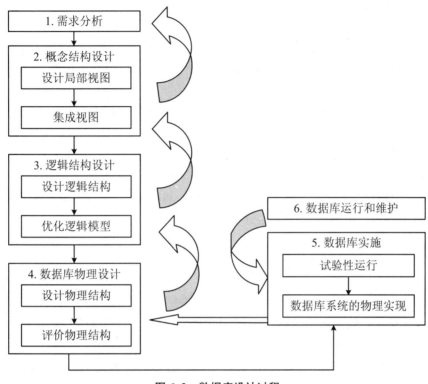

图 6.2　数据库设计过程

6.2　需求分析阶段

需求分析通俗地讲,是将各类用户的需求进行分析、描述,其结果的准确性直接影响后期各阶段的设计,是数据库设计的起点。需求分析质量的好坏是数据库建设的基础,前期的失误或错误,若不尽早发现,越到后期其维护代价越大。因此要高度重视系统的需求分析。

6.2.1　需求分析的任务

需求分析阶段面对的对象是现实世界,对要处理的对象(包括组织、部门、企业等)进行详细的调查,充分了解原系统的功能,保留原系统中的优点,收集新系统的各方面需求,深度地与用户沟通,使得到的需求更真实地反映现实世界,确定新系统的边界,最后形成需求分析说明书。

调查的重点是"数据"和"处理",通过调查、收集与分析,使数据达到以下要求:

① 信息要求指能够导出数据,用户能够从数据库中获得信息的内容与性质,数据库中具体需要的数据对象。

② 处理需求指用户要完成什么样的处理功能,对某种处理要求的响应时间,涉及的数据,处理方式是联机还是批处理。

③ 安全性和完整性的需求。完整性指对数据的定义、数据之间的相互依赖等约束条件,是数据自身的要求。安全性指操作数据库的对象是否有权操作数据,要根据不同用户定义不同权限,以使数据库有更高的安全性。

需求分析是最困难、最耗时的阶段,由于数据库设计人员缺少用户专业领域的知识,对用户的业务流程不是很精通,所以对用户的需求需消耗大量的时间去理解、调查、分析及表达;而用户缺少计算机专业的知识,他们对自己真正需要什么并不太清楚,甚至还会提出一些计算机不容易实现的需求,且需求不断变化;隔行如隔山,导致数据库设计人员与用户双方相互缺少对方的专业知识,需不断深入地与用户交流,要反复将需求经用户确认,方可进行下一步需求。

6.2.2　需求分析的方法

需求分析需要一定的时间和方法,才能完成任务。了解用户需求的具体步骤如下:

① 调查组织机构总体情况:调查这个组织由哪些部门组成、各部门的职责是什么等,为分析信息流程做准备。

② 熟悉业务活动情况:调查各部门输入和使用的数据、数据的加工和处理、输出信息、输出部门、输出的结果格式等。

③ 明确用户需求:在熟悉业务活动的基础上,协助用户明确对新系统的各种要求,包括信息要求、处理要求、安全性与完整性要求。该步骤是调查重点。

④ 确定系统边界:对调查的结果进行初步分析,确定整个系统中哪些由计算机完成,哪些将由计算机完成,哪些由手工完成。由计算机完成的功能就是新系统应该实现的功能。

由于应用系统面对不同用户,所以对用户需求的调研要根据不同对象采取不同方法。常用调查方法有:

① 跟班作业:通过亲身参加业务工作来了解业务活动的情况。此法可以比较准确地理解用户的需求,但比较耗费时间。如医院综合平台管理系统,被人们公认的最复杂的信息系统之一,医院各子部门的业务活动频繁交错,开发人员只有通过驻地实习、跟班作业的方式,才能更清楚地了解需求。

② 开调查会:通过与用户座谈来了解业务活动情况及用户需求。座谈时,参加者之间可以相互启发。

③ 请专人介绍:要了解某单位信息系统的各子部门间业务联系时,适宜采用专人介绍方法,请精通各业务往来的人员介绍该单位的大致情况。

④ 询问:对某些调查中的问题,可以找专人询问。

⑤ 设计调查表请用户填：如果调查表设计得合理，此方法很有效，也易于为用户接受。

⑥ 查阅记录：查阅与原系统有关的数据记录，了解原系统的原数据构成，以便更好地表达数据的完整性。

实际上，无论何种调查方法均需用户积极参与及密切配合，数据库设计人员才能交给用户一个满足的需求分析报告，需求分析是一个不断反复、逐步求精的过程，具体流程如图 6.3 所示。

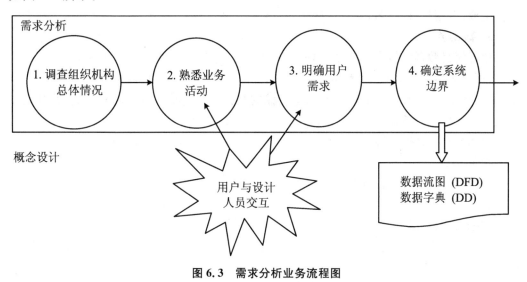

图 6.3　需求分析业务流程图

6.2.3　需求分析工具

为了专业地表达需求，数据库设计人员采用典型的数据字典工具描述需求分析，那么什么是数据字典？它由哪几部分组成呢？

所谓数据字典是指存储用户需求的所有信息，是详细描述数据收集及对数据的分析的成果。它是数据库中数据的原始信息，不代表具体的数据，在需求分析阶段产生，在整个设计过程中不断修改、完善，是需求规格说明书的主要组成部分。

数据字典通常包括数据项、数据结构、数据流、数据存储及数据处理几部分。

1. 数据项

数据项是不可分割数据单位，是数据描述的最小数据单位。对数据项的描述通常包括数据项名称、数据项语义说明、别名、数据类型、长度、取值范围和与其他数据项关系。举例如下：

数据项名称：课程号

数据项语义说明：描述所有课程的编号

别名：CNO，CourseNO

数据类型：字符型

长度：10

取值范围：1～2 位为开课单位号，3～5 三位为专业号，6～7 为课程类型，8～10 位为

课程流水号

2. 数据结构

数据结构反映了数据间的组合关系。其组成成员可以是由一个或多个数据项或数据结构混合组成。具体包括:数据结构名、含义说明、组成(数据项或数据结构)。举例如下:

数据结构名:课程

含义说明:学生要选修的具体课程

组成:课程号,课程名,前行课课程号,学分

3. 数据流

数据流是数据结构在应用系统内传输的过程,指数据的流动有来源和去向,具体包括:数据流名称、别名、说明、数据来源、数据去向、数据组成、平均流量、高峰期流量。其中"平均流量"是指在规定的单位时间里传输的数据量或传输次数,"高峰期流量"则是指在高峰期时的数据流量。

数据流名称:学生信息

别名:无

说明:学生登录时输入的内容

数据来源:学生

数据去向:登录

数据组成:学号＋密码

4. 数据存储

数据存储的目的是确定数据库中所需的数据,是数据停留的地方。数据存储可以是计算机文档,也可以是手工文档。数据存储的内容包括数据存储名、别名、存储说明、编号、输入数据流、输出数据流、数据组成、组成方式、数据量、存取频度和存取方式。其中,"存取频度"指单位时间(每小时、每天或每周等)内存取数据次数及每次存取的数据量;"存取方式"指数据是随机存取还是顺序存取,是批处理还是联机处理。主要部分举例如下:

数据存储名:选课表

别名:SC

存储说明:记录学生选课信息

编号:User10001

输入数据流:课程信息

数据组成:学号＋课程号＋成绩

组成方式:索引文件,以学号＋课程号为关键字

存取频度:一天访问不超过 10 次

5. 数据处理

处理过程描述了数据的来龙去脉,一般用判定表或判定权描述。具体内容包括:处理过程名、处理说明、输入数据流、输出数据流和处理过程简要说明。举例如下:

处理过程名:学生宿舍安排

处理说明:为学生安排住处

输入数据流:学生信息,空宿舍信息

输出数据流:学生宿舍安排结果

处理过程简要说明:学生报告后 3 小时内需安排宿舍,按国家规定的标准给每位学
生安排宿舍。

详细收集信息及对数据分析的结果存储于数据字典中,在以后的开发中遇到不确切
的定义、约束等均可通过数据字典查询。在描述数据字典时,要强调两点:

① 需求分析阶段的一个重要而困难的任务是收集将来应用所涉及的数据,设计人员
应充分考虑将来可能的改变和扩充,以便使设计具有易更改、易扩充的特点。

② 必须强调用户的参与。数据库应用系统和广泛的用户有密切的联系,许多人要使
用数据库。数据库的设计和建立又可能对更多人的工作环境产生重要影响。因此用户
的参与是数据库设计不可分割的一部分。若没有用户的参与,数据库设计将寸步难行。

6.3　概念结构设计阶段

需求分析阶段,设计人员通过充分的调查描述用户的需求,描述了现实世界的具体
要求,但这现实世界必须抽象为信息世界,才能更好地实现用户的需求。概念结构设计
是将需求分析得到的用户需求转换为信息世界,即概念模型。

6.3.1　概念模型

概念模型是将需求分析描述的内容转换成独立于 DBMS 的信息。不同的人由于从
不同角度看待同一事物,所以描述事件的方式也不同。我们需要了解如何描述概念模
型,才能更好地、更准确地用具体的 DBMS 实现需求。

概念模型的主要特点:

① 能够全面地、真实地反映现实世界,包括事物与事物之间的联系、用户对数据的处
理要求。模型的真实性、全面性关系到逻辑模型转换的完善性。

② 易于理解。概念模型是数据库设计人员与用户之间的主要界面,因此,概念模型
要表达自然、直观、易理解。要使不熟悉计算机的用户更好地与数据库设计人员交流,必
须有用户的积极参与。

③ 易于更改和扩充。用户的需求是多变的,概念模型要能够随着应用环境和需求的
改变,作相应调整。

④ 易于向各种数据模型转换。概念模型是各种数据模型的基础,是独立于具体的
DBMS,因而更加稳定,更易于向关系模型、网状模型、层次模型等数据模型转换。

概念模型最典型的描述工具是 E-R 图,它将现实世界的信息结构统一用实体、属性
及实体间的联系描述。

6.3.2　概念结构设计的方法

概念结构设计通常采用 4 种方法:

1. 自底向上

先定义局部概念模式,再集成全局的概念模型。如图 6.4(a)所示。

2. 自顶向下

由全局概念模式到局部概念模式方式设计,如图 6.4(b)所示。

3. 逐步扩张

以定义最核心的部分概念模型,再以此为基础,以滚雪球的方式逐步产生其他部分的概念模型,如图 6.4(c)所示。

4. 混合策略

采用自顶向下和自底向上方法相结合,自顶向下策略设计整体框架,自底向上方法设计各个局部的概念结构,如图 6.4(d)所示。

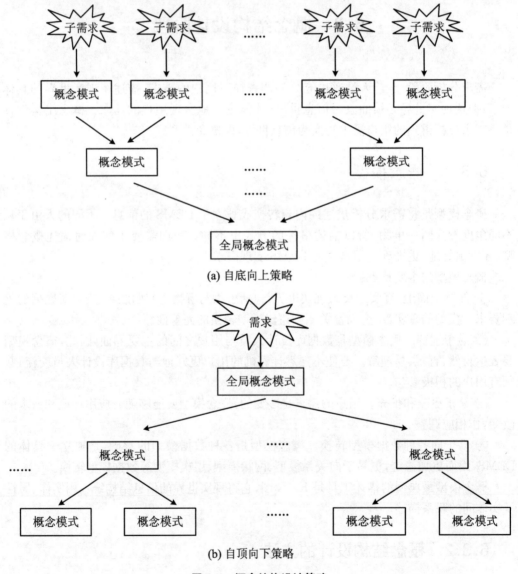

(a) 自底向上策略

(b) 自顶向下策略

图 6.4　概念结构设计策略

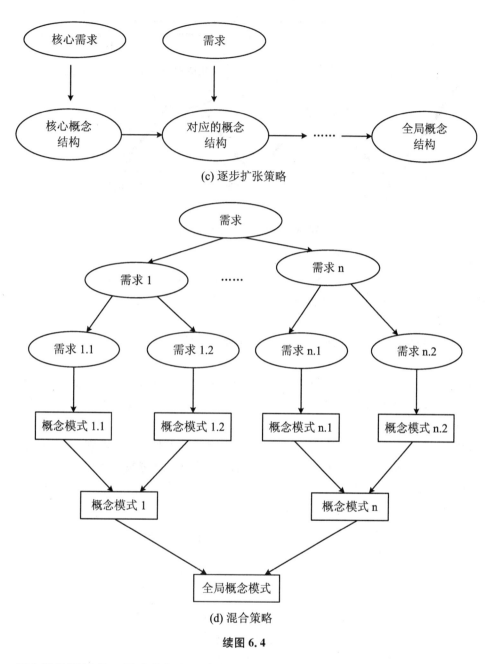

(c) 逐步扩张策略

(d) 混合策略

续图 6.4

概念结构设计处于需求分析与逻辑结构设计之间,一方面要抽象需求分析的信息,另一方面要考虑如何设计模型以方便向具体的模型转换,如图 6.5 所示。

6.3.3 E-R 模型图

概念结构设计典型的描述工具为 E-R(Enity-Relation)图。E-R 图是由实体、联系、属性组成的,这些概念已经在第 1 章中说明,下面重点介绍 E-R 图的具体绘制方法及规则。

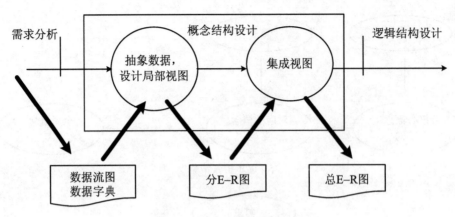

图 6.5　概念结构设计框架图

1. 实体

描述现实世界中能够相互区分的事物,可以是实际的物,也可以是抽象的概念,通常用矩形框表示,矩形框内标注实体的命名,一般实体名用名字表示。

2. 属性

描述实体的特征,通常用椭圆表示,椭圆内标注属性的命名。

3. 联系

描述实体之间的关系,用菱形表示,菱形框内标注联系的命名,通常联系名称为动词较合适。两个实体间的联系有一对一、一对多、多对多等形式,两个以上实体之间也会构成复杂的联系。

【**例 6.1**】　如图 6.6 所示,学生实体由学号、姓名、性别、年龄、系别等属性组成,(图 6.6(a));学会实体由学会名、学会地址、成立时间、活动项目等属性组成(图 6.6(b));学生与学会之间存在"参加"关系(图 6.6(c))。两个实体间的一对一联系(图 6.6(d))、一对多关系(图 6.6(e))、两个以上实体之间的联系图(6.6(f))所示。

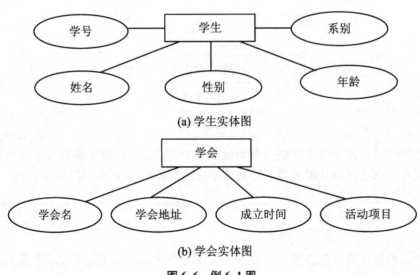

(a) 学生实体图

(b) 学会实体图

图 6.6　例 6.1 图

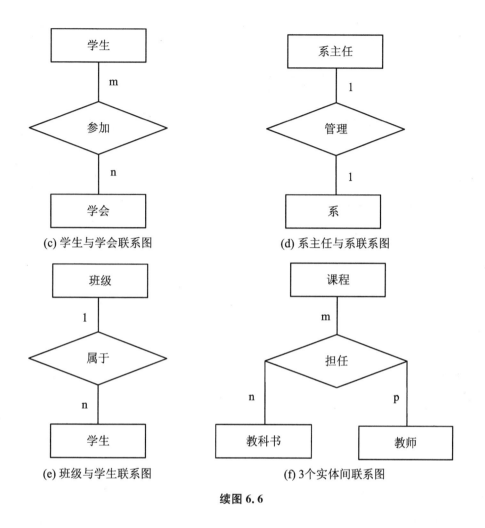

(c) 学生与学会联系图   (d) 系主任与系联系图

(e) 班级与学生联系图   (f) 3个实体间联系图

续图6.6

6.3.4 视图集成

概念结构设计的第一步是对需求分析阶段收集到的数据进行归纳、分类,确定实体、属性(描述实体的特征)、实体间的联系,形成概念模型 E-R 图。设计 E-R 图时,由于描述属性时未能与实体有截然区分的界限,可能会与实体产生混淆,给设计人员带来困扰,为此设计时必须遵循一定的规则。

1. 实体与属性的划分规则

实体与属性的划分,不是通过人为确定的,而是要通过数据字典根据实际情况进行必要的调整。在确定划分时,要遵循两条原则:

① 属性必须不可再分,不能包括其他属性;

② 属性不能与其他实体有联系,即 E-R 图中联系只能产生在实体之间。

【例 6.2】 "教师"是一个实体,职工号、姓名、性别、年龄、职称等是教师的实体。"职称"仅表示教师的专业级别,不涉及具体的情况,即"职称"是不可再分的数据项,根据规则①可以作为"教师"实体的属性。若考虑职称与基本工资、住房补贴有关,则职称应看作实体更为妥当。如图 6.7 所示。

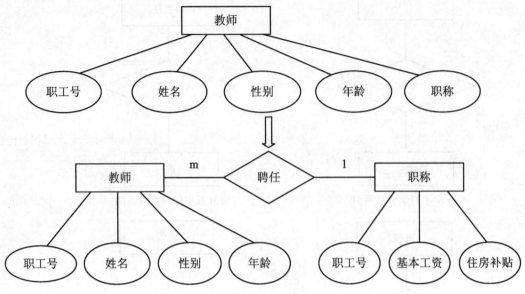

图 6.7 职称作为一个实体或属性

【例 6.3】 描述某课程的组成时，由课程号、课程名、先行课、学分、上课地点组成，若教室不再细分，则教室可作为属性，但若教室还包括教室类型、教室容量信息时，教室可作为实体。如图 6.8 所示。

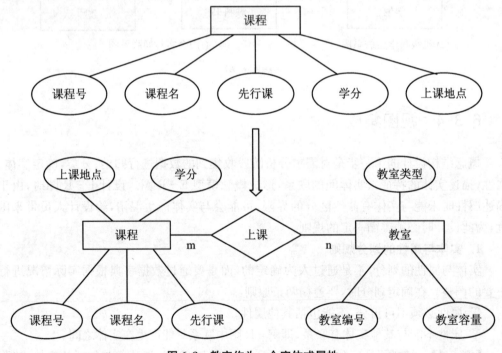

图 6.8 教室作为一个实体或属性

2. 局部视图的设计

每个子需求对应一个局部的 E-R 模型图，设计时要根据具体的定义、环境及要求不同，确定实体的属性及实体间的联系，下面以教务管理系统为例进行说明。

教务系统中有以下约束：

① 一位教师能讲授多门课程，同时一门课程也能被多个教师讲授，所以教师与课程间是多对多联系，具体如图 6.9 所示，同理，学生与课程之间也是多对多联系。

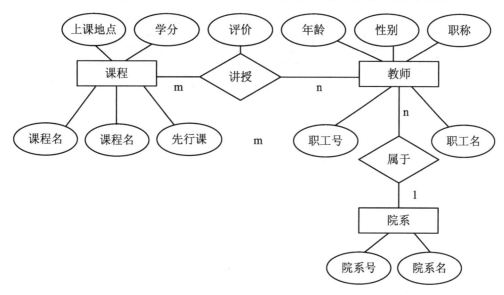

图 6.9 教师授课局部 E-R 图

② 一名学生只能属于一个院系，一个院系有多位学生，所以院系与学生间是一对多联系，具体如图 6.10 所示，同理院系与教师之间也是一对多联系。

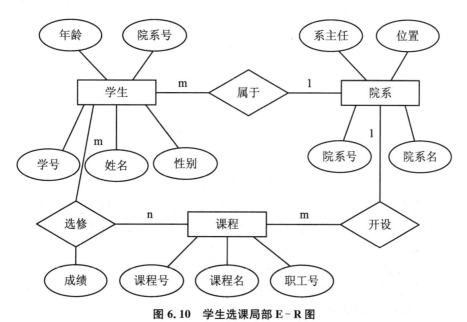

图 6.10 学生选课局部 E-R 图

3. 视图集成

各局部 E－R 模型设计好后,但只能代表局部概念,作为完整的系统,要将所有局部 E－R 模型集成,形成全局 E－R 模型。通常视图集成有两种方法:

(1) 一次集成法

一次集成法即一次性将所有局部 E－R 图合并成一个全局 E－R 图,这要求集成的设计人员有很强的专业素质,否则很难形成概括性强、易理解的全局 E－R 图,如图 6.11 所示。

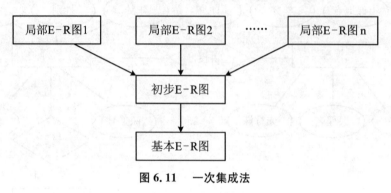

图 6.11　一次集成法

(2) 逐步集成法

首先集成两个最重要的局部 E－R 图,以后每次加一个局部 E－R 图集成,最后形成全局 E－R 图。这种方法较简单,因为每次只合并两个视图,可降低难度,如图 6.12 所示。

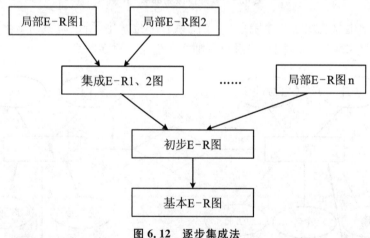

图 6.12　逐步集成法

由于局部视图往往是设计人员独立完成相应的逻辑模型,但视图集成时要综合考虑,各局部视图间往往有密切的联系。无论用哪种集成方法,要根据实际系统复杂性选择的方案。集成过程可由两步完成:

① 合并。消除各局部 E－R 图间的冲突,生成初步 E－R 图。

② 整合。消除不必要的冗余,生成基本的 E－R 图。

合并 E－R 图时,产生的冲突有 3 类:

（1）属性冲突

① 属性域冲突，即属性的值的类型、取值范围等。如学号，有的部门将学号定义为长整型，有的定义为字符串型。又如学生成绩，有的成绩取值 0～100 间，而有的课程成绩取值范围为 0～150。

② 属性取值单位的冲突。如测量某物体的长度，有的以公里为单位，有的以毫米为单位。

属性冲突理论上容易解决，可以通过各部门间讨论协商。

（2）命名冲突

① 同名异义，即相同名称，但不同含义。

② 异名同义，即不同的名称，但含义相同。如描述教室时，有一教室编号属性，而在描述课程时，有一上课地点属性，这时要统一名称。为减少错误的发生，建议避免异名同义或同名异义现象。

命名冲突也容易解决，与属性冲突一样，通过讨论协商方式解决，实际解决起来并非易事。

（3）结构冲突

① 同一实体在不同应用中属性构成不同。

② 同一对象在不同应用中有不同的抽象，可能为属性，也可能为实体。例如，高校的各院系，有的局部应用当成属性，而另一局部应用中把院系当实体。

③ 同一联系在不同应用中呈现不同的类型。例如实体 E1 与 E2，在一种局部应用中是一对一联系，而在另外一种应用中是多对多联系。

结构冲突的通过协商手段可能不易解决，要根据应用的语义对实体联系的类型进行调整，若实在解决不了，可能会重新进行需求分析。

4. 全局 E‑R 模型的优化

在得到全局 E‑R 模型后，为了提高数据库系统的效率，需进一步依据处理需求对 E‑R 模型进行优化。一个好的 E‑R 模型，除能进行准确、真实需求分析外，还应满足实体个数、实体中所有属性个数尽可能少，实体间无冗余联系。在实际应用中，要视具体的要求而定，下面给出模式优化的参考原则：

（1）实体类型的合并

这里的合并是相关实体类型的合并。在公共模型中，实体类型最终转换成关系模式，涉及多个实体类型的信息要通过连接操作获得。因而减少实体类型个数，可减少连接的开销，提高处理效率。一般在权衡利弊后可以把 1：1 联系的两个实体类型合并。主码相同的实体类型常常是从不同角度刻画现实世界，如果经常需要同时处理这些实体类型，那么也有必要合并成一个实体类型。

（2）冗余属性的消除

通常在各个局部结构中不允许存在冗余属性。但在集成全局 E‑R 模式后，可能产生全局范围内的冗余属性，不是所有的冗余属性均要去除，要视具体情况而定。例如，每年的高考成绩统计数据库中，每位老师有各单科的成绩，但还有一个总分成绩，总分成绩是由各单科成绩计算而来的，总分成绩相对于各单科成绩是多余的，但有时为了方便，不需每个学生查询总分时，数据库算一次总分，增大系统开销，所以有时有必要用空间来换取时间的效率。

（3）冗余联系的消除

在全局模式中可能存在冗余的联系，通常利用规范化理论中函数依赖消除冗余联系。

【**例 6.4**】 图 6.13 是学生选课管理局部图，图 6.14 是教师管理子系统。

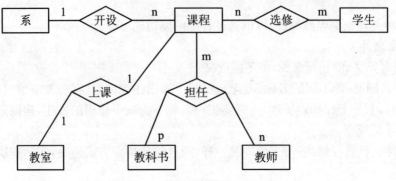

图 6.13 学生选课管理 E－R 图

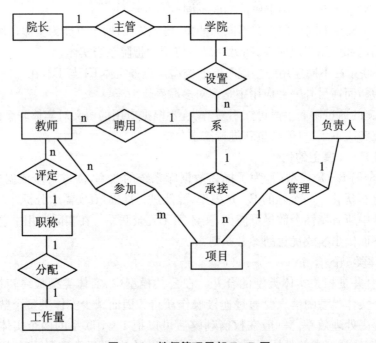

图 6.14 教师管理局部 E－R 图

图 6.13 中的"教师"与图 6.14 中的"负责人"实际指的都是"教师"，所以在合并后要统一用"教师"。那么，"教师"与"项目"之间有两层关系，若从教师参加项目来看，为 m：n 的关系，但若从教师管理项目角度来看，一个项目只能由一名教师管理，所以是 1∶1 的联系。此时的两个实体间有两个不同联系类型，均有存在的必要，所以无须删除其中的一个联系。合并后如图 6.15 所示。

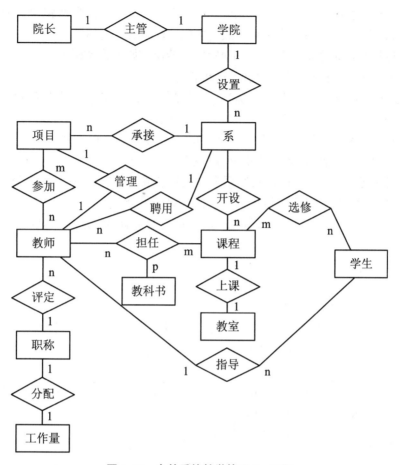

图 6.15 合并后的教学管理 E‑R 图

6.4 逻辑结构设计阶段

需求分析阶段与概念结构阶段都是独立于任何一种数据模型的信息结构,而逻辑结构设计是将概念结构设计的 E‑R 图转换为选用具体实现的 DBMS 所支持的逻辑结构。目前的数据库应用系统大多数采用关系数据模型所支持的 DBMS,所以以下只介绍将 E‑R 图向关系模型转换的规则。

6.4.1 概念模型向关系模型转换

E‑R 图中有实体、属性及实体间的联系,转换规则就是如何将 E‑R 图中的成分转换成关系模式。具体规则如下:

规则一:每个实体类型转换成一个关系模式,实体的属性转换成关系模式的属性。

规则二:联系类型的转换。根据不同联系类型,分以下 4 种情况:

① 若实体间联系类型为 1∶1,可将联系类型加入两个实体类型转换成的两个关系模式中任意一个,且加入另一个关系模式的主码和联系类型的属性。

例如,班级与班长之间存在着 1∶1 联系,则转换为如下关系模式:

班级(班级编号,班级名称,班级位置,班长)

② 若实体间联系类型为 1∶n,则将联系类型加入 N 端实体类型转换成的关系模式,且加入 1 端实体对应关系模式的主键和联系类型的属性。

例如:学生与系部间联系类型为 1∶n,则联系转换成关系模式为:

学生(学号,姓名,性别,入学年份,所属院系)

③ 若实体间联系是 m∶n,则将联系类型也转换成关系模式,其属性为两端实体类型的主码加入联系类型的属性,主码为两端实体主码的组合。

例如,学生与课程之间为 m∶n 联系,且联系类型中有"成绩"属性,课程实体对应的关系模式为:

课程(课程号,课程名,学分,先行课程号)

上述多对多联系可转换为:

选修(课程号,学号,成绩)

④ 3 个及 3 个实体间联系,无论何种联系类型,总是转换成一个新的关系模式,其属性为多个实体类型的主码与联系类型的属性组合而成,新关系模式主码为多个实体中的主码组合。

例如,学生、教师、课程三者之间均为多对多联系,且联系类型中有"上课地点""上课时间"属性,转换成新的关系模式为:

课程表(教师号,学号,课程号,上课地点,上课时间)

6.4.2 模型优化

数据库逻辑设计的结果不一定是完美的,有时存在结构不合理的地方。为了进一步提高应用系统的性能,适当做些修改或调整,这就是数据模型的优化。常见的模型优化步骤为:

① 根据规范化理论,确定数据间的依赖关系。通过数据字典,分析数据项间的联系,确定每个数据项之间的依赖关系。要根据需求分析得到的语义,得到关系模式内的各属性间数据依赖及不同关系模式属性间的数据依赖。

② 消除冗余的联系,使各关系模式之间的数据依赖极小化。

③ 利用规范化理论方法,查检关系模式中的部分函数依赖、传递函数依赖等关系,确定各关系模式的规范程度,即属于第几范式。

④ 根据需求分析得到的处理要求,确定对某些模式是否有必要进行合并或分解。必须注意的是,不是规范化程度超高的关系就越优,一般达到第 3NF 就可以了。

⑤ 对关系模式进行必要的分解,提高数据操作效率和存储空间利用率。常用的两种分解方法即水平分解和垂直分解。

水平分解是将基本关系的元组按"80∶20"原则,即将 80% 不常访问的数据与 20% 常用的数据分开存储。

垂直分解是将关系模式 R 的属性分解为若干子集合,形成若干个子关系模式,将经常操作的属性与不经常访问的属性分开存储,可有效提高数据操作效率及存储空间利用率。

6.5 物理设计阶段

数据库在实际的物理设备上的存储结构和存取方法称为数据库的物理结构。给一个设计好的逻辑数据模型选择一个合适的物理环境就是物理设计。具体工作分两步完成:① 确定数据库的物理结构,主要确定存取方法和存储结构;② 对物理结构进行评价,重点是评价时间和空间效率。

6.5.1 物理设计的任务

因数据库产品的不同,其所提供的物理环境、存取方法和存储结构也有很大的差异,没有通用的物理方法可遵循,只能给出一般的设计内容和原则。设计数据库物理结构时,总体目标是使得数据库对各种事务响应快、存储空间利用率高及事务吞吐率大。下面从事务查询和数据更新两方面说明:

① 对于数据库查询事务,需要提供的信息有:查询的关系、查询条件所涉及的属性、连接条件所涉及的属性、查询的投影属性。

② 对于数据库更新事务,需要提供的信息有:被更新的关系、每个关系上的更新操作条件所涉及的属性、修改操作要改变的属性值。

还有一些事务在各关系上运行的频率和性能要求等信息,上述这些信息是确定关系的存取方法的依据。

6.5.2 关系模式的存取方法

数据库系统是多用户共享的系统,对某一个关系要建立多条存取路径才能满足用户的应用需求。物理设计任务之一是确定用何种方法存取数据。数据库管理系统通常提供以下常用存取方法:

① 存储记录是属性值的 ,主码可以唯一确定一个记录,根据主码的特征设计一些索引方法,不仅可以有效提高查询速度,还可避免关系键重复值的录入,确保数据的完整性。通常有 B+树索引、hash 索引、聚簇索引方法等,下面重点介绍聚簇索引方法,其余索引在"数据结构"课程中介绍过。

② 为提高某属性的查询速度,把在这个属性上具有相同值的元组存储在连续的物理块中,称该属性(或属性组)为聚簇码。这样一来,逻辑位置相邻的记录,其物理位置也相邻,可大大减少访问磁盘的次数,节约了系统的时间资源。

聚簇功能不仅适用于单个关系,还适用于经常进行连接操作的多个关系。可以将多

个连接关系的元组按连接属性值聚集存放,从而大大提高连接操作的效率。在建立聚簇时需注意以下几点:

① 对经常进行连接操作的关系可以建立聚簇索引。

② 若一个关系的一组属性经常出现在相等比较条件中,则该单个关系可建立聚簇索引。

③ 若一个关系的一个或一组属性上的值重复率很高,则单个关系可以建立聚簇索引。

④ 从聚簇索引中删除经常进行全表扫描的关系。

⑤ 从聚簇索引中删除更新操作远多于连接操作的关系。

⑥ 不同的聚簇索引中可能包含相同的关系,一个关系可以在某一个聚簇中,但不能同时加入多个聚簇索引。

注意:聚簇索引只能提高某些应用的性能,但建立与维护聚簇索引需相当大的系统开销。

6.5.3　确定物理结构

确定数据库物理结构主要指确定数据的存放位置和存储结构,包括确定关系、索引、聚簇、日志、备份等的存储安排和存储结构、确定系统配置等。

确定数据的存储位置和存储结构要综合考虑存取时间、空间利用率及维护代价 3 个因素,这 3 个因素往往相互矛盾,所以要权衡考虑,选择一个折中的方案。

存储位置的确定,应根据应用情况将数据的易变部分与稳定部分、频繁存取部分与存取频率低部分分开存储。

系统配置确定,在初始情况下,系统为这些变量赋予合理的默认值,但这些参数不一定适合每一种应用环境。为重新设置物理参数,关系数据库管理系统产品一般提供了系统配置变量和存储分配参数,供设计人员和数据库管理员对数据进行物理优化。常用的系统配置变量有最大用户数、最多打开数据库对象数、缓冲区分配参数、存储分配参数、物理块的大小、时间片大小、数据库大小、锁的数目等。

物理设计是对系统配置变量的初步调整,在实际系统运行时还要根据系统运行情况做进一步调整,以改进系统性能。

6.5.4　物理结构评价

数据库物理设计过程中需要对时间效率、空间效率、维护代价及用户的要求综合考虑,在产生的多种方案中,选择一个较优的方案作为数据库的物理结构。评价数据库物理结构,根据选用的关系数据库管理系统,定量估算各种方案的存储空间、存取时间、维护代价,对估算结果进行权衡考虑。如果该结构不符合用户需求,则需进一步修改设计。

6.6 数据库实施阶段

完成数据库物理设计后,设计人员要根据具体的关系数据库管理系统提供的数据定义、数据库逻辑设计、物理设计,编写相关的系统可接受的源码,再经过调试产生目标模式,并组织数据入库,进入数据库实施阶段。

数据库实施阶段包括两项重要工作:一是数据的载入,二是编码及调整。

因数据库系统中数据量一般都很大,且数据来源于某单位中的各个子部门,数据的组织方式、结构和格式都与新设计的数据库系统结构存在差异,必须把这些数据收集起来加以整理,输入数据库。因此这样的数据转换、组织入库的工作会消耗大量的人力、物力。

目前,现有的数据库管理系统一般不提供不同关系数据库管理系统之间的数据转换工具,为提高数据库输入工作的效率和质量,应针对具体的应用环境设计一个数据录入系统,让计算机完成数据库入库的任务。若原来是数据库系统,要充分利用新系统的数据转换工具。

数据库应用程序的设计应该是与数据库设计同时进行,如进行存储过程、函数、触发器等的编写。在组织数据入库时,还要调试应用程序,以保证获取用户所需的正确数据。应用程序的设计、编码和调试的方法在软件开发类相关课程中有详细描述。

6.7 数据库运行与维护阶段

6.7.1 数据库试运行

应用程序调试完成,并且有一小部分数据入库后,就可以开始数据库的试运行。数据库试运行也称为联合调试,其主要工作包括:

1. 功能调试

功能调试即实际运行应用程序执行对数据库的各种操作,测试应用程序的各种功能。

2. 性能测试

性能测试即测量系统的性能指标,分析是否符合设计目标。

数据库物理设计阶段在评价数据库结构估算时间、空间指标时做了许多简化和假设,忽略了许多次要因素,因此结果必然很粗糙。数据库试运行则是要实际测量系统的各种性能指标(不仅是时间、空间指标),如果结果不符合设计目标,则需要返回物理设计阶段,调整物理结构,修改参数;有时甚至需要返回逻辑设计阶段,调整逻辑结构。

重新设计物理结构甚至逻辑结构,会导致数据重新入库。由于数据入库工作量实在太大,所以可以采用分期输入数据的方法,即先输入小批量数据供先期联合调试使用,待试运行基本合格后再输入大批量数据,逐步增加数据量,逐步完成运行评价。

在数据库试运行阶段,由于系统还不稳定,硬、软件故障随时都有可能发生,而且系统的操作人员对新系统还不熟悉,误操作也不可避免,因此必须做好数据库的转储和恢复工作,减少对数据库的破坏。

6.7.2 数据库的维护

在数据库试运行结果符合设计目标后,数据库就可以真正投入运行了。数据库投入运行标志着开发任务的基本完成和维护工作的开始。但这并不意味着设计过程的终结,由于应用环境在不断变化,数据库运行过程中物理存储也会不断变化,所以对数据库设计进行评价、调整、修改等维护工作是一个长期的任务,也是设计工作的继续和提高。

在数据库运行阶段,对数据库经常性的维护工作主要是由 DBA 完成的,它包括以下内容:

1. 数据库的转储和恢复

数据库的转储和恢复是系统正式运行后最重要的维护工作之一。DBA 要针对不同的应用要求制定不同的转储计划,定期对数据库和日志文件进行备份,以保证一旦发生故障,能利用数据库备份及日志文件备份,尽快将数据库恢复到某种一致性状态,并尽可能减少对数据库的破坏。

2. 数据库安全性、完整性控制

DBA 必须对数据库的完整性和安全性控制负起责任。根据用户的实际需要授予不同的操作权限。此外,在数据库运行过程中,应用环境的变化,对安全性的要求也会发生变化。例如,有的数据原来是机密,现在可以公开查询了,而新加入的数据又可能是机密,而且系统中用户的密级也会改变。这些都需要 DBA 根据实际情况修改原有的安全性控制。同样,由于应用环境的变化,数据库的完整性约束条件也会变化,所以也需要DBA 不断修正,以满足用户需要。

3. 数据库性能的监督、分析和改进

在数据库运行过程中,监督系统运行,对监测数据进行分析,找出改进系统性能的方法是 DBA 的又一重要任务。目前许多 DBMS 产品都提供了监测系统性能参数的工具,DBA 可以利用这些工具方便地得到系统运行过程中一系列性能参数的值。DBA 应仔细分析这些数据,判断当前系统是否处于最佳运行状态,如果不是,则需要通过调整某些参数来进一步改进数据库的性能。

4. 数据库的重组与重构

数据库运行一段时间后,由于记录不断增、删、改,会使数据库的物理存储变坏,从而降低数据库存储空间的利用率和数据的存取效率,使数据库的性能下降。

这时 DBA 就要对数据库进行重组或部分重组(只对频繁增、删的表进行重组)。数据库的重组不会改变原计划的数据逻辑结构和物理结构,只是按原计划要求重新安排存储位置、回收垃圾、减少指针链、提高系统性能。DBMS 一般都提供了重组数据库使用的实用程序,帮助 DBA 重新组织数据库。

当数据库应用环境发生变化时,例如:增加新的应用或新的实体;取消某些已有应用;改变某些已有应用,这些都会导致实体及实体间的联系也发生相应的变化,使原有的数据库设计不能很好地满足新的需求,因此必须调整数据库的模式和内模式以适应新需求。例如,增加新的数据项、改变数据项的类型、改变数据库的容量、增加或删除索引、修改完整性约束条件等,这就是数据库的重构造。DBMS 一般都提供了修改数据库结构的功能。

重构造数据库的程度是有限的。若应用变化太大,已无法通过重构数据库来满足新的需求,或重构数据库的代价太大,则表明现有数据库应用系统的生命周期已经结束,应该重新设计新的数据库系统,开始新数据库应用系统的生命周期了。

 本章小结

本章介绍了数据库设计的整个过程,重点介绍了需求分析、概念结构设计及逻辑结构设计。

需求分析是整个数据库设计的难点,介绍如何获取并描述用户的需求,用户可以通过跟班作业、问卷调查、专人介绍等手段了解用户的需求,再利用数据字典记录档案,以便开发时查询资料,这一难点表现为开发人员与用户之间如何沟通。

概念结构设计是数据库设计的关键,将需求信息转换为用独立于具体的 DBMS 的模型,典型的工具是 E-R 图。数据库设计人员要将 E-R 模型的雏形与用户充分沟通,最终达成一致意见。E-R 模型是人们认识客观世界的一种工具,要能够充分地描述现实世界,能够被人理解,能够方便地在计算机上实现。E-R 图由"实体""属性"及"联系"组成,数据库设计的任务是将现实世界的模型抽象起来,分别用"实体""属性"和"联系"三者描述。

逻辑结构设计的任务主要是将 E-R 模型图转换成具体的关系模型。转换时,"实体"要转换成独立的关系表,"属性"转换成关系表的元组,重点是"联系"的转换要根据"联系"的类型转规则,特别是多对多的联系及多个实体组合而成的联系。

习　　题

1. 数据库系统的生存期分成哪几个阶段?数据库结构的设计在生存期中的地位如何?

2. 基于数据库系统生存期的数据库设计分成哪几个阶段?

3. 数据库设计的规划阶段应做哪些事?

4. 数据库设计的需求分析阶段是如何实现的?目标是什么?

5. 试述概念结构设计的主要步骤。

6. 逻辑设计的目的是什么?试述逻辑设计阶段的主要步骤及内容。

7. 什么是数据库结构的物理设计?试述其具体步骤。

8. 数据库实施阶段主要做哪几件事情?

9. 数据库系统投入运行后,有哪些维护工作?

10. 设某商业集团数据库中有 3 个实体集。一是"商店"实体集,属性有商店编号、商店名、地址等；二是"商品"实体集，属性有商品号、商品名、规格、单价等；三是"职工"实体集，属性有职工编号、姓名、性别、业绩等。

商店与商品间存在"销售"联系，每个商店可销售多种商品，每种商品也可放在多个商店销售，每个商店销售每一种商品，有月销售量；商店与职工间存在着"聘用"联系，每个商店有许多职工，每个职工只能在一个商店工作，商店聘用职工有聘期和月薪。

试画出 E-R 图，并在图上注明属性、联系的类型，再转换成关系模式集，并指出每个关系模式的主键和外键。

11. 设某商业集团数据库中有 3 个实体集。一是"公司"实体集，属性有公司编号、公司名、地址等；二是"仓库"实体集，属性有仓库编号、仓库名、地址等；三是"职工"实体集，属性有职工编号、姓名、性别等。

公司与仓库间存在"隶属"联系，每个公司管辖若干仓库，每个仓库只能属于一个公司管辖；仓库与职工间存在"聘用"联系，每个仓库可聘用多个职工，每个职工只能在一个仓库工作，仓库聘用职工有聘期和工资。

试画出 E-R 图，并在图上注明属性、联系的类型，再转换成关系模式集，并指出每个关系模式的主键和外键。

12. 设某商业集团数据库中有 3 个实体集。一是"商品"实体集，属性有商品号、商品名、规格、单价等；二是"商店"实体集，属性有商店号、商店名、地址等；三是"供应商"实体集，属性有供应商编号、供应商名、地址等。

供应商与商品间存在"供应"联系，每个供应商可供应多种商品，每种商品可向多个供应商订购，供应商供应每种商品有月供应量；商店与商品间存在"销售"联系，每个商店可销售多种商品，每种商品可在多个商店销售，商店销售商品有月计划数。

试画出 E-R 图，并在图上注明属性、联系的类型，再转换成关系模式集，并指出每个关系模式的主键和外键。

13. 假设要为银行的储蓄业务设计一个数据库，其中涉及储户、存款、取款等信息，试设计 E-R 模型。

14. 某体育运动锦标赛有来自世界各国运动员组成的体育代表团参赛各类比赛项目。试为该锦标赛各个代表团、运动员、比赛项目、比赛情况设计一个 E-R 模型。

15. 假设某超市公司要设计一个数据库系统来管理该公司的业务信息。该超市公司的业务管理规则如下：

① 该超市公司有若干仓库，若干连锁商店，供应若干商品。

② 每个商店有一个经理和若干收银员，每个收银员只在一个商店工作。

③ 每个商店销售多种商品，每种商品可在不同的商店销售。

④ 每个商品编号只有一个商品名称，但不同的商品编号可以有相同的商品名称。每种商品可以有多种销售价格。

⑤ 超市公司的业务员负责商品的进货业务。试按上述规则设计 E-R 模型。

16. 假设要根据某大学的系、学生、班级、学会等信息建立一个数据库。一个系有若干专业，每个专业每年只招一个班，每个班有若干学生；一个系的学生住在同一宿舍区；每个学生可以参加多个学会，每个学会有若干学生，学生参加某学会有入会年份。试为该大学的系、学生、班级、学会等信息设计一个 E-R 模型。

第7章 存储过程

7.1 存储过程的基本概念

7.1.1 相关概念

存储过程(stored procedure)是一组为了完成特定功能的 SQL 语句集,经编译后存储在数据库中,用户通过指定存储过程的名字并给出参数(如果该存储过程带有参数)来执行它。

在大型数据库系统中,存储过程和触发器具有很重要的作用。无论是存储过程还是触发器,都是 SQL 语句和流程控制语句的集合。就本质而言,触发器也是一种存储过程,存储过程在运算时生成执行方式,所以以后对其再运行时其执行速度很快。SQL Server 不仅提供了用户自定义存储过程的功能,而且也提供了许多可作为工具使用的系统存储过程。

在 SQL Server 的系列版本(本章以 SQL Server 为例,Oracle 等数据库系统中也有相应概念)中,存储过程是一组为了完成特定功能的 SQL 语句集,是利用 SQL Server 所提供的 T-SQL 语言所编写的程序。功能是将常用或复杂的工作,预先用 SQL 语句写好并用一个指定名称存储起来,以后需要数据库提供与已定义好的存储过程的功能相同的服务时,只需调用 execute,即可自动完成命令。存储过程是由流控制和 SQL 语句书写的过程,这个过程经编译和优化后存储在数据库服务器中,可由应用程序通过一个调用来执行,而且允许用户声明变量。同时,存储过程可以接收和输出参数、返回执行存储过程的状态值,也可以嵌套调用。

存储过程分为两类:系统提供的存储过程和用户自定义存储过程。系统过程主要存储在 master 数据库中并以 sp_为前缀,并且系统存储过程主要是从系统表中获取信息,从而为系统管理员管理 SQL Server 提供支持。通过系统存储过程,MS SQL Server 中的许多管理性或信息性的活动(如了解数据库对象、数据库信息)都可以被顺利有效地完成。尽管这些系统存储过程被放在 master 数据库中,但是仍可以在其他数据库中对其进行调用,在调用时不必在存储过程前加上数据库名。而且当创建一个新数据库时,一些系统存储过程会在新数据库中被自动创建。系统存储过程如表 7.1 所示。用户自定义存储过程是由用户创建并能完成某一特定功能(如查询用户所需数据信息)的存储过程。

在本章中所涉及的存储过程主要是指用户自定义存储过程。

表 7.1 系统存储过程

系统存储过程	说　明
sp_databases	列出服务器上的所有数据库
sp_helpdb	报告有关指定数据或所有数据库的信息
sp_renamedb	更改数据库的名称
sp_tables	返回当前环境下可查询对象的列表
sp_columns	回某个表列的信息
sp_help	查看某个表的所有信息
sp_helpconstraint	查看某个表的约束
sp_helpindex	查看某个表的索引
sp_stored_procedures	列出当前环境中的所有存储过程
sp_password	添加或修改登录账户的密码
sp_helptext	显示默认值、未加密的存储过程、用户定义的存储过程、触发器或视图的实际文本

存储过程具有以下优点：

当利用 MS SQL Server 创建一个应用程序时，T-SQL 是一种主要的编程语言。若运用 T-SQL 来进行编程，有两种方法：一是在本地存储 T-SQL 程序，并创建应用程序向 SQL Server 发送命令来对结果进行处理；二是可以把部分用 T-SQL 编写的程序作为存储过程存储在 SQL Server 中，并创建应用程序来调用存储过程，对数据结果进行处理存储过程能够通过接收参数向调用者返回结果集，结果集的格式由调用者确定；返回状态值给调用者，指明调用是成功或是失败；包括针对数据库的操作语句，并且可以在一个存储过程中调用另一存储过程。

我们通常更偏爱于使用第二种方法，即在 SQL Server 中使用存储过程而不是在客户计算机上调用 T-SQL 编写一段程序，原因在于存储过程具有以下优点：

1. 存储过程允许标准组件式编程

存储过程在被创建以后可以在程序中被多次调用，而不必重新编写该存储过程的 SQL 语句。而且数据库专业人员可随时对存储过程进行修改，但对应用程序源代码毫无影响（因为应用程序源代码只包含存储过程的调用语句），从而极大地提高了程序的可移植性。

2. 存储过程能够实现较快的执行速度

如果某一操作包含大量的 T-SQL 代码或分别被多次执行，那么存储过程要比批处理的执行速度快很多。因为存储过程是预编译的，在首次运行一个存储过程时，查询优化器对其进行分析、优化，并给出最终被存在系统表中的执行计划。而批处理的 T-SQL 语句在每次运行时都要进行编译和优化，因此速度相对要慢一些。

3. 存储过程能够减少网络流量

对于同一个针对数据数据库对象的操作（如查询、修改），如果这一操作所涉及的 T-SQL 语句被组织成一个存储过程，那么当在客户计算机上调用该存储过程时，网络中传送的只是该调用语句,否则将是多条 SQL 语句,从而大大增加了网络流量,降低网络负载。

4. 存储过程可被作为一种安全机制来充分利用

系统管理员通过对执行某一存储过程的权限进行限制,从而能够实现对相应的数据访问权限的限制,避免非授权用户对数据的访问,保证数据的安全。

注意:存储过程虽然既有参数又有返回值,但是它与函数不同。存储过程的返回值只是指明执行是否成功,并且它不能像函数那样被直接调用,也就是在调用存储过程时,在存储过程名字前一定要有 EXEC 保留字。

7.1.2 变量

在存储过程中,我们经常要使用到变量保存数据,自定义变量:DECLARE a INT SET a=100;可用以下语句代替:DECLARE a INT DEFAULT 100;

变量分为用户变量和系统变量,系统变量又分为会话和全局级变量。

用户变量:用户变量名一般以@开头,滥用用户变量会导致程序难以理解及管理。

变量的类型可以为 int、smallint、tinyint、decimal、float、real、money 、smallmoney、text 、image、char、varchar 等 T－SQL 数据类型,变量定义的语法为:

```
DECLARE
{
{@local_variable data_type}
} [,…n]
```

例如:

```
Declare @ID int ——申明一个名为@ID 的变量,类型为 int 型。
```

在 SQL Server 窗口中打印出变量的值的语法:

```
PRINT'any ASCII text' | @local_variable | @@FUNCTION | string_expr
```

变量赋值可以使用 SET 关键字,例如:从数据表中取出第一行数据的 ID,赋值给变量@id,然后打印出来:

```
Declare @ID int
Set @ID=(select top(1) categoryID from categories)
Print @ID
```

7.1.3 运算符

1. 算术运算符

① ＋加,例如 SET var1=2＋2。

② 一减,例如 SET var2＝3－2。

③ ＊乘,例如 SET var3＝3＊2。

④ / 除,例如 SET var4＝10/3。

⑤ DIV 整除,例如 SET var5＝10 DIV 3。

⑥ ％取模,例如 SET var6＝10％3。

2. 比较运算符

① ＞,例如大于 1＞2 False。

② ＜,例如小于 2＜1 False。

③ ＜＝,例如小于等于 2＜＝2 True。

④ ＞＝,例如大于等于 3＞＝2 True。

⑤ BETWEEN 在两值之间,例如 5 BETWEEN 1 AND 10 True。

⑥ NOT BETWEEN 不在两值之间,例如 5 NOT BETWEEN 1 AND 10 False。

⑦ IN 在集合中,例如 5 IN (1,2,3,4) False。

⑧ NOT IN 不在集合中,例如 5 NOT IN (1,2,3,4) True。

⑨ ＝等于,例如 2＝3 False。

⑩ ＜＞,！＝不等于,例如 2＜＞3 False。

⑪ ＜＝＞严格比较两个 NULL 值是否相等,例如 NULL＜＝＞NULL。

⑫ LIKE 简单模式匹配,例如"Guy Harrison" LIKE "Guy％"。

⑬ REGEXP 正则式匹配,例如"Guy Harrison" REGEXP "[Gg]reg"。

⑭ IS NULL 为空,例如 0 IS NULL。

⑮ IS NOT NULL 不为空,例如 0 IS NOT NULL。

3. 逻辑运算符

① AND:AND 连接两个条件,并且仅当两个条件都为真时才返回 true。

② OR:OR 连接两个条件,但只要其中任一个为真就返回 true。

③ NOT:当一个语句中使用了多个逻辑运算符时,首先求 not 的值,然后求 and 的值,最后再求 or 的值。

4. 位运算符

① |或。

② ＆ 与。

③ 〈〈 左移位。

④ 〉〉 右移位。

⑤ ～非(单目运算,按位取反)。

7.1.4 语句块

语句块是存储过程的核心,表明该存储过程要做的事情,常见的语句块及结构如下:

1. BEGIN 和 END 语句

BEGIN 和 END 语句用于将多个 T‐SQL 语句组合为一个逻辑块。在控制流语句必须执行包含两条或多条 T‐SQL 语句的语句块的任何地方,都可以使用 BEGIN 和

END 语句。如：

```
IF (@@ERROR <> 0)
BEGIN
SET @ErrorSaveVariable=@@ERROR
PRINT' Error encountered,' + CAST (@ ErrorSaveVariable AS VARCHAR
(10))
END
```

2. GOTO 语句

GOTO 语句使 T‑SQL 批处理的执行跳至标签。不执行 GOTO 语句和标签之间的语句。

```
IF(1=1)
GOTO calculate_salary
print'go on' ——条件成立则跳过此句。
calculate_salary:
print'go to'
```

3. IF...ELSE 语句

IF 语句用于条件的测试。得到的控制流取决于是否指定了可选的 ELSE 语句：

```
if(1=1)
print 1
else if(2=2)
print 2
else if(3=3)
print 3
else
print 0
```

4. RETURN 语句

RETURN 语句无条件终止查询、存储过程或批处理。存储过程或批处理中 RETURN 语句后面的语句都不执行。当在存储过程中使用 RETURN 语句时,此语句可以指定返回给调用应用程序、批处理或过程的整数值。如果 RETURN 未指定值,则存储过程返回 0。

5. WAITFOR 语句

WAITFOR 语句挂起批处理、存储过程或事务的执行,直到发生以下情况:① 已超过指定的时间间隔;② 到达一天中指定的时间。

指定的 RECEIVE 语句至少修改一行或并将其返回到 Service Broker 队列。

WAITFOR 语句由下列子句之一指定:

DELAY 关键字后为 time_to_pass,是指完成 WAITFOR 语句之前等待的时间。完成 WAITFOR 语句之前等待的时间最多为 24 小时。例如：

```
WAITFOR DELAY'00：00：02'
SELECT EmployeeID FROM Employee；
```

TIME 关键字后为 time_to_execute，指定 WAITFOR 语句完成所用的时间。

```
GO
BEGIN
WAITFOR TIME'22：00'；
DBCC CHECKALLOC；
END；
GO
```

6. WHILE、BREAK 或 CONTINUE 语句

只要指定的条件为 True 时，WHILE 语句就会重复语句或语句块。REAK 或 CONTINUE 语句通常和 WHILE 一起使用。BREAK 语句退出最内层的 WHILE 循环，CONTINUE 语句则重新开始 WHILE 循环。

```
go
declare @Num int
declare @ID int
declare @i int
set @i=1
while(exists(select * from T where Num<5 )) ——获取数量小于 5 的记录。
    begin
    select @Num=Num,@ID=ID from T where Num<5 order by ID desc
    print Str(@i)+'编号：'+Str(@ID)+'值'+str(@Num)
    update T set Num=Num*2 where ID=@ID
    set @i=@i+1
    if(@i>3)
        break ——退出循环
    end
```

7. CASE 语句

CASE 函数用于计算多个条件并为每个条件返回单个值。CASE 函数通常的用途是将代码或缩写替换为可读性更强的值。

8. 注释

存储过程可使用两种风格的注释：

① 双横杠：——，该风格一般用于单行注释。

② /＊ 注释内容 ＊/ 一般用于多行注释。

7.2 存储过程的相关操作

7.2.1 存储过程的创建

存储过程是保存起来的可以接受和返回用户提供的参数的 T‐SQL 语句的集合。

可以创建一个过程供永久使用，或在一个会话中临时使用（局部临时过程），或在所有会话中临时使用（全局临时过程）。也可以创建在 Microsoft SQL Server 启动时自动运行的存储过程。

1. 语法

```
CREATE PROC [ EDURE ] procedure_name [ ; number ]
[ { @parameter data_type }
[ VARYING ] [ =default ] [ OUTPUT ]
] [ ,…n ]
[ WITH
{ RECOMPILE | ENCRYPTION | RECOMPILE , ENCRYPTION } ]
[ FOR REPLICATION ]
AS sql_statement [ …n ]
```

注意：

① 新存储过程的名称。过程名必须符合标识符规则，且对于数据库及其所有者必须唯一。

要创建局部临时过程，可以在 procedure_name 前面加一个编号符（♯procedure_name），要创建全局临时过程，可以在 procedure_name 前面加两个编号符（♯♯procedure_name）。完整的名称（包括♯或♯♯）不能超过 128 个字符。指定过程所有者的名称是可选的。

② number

可选的整数，用来对同名的过程分组，以便用一条 DROP PROCEDURE 语句即可将同组的过程一起除去。例如，名为 orders 的应用程序使用的过程可以命名为"orderproc；1" "orderproc；2"等。DROP PROCEDURE orderproc 语句将除去整个组。如果名称中包含定界标识符，则数字不应包含在标识符中，只应在 procedure_name 前后使用适当的定界符。

③ @parameter

过程中的参数。在 CREATE PROCEDURE 语句中可以声明一个或多个参数。用户必须在执行过程时提供每个所声明参数的值（除非定义了该参数的默认值）。存储过程最多可以有 2100 个参数。

使用 @ 符号作为第一个字符来指定参数名称。参数名称必须符合标识符的规则。每个过程的参数仅用于该过程本身；相同的参数名称可以用在其他过程中。默认情况下，参数只能代替常量，而不能用于代替表名、列名或其他数据库对象的名称。

④ data_type

参数的数据类型。所有数据类型（包括 text、ntext 和 image）均可以用作存储过程的参数。不过，cursor 数据类型只能用于 OUTPUT 参数。如果指定的数据类型为 cursor，也必须同时指定 VARYING 和 OUTPUT 关键字。

说明：对于可以是 cursor 数据类型的输出参数，没有最大数目的限制。

⑤ VARYING

指定作为输出参数支持的结果集（由存储过程动态构造，内容可以变化）。仅适用于游标参数。

⑥ Default

参数的默认值。如果定义了默认值，不必指定该参数的值即可执行过程。默认值必须是常量或 NULL。如果过程将对该参数使用 LIKE 关键字，那么默认值中可以包含通配符（%，_，[] 和 [^]）。

⑦ OUTPUT

表明参数是返回参数。该选项的值可以返回给 EXEC[UTE]。使用 OUTPUT 参数可将信息返回给调用过程。Text、ntext 和 image 参数可用作 OUTPUT 参数。使用 OUTPUT 关键字的输出参数可以是游标占位符。

⑧ n

表示最多可以指定 2100 个参数的占位符。

{RECOMPILE | ENCRYPTION | RECOMPILE, ENCRYPTION}

RECOMPILE 表明 SQL Server 不会缓存该过程的计划，该过程将在运行时重新编译。在使用非典型值或临时值而不希望覆盖缓存在内存中的执行计划时，请使用 RECOMPILE 选项。

ENCRYPTION 表示 SQL Server 加密 syscomments 表中包含 CREATE PROCE-DURE 语句文本的条目。使用 ENCRYPTION 可防止将过程作为 SQL Server 复制的一部分发布。

说明在升级过程中，SQL Server 利用存储在 syscomments 中的加密注释来重新创建加密过程。

⑨ FOR REPLICATION

指定不能在订阅服务器上执行为复制创建的存储过程。使用 FOR REPLICATION 选项创建的存储过程可用作存储过程筛选，且只能在复制过程中执行。本选项不能和 WITH RECOMPILE 选项一起使用。

⑩ AS

指定过程要执行的操作。

sql_statement

过程中要包含的任意数目和类型的 T‑SQL 语句，但有一些限制。

⑪ n 是表示此过程可以包含多条 T‑SQL 语句的占位符。

【例 7.1】 CREATE PROCEDURE GetContactFormalNames

```
AS
BEGIN
    SELECT TOP 10 Title +''+ FirstName +''+LastName AS FormalName
    FROM Person. Contact
END
```

此存储过程返回单个结果集,其中包含一列数据(由 Person. Contact 表中前十个联系人的称呼、名称和姓氏组成)。

【例 7.2】 假设有表 7.2,创建一个存储过程,对程序员的工资进行分析,月薪 1500 到 10000 不等,如果有 50% 的人薪水不到 2000 元,给所有人加薪,每次加 100,再进行分析,直到有一半以上的人大于 2000 元为止,存储过程执行完后,最终加了多少钱?

表 7.2 程序员工资表:ProWage

字段名称	数据类型	说　明
ID	int	自动编号,主键
PName	Char(10)	程序员姓名
Wage	int	工资

【例 7.3】 如果有 50% 的人薪水不到 2000,给所有人加薪,每次加 100 元,直到有一半以上的人工资大于 2000 元,调用存储过程后的结果如下:

```
一共加薪: 500元
加薪后的程序员工资列表:
ID          PName       Wage
----------- ----------- -----------
1           青鸟        2000
2           张三        1300
3           李四        1900
4           二月        3600
5           蓝天        2880
```

请编写 T-SQL 来实现如下功能:

① 创建存储过程,查询是否有一半程序员的工资在 2200、3000、3500、4000、5000 或 6000 元之上,如果不到,分别每次给每个程序员加薪 100 元,直至一半程序员的工资达到 2200、3000、3500、4000、5000 或 6000 元。

② 创建存储过程,查询程序员平均工资在 4500 元,如果不到,则每个程序员每次加 200 元,直到所有程序员平均工资达到 4500 元。

建表语句:

```
1    USE master
     GO
```

```
10    / * 建库 * /
11    ——检验数据库是否存在,如果为真,删除此数据库——
12    IF exists(SELECT * FROM sysdatabases WHERE name='Wage')
13    DROP DATABASE Wage
14    GO
15    CREATE DATABASE Wage
16    GO
1     ——建数据表——
1     USE Wage
2     GO
2     CREATE TABLE ProWage    ——程序员工资表
2     (
2     ID int identity(1,1) primary key,    ——工资编号
2     PName   CHAR(10) NOT NULL ,        ——程序员姓名
2     Wage   int NOT NULL    ——工资
2     )
```

```
GO
——插入数据——
INSERT INTO ProWage(PName,Wage)VALUES('青鸟',1900)
INSERT INTO ProWage(PName,Wage)VALUES('张三',1200)
INSERT INTO ProWage(PName,Wage)VALUES('李四',1800)
INSERT INTO ProWage(PName,Wage)VALUES('二月',3500)
INSERT INTO ProWage(PName,Wage)VALUES('蓝天',2780)
```

参考答案:

(1) 创建存储过程

```
if exists (select * from sysobjects where name='Sum_wage')
drop procedure Sum_wage
GO
create procedure Sum_wage
@PWage int,
@AWage int,
@total int
as
while (1=1)
begin
if (select count( * ) from ProWage)>2 * (select count( * ) from ProWage where
Wage>=@PWage)
```

数据库原理及应用

```
update ProWage set @total＝@total＋@AWage,Wage＝Wage＋@AWage
else
break
end
print'一共加薪:'＋convert(varchar,@total)＋'元'
print'加薪后的程序员工资列表:'
select ＊ from ProWage
——调用存储过程1——
exec Sum_wage @PWage＝2000,@AWage＝100,@total＝0
exec Sum_wage @PWage＝2200,@AWage＝100,@total＝0
exec Sum_wage @PWage＝3000,@AWage＝100,@total＝0
exec Sum_wage @PWage＝4000,@AWage＝100,@total＝0
exec Sum_wage @PWage＝5000,@AWage＝100,@total＝0
exec Sum_wage @PWage＝6000,@AWage＝100,@total＝0
```

（2）创建存储过程 2

```
if exists (select ＊ from sysobjects where name＝'Avg_wage')
drop procedure Avg_wage
GO
create procedure Avg_wage
@PWage int,
@AWage int,
@total int
as
while (1＝1)
begin
if ((select Avg(Wage) from ProWage)＜＝@PWage)
update ProWage set @total＝@total＋@AWage,Wage＝Wage＋@AWage
else
break
end
print'一共加薪:'＋convert(varchar,@total)＋'元'
print'加薪后的程序员工资列表:'
select ＊ from ProWage
——调用存储过程——
exec Avg_wage @PWage＝3000,@AWage＝200,@total＝0
exec Avg_wage @PWage＝4500,@AWage＝200,@total＝0
```

另外,创建存储过程需要注意:

① 存储过程的最大容量为 128 MB。

② 用户定义的存储过程只能在当前数据库中创建(临时过程除外,临时过程总是在 tempdb 中创建)。在单个批处理中,CREATE PROCEDURE 语句不能与其他 T - SQL 语句组合使用。

③ 默认情况下,参数可为空。如果传递 NULL 参数值并且该参数在 CREATE 或 ALTER TABLE 语句中使用,而该语句中引用的列又不允许使用 NULL,则 SQL Server 会产生一条错误信息。为了防止向不允许使用 NULL 的列传递 NULL 参数值,应向过程中添加编程逻辑或为该列使用默认值(使用 CREATE 或 ALTER TABLE 的 DEFAULT 关键字)。

④ 建议在存储过程的任何 CREATE TABLE 或 ALTER TABLE 语句中都为每列显式指定 NULL 或 NOT NULL,例如在创建临时表时。ANSI_DFLT_ON 和 ANSI_DFLT_OFF 选项控制 SQL Server 为列指派 NULL 或 NOT NULL 特性的方式(如果在 CREATE TABLE 或 ALTER TABLE 语句中没有指定的话)。如果某个连接执行的存储过程对这些选项的设置与创建该过程的连接的设置不同,则为第二个连接创建的表列可能会有不同的为空性,并且表现出不同的行为方式。如果为每个列显式声明了 NULL 或 NOT NULL,那么将对所有执行该存储过程的连接使用相同的为空性创建临时表。

⑤ 在创建或更改存储过程时,SQL Server 将保存 SET QUOTED_IDENTIFIER 和 SET ANSI_NULLS 的设置。执行存储过程时,将使用这些原始设置。因此,所有客户端会话的 SET QUOTED_IDENTIFIER 和 SET ANSI_NULLS 设置在执行存储过程时都将被忽略。在存储过程中出现的 SET QUOTED_IDENTIFIER 和 SET ANSI_NULLS 语句不影响存储过程的功能。

⑥ 其他 SET 选项(例如 SET ARITHABORT、SET ANSI_WARNINGS 或 SET ANSI_PADDINGS)在创建或更改存储过程时不保存。如果存储过程的逻辑取决于特定的设置,应在过程开头添加一条 SET 语句,以确保设置正确。从存储过程中执行 SET 语句时,该设置只在存储过程完成之前有效。之后,设置将恢复为调用存储过程时的值。这使个别的客户端可以设置所需的选项,而不会影响存储过程的逻辑。

说明:SQL Server 是将空字符串解释为单个空格还是解释为真正的空字符串,由兼容级别设置控制。如果兼容级别小于或等于 65,SQL Server 就将空字符串解释为单个空格。如果兼容级别等于 70,则 SQL Server 将空字符串解释为空字符串。

2. 临时存储过程

SQL Server 支持两种临时过程:局部临时过程和全局临时过程。局部临时过程只能由创建该过程的连接使用。全局临时过程则可由所有连接使用。局部临时过程在当前会话结束时自动除去。全局临时过程在使用该过程的最后一个会话结束时除去。通常是在创建该过程的会话结束时。

临时过程用 # 和 # # 命名,可以由任何用户创建。创建过程后,局部过程的所有者是唯一可以使用该过程的用户。执行局部临时过程的权限不能授予其他用户。如果创建了全局临时过程,则所有用户均可以访问该过程,权限不能显式废除。只有在 tempdb 数据库中具有显式 CREATE PROCEDURE 权限的用户,才可以在该数据库中显式创建临时过程(不使用编号符命名)。可以授予或废除这些过程中的权限。

说明:频繁使用临时存储过程会在 tempdb 中的系统表上产生争用,从而对性能产生负面影响。建议使用 sp_executesql 代替。sp_executesql 不在系统表中存储数据,因此可以避免这一问题。

7.2.2　存储过程的执行

成功执行 CREATE PROCEDURE 语句后,过程名称将存储在 sysobjects 系统表中,而 CREATE PROCEDURE 语句的文本将存储在 syscomments 中。第一次执行时,将编译该过程以确定检索数据的最佳访问计划。

1. 手动执行存储过程

使用 T-SQL EXECUTE 语句。语法为

```
EXECUTE(EXEC) sp_name;
```

即可以用 EXEC+存储过程名称的方式来执行存储过程。

如果存储过程是批处理中的第一条语句,那么不使用 EXECUTE 关键字也可以执行存储过程自动执行存储过程。

2. 自动执行存储过程

必须注意,只有系统管理员(sa)可以将存储过程标记为自动执行。另外,该存储过程必须在 master 数据库中并由 sa 所有,而且不能有输入或输出参数 SQL Server 启动时可以自动执行一个或多个存储过程。这些存储过程必须由系统管理员创建,并在 sysadmin 固定服务器角色下作为后台过程执行。

对启动过程的数目没有限制,但是要注意,每个启动过程在执行时都会占用一个连接。如果必须在启动时执行多个过程,但不需要并行执行,则可以指定一个过程作为启动过程,让该过程调用其他过程。这样就只占用一个连接。

在启动时恢复了最后一个数据库后,即开始执行存储过程。若要跳过这些存储过程的执行,请将启动参数指定为跟踪标记 4022。如果以最低配置启动 SQL Server(使用-f 标记),则启动存储过程也不会执行。

若要创建启动存储过程,必须作为 sysadmin 固定服务器角色的成员登录,并在 master 数据库中创建存储过程。

自动执行可以使用 sp_procoption 或者在图形窗口操作(略),使用 sp_procoption 可以:

① 将现有存储过程指定为启动过程。

② 停止在 SQL Server 启动时执行过程。

③ 查看 SQL Server 启动时执行的所有过程的列表。

语法为

```
sp_procoption [ @ProcName=]'procedure'
, [ @OptionName=]'option'
, [ @OptionValue=]'value'
```

其中参数[@ProcName＝]′procedure′是要为其设置或查看选项的过程名。procedure 为 nvarchar(776)类型,无默认值。[@OptionName＝]′option′为要设置的选项的名称。option 的唯一值是 startup,该值设置存储过程的自动执行状态。设置为自动执行的存储过程会在每次 Microsoft © SQL Server™启动时运行。[，[@OptionValue＝]′value′]表示选项是设置为开(true 或 on)还是关(false 或 off)。value 为 varchar(12)类型,无默认值。

例如:exec sp_procoption′sp_name1′,′startup′,′on′可以将存储过程 sp_name1 设置为自动启动运行。

3. 存储过程嵌套

存储过程可以嵌套,即一个存储过程可以调用另一个存储过程。在被调用过程开始执行时,嵌套级将增加,在被调用过程执行结束后,嵌套级将减少。如果超出最大的嵌套级,会使整个调用过程链失败。可用@@NESTLEVEL 函数返回当前的嵌套级。

如果其他用户要使用某个存储过程,那么在该存储过程内部,一些语句使用的对象名必须使用对象所有者的名称限定。这些语句包括:

ALTER TABLE

CREATE INDEX

CREATE TABLE

所有 DBCC 语句:

DROP TABLE

DROP INDEX

TRUNCATE TABLE

UPDATE STATISTICS

4. 权限

CREATE PROCEDURE 的权限默认授予 sysadmin 固定服务器角色成员和 db_owner 和 db_ddladmin 固定数据库角色成员。sysadmin 固定服务器角色成员和db_owner固定数据库角色成员可以将 CREATE PROCEDURE 权限转让给其他用户。执行存储过程的权限授予过程的所有者,该所有者可以为其他数据库用户设置执行权限。

7.2.3 存储过程的修改

创建完存储过程之后,如果需要重新修改存储过程的功能及参数,可以在 SQL Server 2005 中通过以下两种方法进行修改:一种是用 Microsoft SQL Server Mangement 修改存储过程;另外一种是用 T‐SQL 语句修改存储过程。

1. 使用 Microsoft SQL Server Mangement 修改存储过程

使用 Microsoft SQL Server Mangement 修改存储过程的步骤如下:

① 在 SQL Server Management Studio 的"对象资源管理器"中,选择要修改存储过程所在的数据库(如:db_18),然后在该数据库下选择"可编程性"。

② 打开"存储过程"文件夹,右键单击要修改的存储过程(如:PROC_SEINFO),在弹出的快捷菜单中选择"修改"命令,将会出现查询编辑器窗口。用户可以在此窗口中编辑

T‐SQL 代码,完成编辑后,单击工具栏中的"执行(X)"按钮,执行修改代码。用户可以在查询编辑器下方的 Message 窗口中看到执行结果信息。

2. 使用 T‐SQL 修改存储过程

使用 ALTER PROCEDURE 语句修改存储过程,它不会影响存储过程的权限设定,也不会更改存储过程的名称。

语法:

```
ALTER PROC [ EDURE ] procedure_name [ ; number ]
    [ { @parameter data_type }
        [ VARYING ] [ =default ] [ OUTPUT ]
    ] [ ,…n ]
[ WITH
    { RECOMPILE | ENCRYPTION
        | RECOMPILE , ENCRYPTION    }
]
[ FOR REPLICATION ]
AS
sql_statement [ …n ]
```

参数说明:

procedure_name:是要更改的存储过程的名称。

交叉链接:关于 ALTER PROCEDURE 语句的其他参数与 CREATE PROCEDURE 语句相同。

例如,修改存储过程 PROC_SEINFO,用于查询年龄大于 35 的员工信息。SQL 语句如下:

```
ALTER PROCEDURE [dbo].[PROC_SEINFO]
AS
BEGIN
SELECT * FROM tb_Employee where 员工年龄>35
END
```

7.2.4 存储过程的删除

1. 使用 Microsoft SQL Server Mangement 删除存储过程

使用 Microsoft SQL Server Mangement 删除存储过程的步骤如下:

① 在 SQL Server Management Studio 的"对象资源管理器"中,选择要删除存储过程所在的数据库(如:db_student),然后在该数据库下选择"可编程性"。

② 打开"存储过程"文件夹,右键单击要删除的存储过程(如:PROC_SEINFO),在弹出的快捷菜单中选择"删除"命令。

③ 单击"确定"按钮,即可删除所选定的存储过程。

注意:删除数据表后,并不会删除相关联的存储过程,只是其存储过程无法执行。

2. 使用 T-SQL 删除存储过程

DROP PROCEDURE 语句用于从当前数据库中删除一个或多个存储过程或过程组。

语法:

```
DROP PROCEDURE { procedure } [ ,…n ]
```

参数说明:

procedure:是要删除的存储过程或存储过程组的名称。过程名称必须符合标识符规则。可以选择是否指定过程所有者名称,但不能指定服务器名称和数据库名称。

n:是表示可以指定多个过程的占位符。

例如,删除 PROC_SEINFO 存储过程的 SQL 语句如下:

```
DROP PROCEDURE PROC_SEINFO
```

例如,删除多个存储过程 proc10、proc20 和 proc30。

```
DROP PROCEDURE proc10, proc20, proc30
```

例如,删除存储过程组 procs(其中包含存储过程 proc1、proc2 和 proc3)。

```
DROP PROCEDURE procs
```

注意:SQL 语句 DROP 不能删除存储过程组中的单个存储过程。

7.3 存储过程示例

7.3.1 使用带有复杂 SELECT 语句的简单过程

下面的存储过程从 4 个表的连接中返回所有作者(提供了姓名)、出版的书籍以及出版社。该存储过程不使用任何参数。

```
USE pubs
IF EXISTS (SELECT name FROM sysobjects
WHERE name=\'au_info_all\' AND type=\'P\')
DROP PROCEDURE au_info_all
GO
CREATE PROCEDURE au_info_all
AS
SELECT au_lname, au_fname, title, pub_name
```

```
FROM authors a INNER JOIN titleauthor ta
ON a. au_id＝ta. au_id INNER JOIN titles t
ON t. title_id＝ta. title_id INNER JOIN publishers p
ON t. pub_id＝p. pub_id
GO
```

au_info_all 存储过程可以通过以下方法执行：

```
EXECUTE au_info_all
—— Or
EXEC au_info_all
```

如果该过程是批处理中的第一条语句，则可使用：

```
au_info_all
```

7.3.2　使用带有参数的简单过程

下面的存储过程从 4 个表的联接中只返回指定的作者（提供了姓名）、出版的书籍以及出版社。该存储过程接受与传递的参数精确匹配的值。

```
USE pubs
IF EXISTS (SELECT name FROM sysobjects
WHERE name＝\'au_info\' AND type＝\'P\')
DROP PROCEDURE au_info
GO
USE pubs
GO
CREATE PROCEDURE au_info
@lastname varchar(40),
@firstname varchar(20)
AS
SELECT au_lname, au_fname, title, pub_name
FROM authors a INNER JOIN titleauthor ta
ON a. au_id＝ta. au_id INNER JOIN titles t
ON t. title_id＝ta. title_id INNER JOIN publishers p
ON t. pub_id＝p. pub_id
WHERE au_fname＝@firstname
AND au_lname＝@lastname
GO
```

au_info 存储过程可以通过以下方法执行：

```
EXECUTE au_info \'Dull\', \'Ann\'
—— Or
EXECUTE au_info @lastname=\'Dull\', @firstname=\'Ann\'
—— Or
EXECUTE au_info @firstname=\'Ann\', @lastname=\'Dull\'
—— Or
EXEC au_info \'Dull\', \'Ann\'
—— Or
EXEC au_info @lastname=\'Dull\', @firstname=\'Ann\'
—— Or
EXEC au_info @firstname=\'Ann\', @lastname=\'Dull\'
```

如果该过程是批处理中的第一条语句，则可使用：

```
au_info \'Dull\', \'Ann\'
—— Or
au_info @lastname=\'Dull\', @firstname=\'Ann\'
—— Or
au_info @firstname=\'Ann\', @lastname=\'Dull\'
```

7.3.3 使用带有通配符参数的简单过程

下面的存储过程从 4 个表的联接中只返回指定的作者（提供了姓名）、出版的书籍以及出版社。该存储过程对传递的参数进行模式匹配，如果没有提供参数，则使用预设的默认值。

```
USE pubs
IF EXISTS (SELECT name FROM sysobjects
WHERE name=\'au_info2\' AND type=\'P\')
DROP PROCEDURE au_info2
GO
USE pubs
GO
CREATE PROCEDURE au_info2
@lastname varchar(30)=\'D%\',
@firstname varchar(18)=\'%\'
AS
SELECT au_lname, au_fname, title, pub_name
```

```
FROM authors a INNER JOIN titleauthor ta
ON a. au_id=ta. au_id INNER JOIN titles t
ON t. title_id=ta. title_id INNER JOIN publishers p
ON t. pub_id=p. pub_id
WHERE au_fname LIKE @firstname
AND au_lname LIKE @lastname
GO
```

au_info2 存储过程可以用多种组合执行。下面只列出了部分组合：

```
EXECUTE au_info2
—— Or
EXECUTE au_info2 \'Wh%\'
—— Or
EXECUTE au_info2 @firstname=\'A%\'
—— Or
EXECUTE au_info2 \'[CK]ars[OE]n\'
—— Or
EXECUTE au_info2 \'Hunter\', \'Sheryl\'
—— Or
EXECUTE au_info2 \'H%\', \'S%\'
```

7.3.4　使用 OUTPUT 参数

OUTPUT 参数允许外部过程、批处理或多条 T－SQL 语句访问在过程执行期间设置的某个值。下面的示例创建一个存储过程（titles_sum），并使用一个可选的输入参数和一个输出参数。

首先，创建过程如下：

```
USE pubs
GO
IF EXISTS(SELECT name FROM sysobjects
WHERE name=\'titles_sum\' AND type=\'P\')
DROP PROCEDURE titles_sum
GO
USE pubs
GO
CREATE PROCEDURE titles_sum @@TITLE varchar(40)=\'%\', @@
SUM money OUTPUT
```

```
AS
SELECT \'Title Name\'＝title
FROM titles
WHERE title LIKE @@TITLE
SELECT @@SUM＝SUM(price)
FROM titles
WHERE title LIKE @@TITLE
GO
```

接下来,将该 OUTPUT 参数用于控制流语言。

说明:OUTPUT 变量必须在创建表和使用该变量时进行定义。

参数名和变量名不一定要匹配,不过数据类型和参数位置必须匹配(除非使用 @@SUM＝variable 形式)。

```
DECLARE @@TOTALCOST money
EXECUTE titles_sum \'The%\', @@TOTALCOST OUTPUT
IF @@TOTALCOST ＜ 200
BEGIN
PRINT \' \'
PRINT \'All of these titles can be purchased for less than $200. \'
END
ELSE
SELECT \'The total cost of these titles is $\'
＋ RTRIM(CAST(@@TOTALCOST AS varchar(20)))
```

下面是结果集:

```
Title Name
——————————————————————————————

The Busy Executive\'s Database Guide
The Gourmet Microwave
The Psychology of Computer Cooking
(3 row(s) affected)
Warning, null value eliminated from aggregate.
All of these titles can be purchased for less than $200.
```

7.3.5 使用 OUTPUT 游标参数

OUTPUT 游标参数用来将存储过程的局部游标传递回调用批处理、存储过程或触发器。

首先,创建以下过程,在 titles 表上声明并打开一个游标:

```
USE pubs
IF EXISTS (SELECT name FROM sysobjects
WHERE name=\'titles_cursor\' and type=\'P\')
DROP PROCEDURE titles_cursor
GO
CREATE  PROCEDURE  titles _ cursor  @ titles _ cursor  CURSOR
VARYING OUTPUT
AS
SET @titles_cursor=CURSOR
FORWARD_ONLY STATIC FOR
SELECT *
FROM titles
OPEN @titles_cursor
GO
```

接下来,执行一个批处理,声明一个局部游标变量,执行上述过程以将游标赋值给局部变量,然后从该游标提取行。

```
USE pubs
GO
DECLARE @MyCursor CURSOR
EXEC titles_cursor @titles_cursor=@MyCursor OUTPUT
WHILE (@@FETCH_STATUS=0)
BEGIN
FETCH NEXT FROM @MyCursor
END
CLOSE @MyCursor
DEALLOCATE @MyCursor
GO
```

7.3.6 使用 WITH RECOMPILE 选项

如果为过程提供的参数不是典型的参数,并且新的执行计划不应高速缓存或存储在内存中,WITH RECOMPILE 子句会很有帮助。

```
USE pubs
IF EXISTS (SELECT name FROM sysobjects
WHERE name=\'titles_by_author\' AND type=\'P\')
DROP PROCEDURE titles_by_author
```

```
GO
CREATE PROCEDURE titles_by_author @@LNAME_PATTERN varchar
(30)=\'%\'
WITH RECOMPILE
AS
SELECT RTRIM(au_fname) + \' \' + RTRIM(au_lname) AS \'Authors full
name\',
title AS Title
FROM authors a INNER JOIN titleauthor ta
ON a. au_id=ta. au_id INNER JOIN titles t
ON ta. title_id=t. title_id
WHERE au_lname LIKE @@LNAME_PATTERN
GO
```

7.3.7 使用 WITH ENCRYPTION 选项

WITH ENCRYPTION 子句对用户隐藏存储过程的文本。下例创建加密过程，使用 sp_helptext 系统存储过程获取关于加密过程的信息，然后尝试直接从 syscomments 表中获取关于该过程的信息。

```
IF EXISTS (SELECT name FROM sysobjects
WHERE name=\'encrypt_this\' AND type=\'P\')
DROP PROCEDURE encrypt_this
GO
USE pubs
GO
CREATE PROCEDURE encrypt_this
WITH ENCRYPTION
AS
SELECT *
FROM authors
GO
EXEC sp_helptext encrypt_this
```

下面是结果集：

```
The object\'s comments have been encrypted.
```

接下来，选择加密存储过程内容的标识号和文本。

```
SELECT c. id，c. text
FROM syscomments c INNER JOIN sysobjects o
ON c. id＝o. id
WHERE o. name＝\'encrypt_this\'
```

下面是结果集：

说明：text 列的输出显示在单独一行中。执行时，该信息将与 id 列信息出现在同一行中。

```
id text
—————————— ————————— ————————
1413580074 ????????????????????????? e??????????????????????????????
????????????????????????????????????????????????????????
          (1 row(s) affected)
          (2
```

7.3.8　创建用户定义的系统存储过程

下面创建需一个过程，显示表名以 emp 开头的所有表及其对应的索引。如果没有指定参数，该过程将返回表名以 sys 开头的所有表（及索引）。

```
IF EXISTS (SELECT name FROM sysobjects
WHERE name＝\'sp_showindexes\' AND type＝\'P\')
DROP PROCEDURE sp_showindexes
GO
USE master
GO
CREATE PROCEDURE sp_showindexes
@@TABLE varchar(30)＝\'sys%\'
AS
SELECT o. name AS TABLE_NAME,
i. name AS INDEX_NAME,
indid AS INDEX_ID
FROM sysindexes i INNER JOIN sysobjects o
ON o. id＝i. id
WHERE o. name LIKE @@TABLE
GO
USE pubs
EXEC sp_showindexes \'emp%\'
GO
```

下面是结果集：

```
TABLE_NAME INDEX_NAME INDEX_ID
————————— —————————— —————————

employee employee_ind 1
employee PK_emp_id 2
(2 row(s) affected)
```

 本章小结

　　本章介绍了存储过程的基本概念、系统存储过程、创建、调用、修改和删除存储过程的方法，并介绍了一些实例。希望通过本章的学习，读者能正确掌握存储过程的编写和使用，并了解存储过程中的一些注意事项。

习　题

　　客户定制业务 ICD 平台的数据表结构如表 7.3 所示。

表 7.3　录音文件信息表

字段名	类　型	中文名	缺省值	描　述
SerialNo	VAR CHAR2(20)	流水号		业务流水号
FilePath	VAR CHAR2(200)	录音文件路径		录音文件路径和文件名
Partid	Varchar2(4)	分区字段		格式为 MMDD
SatffNo	VARCHAR2(10)	业务代表工号		录音的业务代表工号
Record Time	DATE	录音时间		记录录音时间

　　说明：记录录音文件的文件信息。每个业务可产生一个或多个录音文件。索引为：

Ix_RecordFile_SerialNo（SerialNo）

　　数据量约 800 万。按每天 2 万个业务需要记录录音文件，每个业务需要记录 4 个录音文件估算，保存 3 个月数据约 800 万数据量，由于此表数据量不断累计，数据库任务定时删除 3 个月以前数据。

　　1. 写一个存储过程，向表中随机插入 1000 条记录

　　SerialNo：使用序列方式，自增长。

　　Filepath：使用随机插入 6 个字母。

　　Partid：使用随机 4 位数字。

　　StaffNo：从 YTCZ060001～YTCZ060020 中随机抽取。

　　RecordTime：从 2006 年 8 月 4 日之前的 6 个月中随机抽取。

　　2. 写一个程序块，循环调用 500 次此存储过程，保证数据表中存储 50 万条记录。

　　3. 查找 FilePath 相同的行，并删除 FilePath 相同的重复记录（保存一条时间最近的

记录）。

4. 写一个存储过程,删除 3 个月前的数据。

综 合 实 验

假设有 Student(Sno,Sname,Sage,Ssex)、学生表 Course(Cno,Cname,Tno)、课程表 SC(Sno,Cno,score)、成绩表 Teacher(Tno,Tname),其中:

学生表结构:

create table Student(Sno varchar2(10) primary key,Sname varchar2(20),Sage number(2),Ssex varchar2(5))

教师表结构:

create table Teacher(Tno varchar2(10) primary key,Tname varchar2(20))

课程表结构:

create table Course(Cno varchar2(10),Cname varchar2(20),Tno varchar2(20),Constraint pk_course primary key (Cno,tno))

成绩表结构:

create table SC(Sno varchar2(10),Cno varchar2(10),Score number(4,2),
Constraint pk_sc primary key (Sno,Cno))

注意:以上的表结构中,有些表没有加入外键关系。请在初始化以上表数据后进行以下操作:

1. 设计一个存储过程用于插入成绩记录,要求输入参数为学号、课程号、成绩,返回参数为 1 或 0(表示是否插入记录成功,成功为 1,否则为 0)。

2. 设计一个存储过程用于修改成绩记录,要求输入参数为学号、课程号、成绩,返回参数为 1 或 0(表示是否修改记录成功,成功为 1,否则为 0)。

3. 设计一个存储过程用于处理学生所选所有课程号及成绩。输入参数为学生学号,返回为记录数。

4. 要求所有该学生选课的课程号和成绩记录放到一个名字为该学生学号的表,要求在此存储过程里面直接生成此表。

第8章 备份和恢复

8.1 事 务

8.1.1 事务的定义

所谓事务,是指一个操作集合,这些操作要么都执行,要么都不执行,它是一个不可分割的工作单位。事务是由相关操作构成的一个完整的操作单元。两次连续成功的COMMIT 或 ROLLBACK 之间的操作,称为一个事务。在一个事务内,数据的修改一起提交或撤销,如果发生故障或系统错误,整个事务也会自动撤销。

譬如,我们去银行转账,操作可以分为下面两个环节:① 从第一个账户划出款项;② 将款项存入第二个账户。整个交易过程,可以看作是一个事物,成功则全部成功,失败则需要全部撤销,这样可以避免当操作的中间环节出现问题时,产生数据不一致的问题。

数据库事务是一个逻辑上的划分,有的时候并不是很明显,它可以是一个操作步骤,也可以是多个操作步骤。

我们可以这样理解数据库事务:对数据库所作的一系列修改,在修改过程中,暂时不写入数据库,而是缓存起来,用户在自己的终端可以预览变化,直到全部修改完成,并经过检查确认无误后,一次性提交并写入数据库,在提交之前,必要的话所作的修改都可以取消。提交之后,就不能撤销,提交成功后其他用户才可以通过查询浏览数据的变化。

以事务的方式对数据库进行访问,有以下优点:

① 把逻辑相关的操作分成了一个组。

② 在数据永久改变前,可以预览数据变化。

③ 能够保证数据的读一致性。

数据库事务处理可分为隐式和显式两种。显式事务操作通过命令实现,隐式事务由系统自动完成提交或撤销(回退)工作,无须用户干预。

隐式提交的情况包括:当用户正常退出 SQL * Plus 或执行 CREATE、DROP、GRANT、REVOKE 等命令时会发生事务的自动提交。

还有一种情况,如果把系统的环境变量 AUTOCOMMIT 设置为 ON(默认状态为OFF),则每当执行一条 INSERT、DELETE 或 UPDATE 命令对数据进行修改后,就会马上自动提交。设置命令格式如下:

隐式回退的情况包括：当异常结束 SQL＊Plus 或系统发生故障时，会导致事务的自动回退。

显式事务处理的数据库事务操作语句有 3 条：

① COMMIT：数据库事务提交，将变化写入数据库。

② ROLLBACK：数据库事务回退，撤销对数据的修改。

③ SAVEPOINT：创建保存点，用于事务的阶段回退。

COMMIT 操作把多个步骤对数据库的修改，一次性地永久写入数据库，代表数据库事务的成功执行。ROLLBACK 操作在发生问题时，把对数据库已经做出的修改撤销，回退到修改前的状态。在操作过程中，一旦发生问题，如果还没有提交操作，则随时可以使用 ROLLBACK 来撤销前面的操作。SAVEPOINT 则用于在事务中间建立一些保存点，ROLLBACK 可以使操作回退到这些点上面，而不必撤销全部的操作。一旦 COMMIT 完成，就不能用 ROLLBACK 来取消已经提交的操作。一旦 ROLLBACK 完成，被撤销的操作要重做，必须重新执行相关操作语句。

如何开始一个新的事务呢？ 一般情况下，开始一个会话（即连接数据库），执行第一条 SQL 语句将开始一个新的事务，或执行 COMMIT 提交或 ROLLBACK 撤销事务，也标志新的事务的开始。另外，执行 DDL（如 CREATE）或 DCL 命令也将自动提交前一个事务而开始一个新的事务。

8.1.2　事务的 acid 性质

数据库事务必须具备 ACID 特性，ACID 是 Atomic（原子性）、Consistency（一致性）、Isolation（隔离性）和 Durability（持久性）的英文缩写。

1. 原子性

原子性是指整个数据库事务是不可分割的工作单位。只有使据库中所有的操作执行成功，才算整个事务成功；事务中任何一个 SQL 语句执行失败，那么已经执行成功的 SQL 语句也必须撤销，数据库状态应该退回到执行事务前的状态。

2. 一致性

一致性是指数据库事务不能破坏关系数据的完整性以及业务逻辑上的一致性。例如对银行转账事务，不管事务成功还是失败，应该保证事务结束后 ACCOUNTS 表中 Tom 和 Jack 的存款总额为 2000 元。

3. 隔离性

隔离性指的是在并发环境中，当不同的事务同时操纵相同的数据时，每个事务都有各自的完整数据空间。由并发事务所做的修改必须与任何其他并发事务所做的修改隔离。事务查看数据更新时，数据所处的状态要么是另一事务修改它之前的状态，要么是另一事务修改它之后的状态，事务不会查看到中间状态的数据。

4. 持久性

持久性指的是只要事务成功结束，它对数据库所做的更新就必须永久保存下来。即使发生系统崩溃,重新启动数据库系统后,数据库还能恢复到事务成功结束时的状态。

事务的(ACID)特性是由关系数据库管理系统(RDBMS,数据库系统)来实现的。数据库管理系统采用日志来保证事务的原子性、一致性和持久性。日志记录了事务对数据库所做的更新,如果某个事务在执行过程中发生错误,就可以根据日志撤销事务对数据库已做的更新,使数据库退回到执行事务前的初始状态。

数据库管理系统采用锁机制来实现事务的隔离性。当多个事务同时更新数据库中相同的数据时,只允许持有锁的事务能更新该数据,其他事务必须等待,直到前一个事务释放了锁,其他事务才有机会更新该数据。

8.1.3 事务的状态

在本小节中我们将接触到如下基本术语:

1. 中止事务

执行中发生故障、不能执行完成的事务。

2. 事务回滚

将中止事务对数据库的更新撤销掉。

3. 已提交事务

成功执行完成的事务。

注意:事务一旦提交,就不能中止它,而要撤销已提交事务所造成影响的唯一方法是执行一个补偿事务,这应该有 DBA 或应用程序员负责,它不应该由 DBMS 负责!(也就是说,不要让 DBMS 去做所有的事情,成也 DBMS,败也 DBMS)。

中止的事务是可以回滚的,通过回滚恢复数据库,保持数据库的一致性,这是 DBMS 的责任。已提交的事务是不能回滚的,必须由程序员或 DBA 手工执行一个"补偿事务"才能撤销提交的事务对数据库的影响。那么事务在执行过程中发生故障的话,又是如何恢复的呢?

事务故障是指事务在运行至正常中止点前被中止,这时恢复子系统应利用日志文件撤销(UNDO)此事务对数据库已做的修改。事务故障的恢复是由系统自动完成的,对用户是透明的。系统的恢复步骤是:

① 反向扫描文件日志(即从最后向前扫描日志文件),查找该事务的更新操作。

② 对该事务的更新操作执行逆操作。即将日志记录更新前的值写入数据库。这样,如果记录中是插入操作,则相当于做删除操作;若记录中是删除操作,则做插入操作;若是修改操作,则相当于用修改前的值代替修改后的值。

③ 继续反向扫描日志文件,查找该事务的其他更新操作,并做和②一样的同样处理。

④ 如此处理下去,直至读到此事务的开始标记,事务的故障恢复就完成了。

在系统中,事务必须处于以下状态之一:

① 活动状态:事务开始执行后就处于该状态;

② 部分提交状态:事务的最后一条语句被执行后;

③ 失败状态:事务正常的执行不能继续后;

④ 中止状态:事务回滚并且数据库被恢复到事务开始执行前的状态后;

⑤ 提交状态:事务成功完成之后。

我们把提交的或中止的事务称为已经结束的事务。抽象事务模型可以用事务状态图描述,如图 8.1 所示。

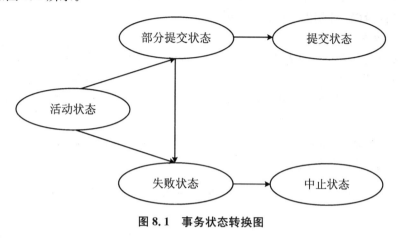

图 8.1 事务状态转换图

8.2 数据库故障类型

数据库故障通常可以分成 3 种类型(除此之外,还有计算机病毒故障,可以通过防火墙、杀毒软件等加以预防和控制),如下所述:

1. 事务内部故障

事务内部故障可分为预期的和非预期的,其中大部分的故障都是非预期的。预期的事务内部故障是指可以通过事务程序本身发现的事务内部故障;非预期的事务内部故障是不能由事务程序处理的,如运算溢出故障、并发事务死锁故障、违反了某些完整性限制而导致的故障等。

事务故障的常见原因:① 输入数据有误;② 运算溢出;③ 违反了某些完整性限制;④ 某些应用程序出错;⑤ 并行事务发生死锁。

2. 系统故障

系统故障及其恢复系统故障是指系统在运行过程中,由于某种原因,造成系统停止运转,致使所有正在运行的事务都以非正常方式终止,要求系统重新启动。引起系统故障的原因可能有硬件错误(如 CPU 故障、操作系统)或 DBMS 代码错误、突然断电等。这时,内存中数据库缓冲区的内容全部丢失,虽然存储在外部存储设备上的数据库并未破坏,但其内容不可靠了。系统故障发生后,对数据库的影响有以下两种情况:

(1)一些未完成事务对数据库的更新已写入数据库,这样在系统重新启动后,要强行撤销(UNDO)所有未完成的事务,清除这些事务对数据库所做的修改。这些未完成事务在日志文件中只有 BEGIN TRANSTRATION 标记,而无 COMMIT 标记。

(2)有些已提交的事务对数据库的更新结果还保留在缓冲区中,尚未写到磁盘上的物理数据库中,这也使数据库处于不一致状态,因此应将这些事务已提交的结果重新写入数据库。这类恢复操作称为事务的重做(REDO)。这种已提交事务在日志文件中既有 BEGIN TRANSCATION 标记,也有 COMMIT 标记。

系统故障的常见原因有:① 操作系统或 DBMS 代码错误;② 操作员操作失误;③ 特定类型的硬件错误(如 CPU 故障);④ 突然停电。

3. 介质故障

介质故障及其恢复介质故障是指系统在运行过程中,由于辅助存储器介质受到破坏,使存储在外存中的数据部分或全部丢失。这类故障比事务故障和系统故障发生的可能性要小,但这是最严重的一种故障,破坏性很大,磁盘上的物理数据和日志文件可能被破坏。

介质故障的常见原因有:① 硬件故障;② 磁盘损坏;③ 磁头碰撞;④ 操作系统的某种潜在错误;⑤ 瞬时强磁场干扰。

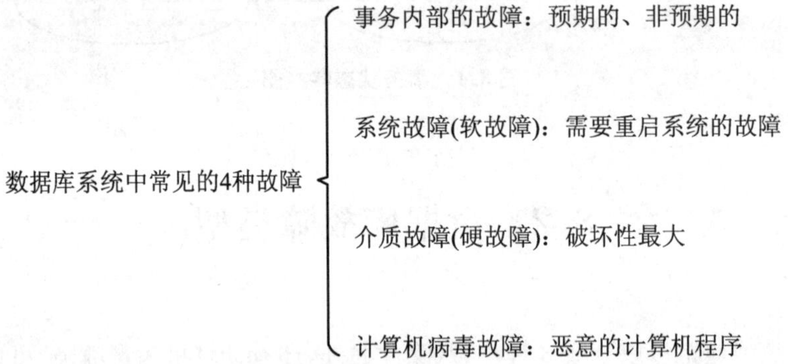

数据库系统中常见的4种故障
- 事务内部的故障:预期的、非预期的
- 系统故障(软故障):需要重启系统的故障
- 介质故障(硬故障):破坏性最大
- 计算机病毒故障:恶意的计算机程序

图 8.2 数据库系统常见故障

8.3 故障恢复机制

数据库恢复的基本单位就是事务。数据库的恢复机制包括一个恢复子系统和一条特定的数据结构。实现可恢复性的基本原理就是重复存储数据,即数据冗余(data redundancy)。

"数据故障恢复"和"完整性约束""并发控制"一样,都是数据库数据保护机制中的一种完整性控制。所有的系统都免不了会发生故障,有可能是硬件失灵,有可能是软件系统崩溃,也有可能是其他外界的原因,比如断电等。运行突然中断会使数据库处在一个错误的状态,而且故障排除后没有办法让系统精确地从断点继续执行下去。这就要求 DBMS 要有一套故障后的数据恢复机构,保证数据库能够恢复到一致的、正确地状态。而"数据故障恢复"正是这样一个机构。所有的数据恢复的方法都基于数据备份。对于一些相对简单的数据库来说,每隔一段时间做个数据库备份就足够了,但是对于一个繁忙的大型数据库应用系统而言,只有备份是远远不够的,还需要其他方法的配合。恢复机制的核心是保持一个运行日志,记录每个事务的关键操作信息,比如更新操作的数据改前值和改后值。事务顺利执行完毕,称之为提交。发生故障时数据未执行完,恢复时就要滚回事务。滚回就是把做过的更新取消。取消更新的方法就是从日志拿出数据的改前值,写回到数据库里去。提交表示数据库成功进入新的完整状态,滚回意味着把数据库恢复到故障发生前的完整状态。

数 据 转 储

数据转储即手动地借助实用工具将部分或整个数据库导出或复制到指定的盘符或介质上保存起来的过程。被转储后得到的文件被称为备份或副本。

按转储时的状态分为:静态转储和动态转储。

1. 静态转储

静态转储指在没有事务运行的情况下进行转储,即在数据库处于一致性状态下操作。得到的副本一定是一致性的,但是会降低数据库的可用性,因为在转储期间不能运行任何事务。

2. 动态转储

动态转储即不需要等待事务停止就可以执行转储操作。得到的副本不能保证一致性。转储的副本加上转储后的事务日志文件才能够把数据恢复到一定时刻的一致性状态。

按转储的方式分为:海量转储和增量转储。

1. 海量转储

海量转储即将整个数据库全部每次转储。

2. 增量转储

增量转储指每次只转储自上次转储以来修改过的数据。

日志文件是用来在数据文件之外记录事务对数据库的修改操作的文件。数据文件记录的是操作结果,而日志文件记录的是事务及其操作。

日志文件中一般记录以下重要信息:① 事务的标识(开始标记、结束标记或自动产生的唯一性标识号);② 操作的类型(增、删、改);③ 操作的对象;④ 修改前的数据(块)(对插入而言,该项为空);⑤ 修改后的数据(块)(对删除而言,该项为空)。

8.4 恢 复 策 略

8.4.1 事务故障恢复

发生事务故障时,被迫中断的事务可能已对数据库进行了修改,为了消除该事务对数据库的影响,要利用日志文件中所记载的信息,强行回滚(ROLLBACK)该事务,将数据库恢复到修改前的初始状态。

为此，要检查日志文件中由这些事务所引起的发生变化的记录，取消这些没有完成的事务所做的一切改变。

这类恢复操作称为事务撤销(UNDO)，具体做法如下：

① 反向扫描日志文件，查找该事务的更新操作。

② 对该事务的更新操作执行反操作，即对已经插入的新记录进行删除操作，对已删除的记录进行插入操作，对修改的数据恢复旧值，用旧值代替新值。这样由后向前逐个扫描该事务已做的所有更新操作，并做同样处理，直到扫描到此事务的开始标记，事务故障恢复完毕为止。

因此，一个事务是一个工作单位，也是一个恢复单位。一个事务越短，越便于对它进行 UNDO 操作。如果一个应用程序运行时间较长，则应该把该应用程序分成多个事务，用明确的 COMMIT 语句来结束各个事务。

8.4.2 系统故障恢复

系统故障的恢复要完成两方面的工作，既要撤销所有未完成的事务，还要重做所有已提交的事务，这样才能将数据库真正恢复到一致的状态。具体做法如下：

① 正向扫描日志文件，查找尚未提交的事务，将其事务标识记入撤销队列。同时查找已经提交的事务，将其事务标识记入重做队列。

② 对撤销队列中的各个事务进行撤销处理。方法同事务故障中所介绍的撤销方法。

③ 对重做队列中的各个事务进行重做处理。进行重做处理的方法是正向扫描日志文件，按照日志文件中所登记的操作内容，重新执行操作，使数据库恢复到最近某个可用状态。

系统发生故障后，由于无法确定哪些未完成的事务已更新过数据库，哪些事务的提交结果尚未写入数据库，因此系统重新启动后，就要撤销所有的未完成的事务，重做所有的已经提交的事务。

但是，在故障发生前已经运行完毕的事务有些是正常结束的，有些是异常结束的。所以无须把它们全部撤销或重做。

通常采用设立检查点的方法来判断事务是否正常结束。每隔一段时间，比如说 5 分钟，系统就产生一个检查点，做下面一些事情：

① 把仍保留在日志缓冲区中的内容写到日志文件中。

② 在日志文件中写一个"检查点记录"。

③ 把数据库缓冲区中的内容写到数据库中，即把更新的内容写到物理数据库中。

④ 把日志文件中检查点记录的地址写到"重新启动文件"中。

每个检查点记录包含的信息有在检查点时间的所有活动事务一览表、每个事务最近日志记录的地址。

在重新启动时，恢复管理程序先从"重新启动文件"中获得检查点记录的地址，从日志文件中找到该检查点记录的内容，通过日志往回找，就能决定哪些事务需要撤销，恢复到初始的状态，哪些事务需要重做。为此利用检查点信息能做到及时、有效、正确地完成恢复工作。

8.4.3 介质故障恢复

需要装入发生介质故障前最新的后备数据库副本，然后利用日志文件重做该副本后所运行的所有事务。具体方法如下：

① 装入最新的数据库副本，使数据库恢复到最近一次转储时的可用状态。

② 装入最新的日志文件副本，根据日志文件中的内容重做已完成的事务。首先扫描日志文件，找出故障发生时已提交的事务，将其记入重做队列。然后正向扫描日志文件，对重做队列中的各个事务进行重做处理，方法是正向扫描日志文件，对每个重做事务重新执行登记的操作，即将日志记录中"更新后的值"写入数据库。

这样就可以将数据库恢复至故障前某一时刻的一致状态了。

8.5 在 SQL Server 中的备份、恢复实现

大到自然灾害，小到病毒感染、电源故障乃至操作员操作失误等，都会影响数据库系统的正常运行和数据库的破坏，甚至造成系统完全瘫痪。数据库备份和恢复对于保证系统的可靠性具有重要的作用。经常性的备份可以有效地防止数据丢失，能够把数据库从错误的状态恢复到正确的状态。如果用户采取适当的备份策略，就能够以最短的时间使数据库恢复到数据损失量最少的状态。

SQL Server 提供了"分离/附加"数据库、"备份/还原"数据库、复制数据库等多种数据库的备份和恢复方法。这里介绍一种学习中常用的"分离/附加"方法，类似于大家熟悉的"文件拷贝"方法，即把数据库文件(.MDF)和对应的日志文件(.LDF)拷贝到其他磁盘上做备份，然后把这两个文件再拷贝到任何需要这个数据库的系统之中。比如，在实验教学过程中，同学们常常想把自己在学校实验室计算机中创建的数据库搬迁到自己的计算机中而不想重新创建该数据库，就可以使用这种简单的方法。但由于数据库管理系统的特殊性，需要利用 SQL Server 提供的工具才能完成以上工作，而简单的文件拷贝导致数据库根本无法正常使用。

这个方法涉及 SQL Server 分离数据库和附加数据库这两个互逆操作工具。

8.5.1 分离数据库

1. 定义

分离数据库就是将某个数据库(如 student_Mis)从 SQL Server 数据库列表中删除，使其不再被 SQL Server 管理和使用，但该数据库的文件(.MDF)和对应的日志文件(.LDF)完好无损。分离成功后，我们就可以把该数据库文件(.MDF)和对应的日志文件(.LDF)拷贝到其他磁盘中作为备份保存。

2. 分离数据库的操作步骤

① 在启动 SSMS 并连接到数据库服务器后,在对象资源管理器中展开服务器节点。在数据库对象下找到需要分离的数据库名称,这里以 student_Mis 数据库为例。右键单击 student_Mis 数据库,在弹出的快捷菜单中选择属性项(图 8.3),则数据库属性窗口(图 8.4)被打开。

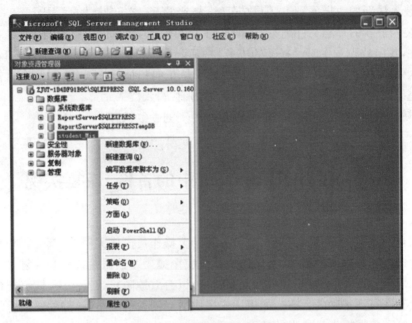

图 8.3 打开数据库属性窗口

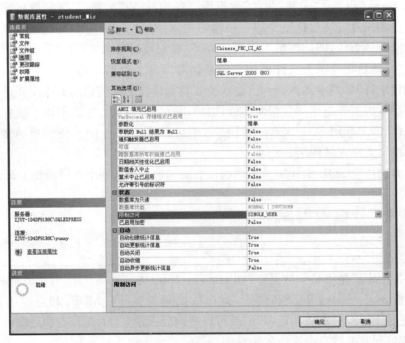

图 8.4 数据库属性窗口

② 在"数据库属性"窗口左边"选择页"下面区域中选定"选项"对象,然后右边区域的"其他选项"列表中找到"状态"项,单击"限制访问"文本框,在其下拉列表中选择"SINGLE_USER"。

③ 在图 8.4 中单击"确定"按钮后将出现一个消息框,通知我们此操作将关闭所有与这个数据库的连接,是否继续这个操作,如图 8.5 所示。

图 8.5　确认关闭数据库连接窗口

注意:在大型数据库系统中,随意断开数据库的其他连接是一个危险的动作,因为我们无法知道连接到数据库上的应用程序正在做什么,也许被断开的是一个正在对数据复杂更新操作且已经运行较长时间的事务。

④ 在图 8.5 中,单击"是"按钮后,数据库名称后面增加显示"单个用户",如图 8.6 所示。右键单击该数据库名称,在快捷菜单中选择"任务"的二级菜单项"分离"。出现如图 8.7 所示的"分离数据库"窗口。

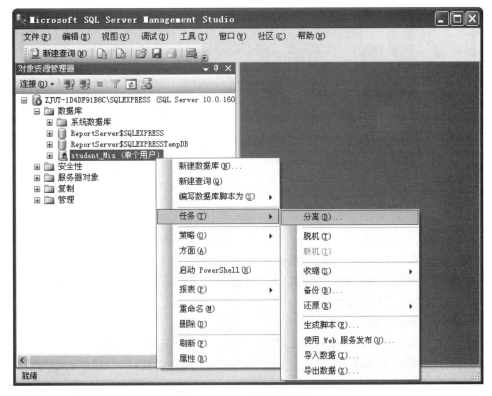

图 8.6　打开分离数据库窗口

⑤ 在图 8.7 中的分离数据库窗口中列出了我们要分离的数据库名称。请选中"更新统计信息"复选框。若"消息"列中没有显示存在活动连接,则"状态"列显示为"就绪";否则显示"未就绪",此时必须勾选"删除连接"列的复选框,如图 8.7 所示。

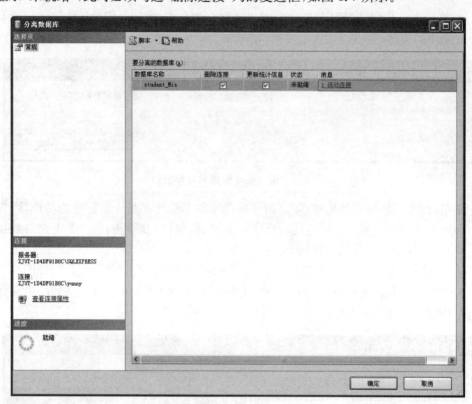

图 8.7 分离数据库窗口

⑥ 分离数据库参数设置完成后,单击图 8.7 底部的"确定"按钮,就完成了所选数据库的分离操作。这时在对象资源管理器的数据库对象列表中就见不到刚才被分离的数据库名称 student_Mis 了,如图 8.8 所示。

8.5.2 附加数据库

1. 定义

附加数据库就是将一个备份磁盘中的数据库文件(. MDF)和对应的日志文件(. LDF)拷贝到需要的计算机,并将其添加到某个 SQL Server 数据库服务器中,由该服务器来管理和使用这个数据库。

2. 附加数据库的操作步骤

① 将需要附加的数据库文件和日志文件拷贝到某个已经创建好的文件夹中。出于教学目的,我们将该文件拷贝到安装 SQL Server 时所生成的目录 DATA 文件夹中。

② 在图 8.8 所示的窗口中,右击数据库对象,并在快捷菜单中选择"附加"命令,打开"附加数据库"窗口,如图 8.9 所示。

③ 在"附加数据库"窗口中,单击页面中间的"添加"按钮,打开定位数据库文件的窗

口,在此窗口中定位刚才拷贝到 SQL Server 的 DATA 文件夹中的数据库文件目录,选择要附加的数据库文件(后缀.mdf,如图 8.10 所示)。

④ 单击"确定"按钮就完成了附加数据库文件的设置工作。这时,在附加数据库窗口中列出了需要附加数据库的信息,如图 8.11 所示。如果需要修改附加后的数据库名称,则修改"附加为"文本框中的数据库名称。这里均采用默认值,因此,单击确定按钮,完成数据库的附加任务。

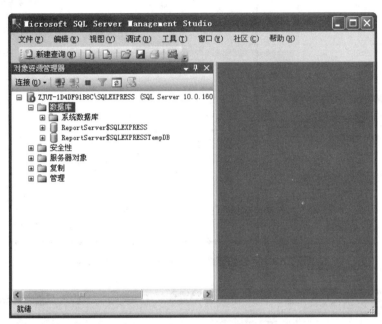

图 8.8　student_Mis 数据库被分离后的 SSMS 窗口

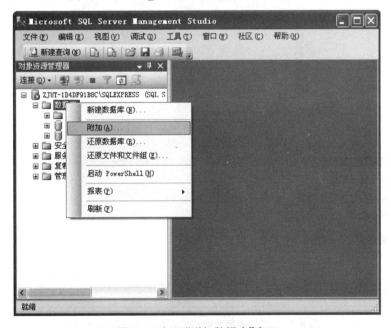

图 8.9　打开"附加数据库"窗口

图 8.10　定位数据库文件到附加数据库窗口中

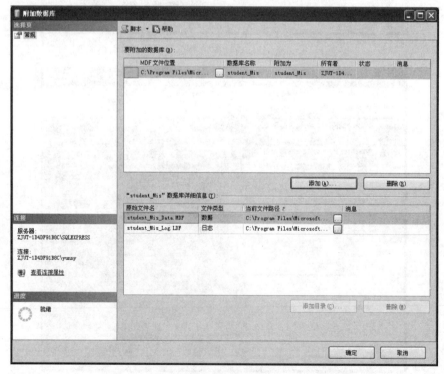

图 8.11　添加附加的数据库后的附加数据库窗口

完成以上操作，我们在 SSMS 的对象资源管理器中就可以看到刚附加的数据库 student_Mis，如图 8.12 所示。

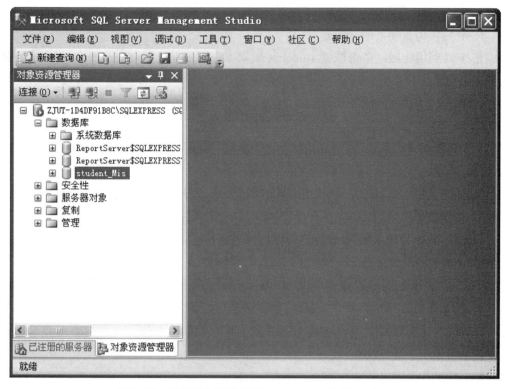

图 8.12　已经附加了数据库 student_Mis 的 SSMS 窗口

以上操作可以看出，如果要将某个数据库迁移到同一台计算机的不同 SQL Server 实例中或其他计算机的 SQL Server 系统中，分离和附加数据库的方法是很有用的。

 **本章小结**

本章介绍了事务的概念，并介绍了数据库的备份和还原的机制及原理，最后介绍了 SQL Server 的备份还原方法。通过本章的学习，希望读者能正确理解数据库的备份和还原概念，并理解事务的特性及在数据库中的应用。

综 合 实 验

实验目的：

理解数据备份的基本概念；掌握各种备份数据库的方法；掌握如何从备份中恢复数据库；掌握数据库分离和附加的方法。

实验内容要求及结果：

按顺序完成如下操作：

任务 1：创建永久备份设备：backup1、backup2，存放在默认文件夹下。

任务 2：将 students 数据库完整备份到 backup1 上。

任务 3：在 Student 表中插入一行新的记录，然后将 students 数据库差异备份到 backup2 上。

任务 4：再将新插入的记录删除。

任务 5：利用所做的备份恢复 students 数据库。恢复完成后，在 students 表中有新插入的记录吗？为什么？

习　题

1. 以"教务管理系统"为例，把"教务管理系统"数据库的恢复模式设置为"大容量日志"语句。

2. 创建备份设备，创建一个名为"教务管理系统备份集"的本地磁盘备份设备。

3. 备份数据库。

(1) 对"教务管理系统"数据库进行一次完整备份。

(2) 对"教务管理系统"数据库进行一次差异备份。

(3) 对"教务管理系统"数据库进行一次事务日志备份。

4. 数据库还原：对"教务管理系统"数据库进行尾日志备份。

(1) 创建一个数据库 demodb1，并设置恢复模式为简单。

(2) 创建一个备份设备。

(3) 创建数据表 tb1、tb2。

(4) 完整备份数据库。

(5) 插入数据。

(6) 假如不小心删除了表 tb2，还原数据库。

思考：恢复后，可能会丢失什么数据？

5. 数据库恢复模式为完整时，数据库的备份与还原恢复操作。使用完整数据库备份和差异备份还原恢复数据库。

(1) 创建一个数据库 demodb2，并设置恢复模式为完整。

(2) 创建一个备份设备 demodb2BackupDevice。

(3) 创建数据表 tb1、tb2。

(4) 完整备份数据库。

(5) 插入数据。

(6) 对数据库做差异备份。

(7) 假如误执行删除了 tb2 中的数据，还原恢复数据库。

① 做尾日志备份。

② 使用完整备份覆盖还原数据库，并使数据库处于还原的状态。

③ 使用差异备份还原数据，并使数据库处于可使用的状态。

思考：可以恢复 tb2 中的数据吗？

6. 使用完整数据库备份和事务日志备份还原恢复数据库。

（1）创建一个数据库 demodb3，并设置恢复模式为完整。

（2）创建一个备份设备 demodb3BackupDevice。

（3）创建数据表 tb1、tb2。

（4）完整备份数据库。

（5）插入数据。

（6）做事务日志备份。

（7）插入数据。

第 9 章　数据库并发

数据库的重要特征是它能为多个用户提供数据共享。数据库管理系统允许共享的用户数目是数据库管理系统重要标志之一。数据库管理系统必须提供并发控制机制来协调并发用户的并发操作以保证并发事务的隔离性，保证数据库的一致性。本章要求理解数据不一致性问题和并发控制的基本概念；掌握封锁的概念和三级封锁协议；理解死锁和活锁；了解并发调度的可串行性；了解两段锁协议是可串行化调度的充分条件，但不是必要条件。

9.1　并发控制概述

数据库是一个共享资源，可以提供给多个用户使用。这些用户程序可以一个一个地串行执行，每个时刻只有一个用户程序运行，执行对数据库的存取，其他用户程序必须等到这个用户程序结束以后方能对数据库存取。但是如果一个用户程序涉及大量数据的输入/输出交换，则数据库系统的大部分时间处于闲置状态。因此，为了充分利用数据库资源，发挥数据库共享资源的特点，应该允许多个用户并行地存取数据库。但这样就会产生多个用户程序并发存取同一数据的情况，若对并发操作不加控制就可能会存取和存储不正确的数据，破坏数据库的一致性，所以数据库管理系统必须提供并发控制机制。并发控制机制的好坏是衡量一个数据库管理系统性能的重要标志之一。

1. 并发控制的单位——事务

① DBMS 的并发控制是以事务为单位进行的。

② 一个事务是一个不可分割的工作单位，事务中包括的诸操作要么都做，要么都不做。事务还有其他方面的属性。

事务的原子性属性用以保证数据库修改删除操作时的数据库一致性。

【例 9.1】　某一学号为 201601 的学生信息同时出现在 Student 表与 SC 表中，要删除该学生的信息，得同时删除 Student 表及 SC 表中有关该学生的信息。

2. 并发控制的问题

并发事务对数据进行并发操作时,如果不对并发操作进行合适控制,事务间就可能出现相互干扰,从而导致数据库数据的不一致性。

【例 9.2】 汽车售票系统有 2 个事务,分别售票,如图 9.1 所示。

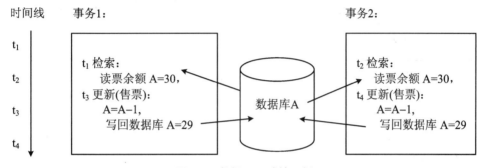

图 9.1　数据不一致性示例

在图 9.1 中,事务 2 的提交结果破坏了事务 1 的提交结果。事务 1 和事务 2 的相互干扰,导致 t_3 时刻事务 1 对数据库的修改操作被丢失,从而导致数据库数据的不一致。

9.2　数据不一致性

并发操作带来的数据不一致性包括 3 类:丢失修改、不可重复读和读脏数据。

1. 丢失修改

多个事务读同一数据并修改,一个事务的提交结果破坏了另一事务的提交结果,导致修改被丢失。如图 9.1 所示。

2. 不可重复读

事务 1 读取数据后,事务 2 执行更新操作,使事务 1 无法再现前一次读取的结果。具体包括以下 3 种情况:

① 事务 1 读某一数据,事务 2 对其进行了修改,当事务 1 再次读取该数据时,发现读取的值和前次不一样。

② 事务 1 按一定条件从数据库中读某些数据记录后,事务 2 删除了其中某些记录,事务 1 再次按相同条件读取数据时,发现某些记录神秘消失。

③ 事务 1 按一定条件从数据库中读某些数据记录后,事务 2 插入了某些记录,事务 1

再次按相同条件读取数据时,发现多了某些记录。

3. 读脏数据

读脏数据指事务 1 修改某一数据,并将其写回磁盘,事务 2 读取同一数据后,事务 1 由于某种原因被撤销,这时事务 1 修改过的数据恢复原值,事务 2 读到的数据就与数据库中的数据不一致,是不正确的数据,称其为"脏数据"。

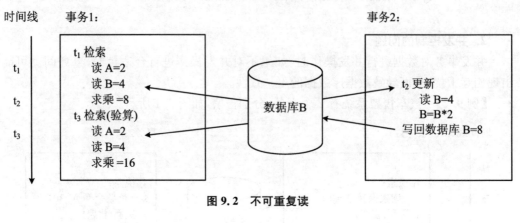

图 9.2 不可重复读

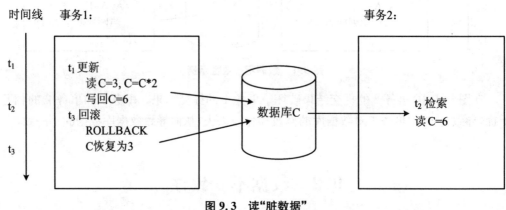

图 9.3 读"脏数据"

9.3 封　　锁

封锁是事项并发控制的一个非常重要的技术。所谓封锁就是事务 T 在对某个数据对象,例如,在标、记录等操作之前,先向系统发出请求,对其加锁。加锁后事务 T 就对数据库对象有了一定的控制,在事务 T 释放它的锁之前,其他事务不能更新此数据对象。

9.3.1 封锁类型

DBMS 通常提供了多种数据类型的封锁。一个事务对某个数据对象加锁后究竟拥有什么样的控制是由封锁类型决定的。基本的封锁类型有两种:排他锁(exclusive lock,

简记为 X 锁,又称为写锁)和共享锁(share lock,简记为 S 锁,又称为读锁)。若事务 T 对数据对象 A 加上 X 锁,则只允许 T 读取和修改 A,其他任何事务都不能再对 A 加任何类型的锁,直到 T 释放 A 上的锁。这就保证了其他事务在 T 释放 A 上的锁之前不能再读取和修改 A。若事务 T 对数据对象 A 加上 S 锁,则其他事务只能再对 A 加 S 锁,而不能加 X 锁,直到 T 释放 A 上的锁。这就保证了其他事务可以读 A,但在 T 释放 A 上的 S 锁之前不能对 A 做任何修改。

排他锁与共享锁的控制方式可以用图 9.4 中锁的相容矩阵来表示。

T1 \ T2	X	S	—
X	N	N	Y
S	N	Y	Y
—	Y	Y	Y

图 9.4　锁的相容矩阵

在图 9.4 锁的相容矩阵中,最左边一列表示事务 T1 已经获得的数据对象上的锁的型,其中横线表示没有加锁。最上面一行表示另一事务 T2 对同一数据对象发出的封锁请求。T2 的封锁请求能否被满足用 Y 和 N 表示,其中 Y 表示事务 T2 的封锁要求与 T1 已持有的锁相容,封锁请求可以满足。N 表示 T2 的封锁请求与 T1 已持有的锁冲突,T2 请求被拒绝。

9.3.2　封锁粒度

X 锁和 S 锁都是加在某一个数据对象上的。封锁的对象可以是逻辑单元,也可以是物理单元。例如,在关系数据库中,封锁对象可以是属性值、属性值集合、元组、关系、索引项、整个索引、整个数据库等逻辑单元;也可以是页(数据页或索引页)、块等物理单元。封锁对象可以很大,比如对整个数据库加锁,也可以很小,比如只对某个属性值加锁。封锁对象的大小称为封锁的粒度(granularity)。

封锁粒度与系统的并发度和并发控制的开销密切相关。封锁的粒度越大,系统中能够被封锁的对象就越小,并发度也就越小,但同时系统开销也越小;相反,封锁的粒度越小,并发度越高,但系统开销也就越大。因此,如果在一个系统中同时存在不同大小的封锁单元供不同的事务选择使用是比较理想的。而选择封锁粒度时必须同时考虑封锁机构和并发度两个因素,对系统开销与并发度进行权衡,以求得最佳的效果。一般说来,需要处理大量元组的用户事务可以以关系为封锁单元;需要处理多个关系的大量元组的用户事务可以以数据库为封锁单位;而对于一个处理少量元组的用户事务,可以以元组为封锁单位以提高并发度。

9.3.3　封锁协议

封锁的目的是为了保证能够正确地调度并发操作。为此,在运用 X 锁和 S 锁这两种基本封锁,对一定粒度的数据对象加锁时,还需要约定一些规则,例如,应何时申请 X 锁或 S 锁、持锁时间、何时释放等。我们称这些规则为封锁协议(locking protocol)。对封锁方式规定不同的规则,就形成了各种不同的封锁协议,它们分别在不同的程度上为并发操作的正确调度提供一定的保证。

1. 一级封锁协议

事务 T 在修改数据 R 之前必须先对其加 X 锁(何时加锁),直到事务结束才释放(何时释放持锁时间)。事务结束包括正常结束(commit)和非正常结束(rollback)。一级封锁协议可以防止丢失修改。

【例 9.3】 汽车售票系统,有 2 个事务,分别售票。

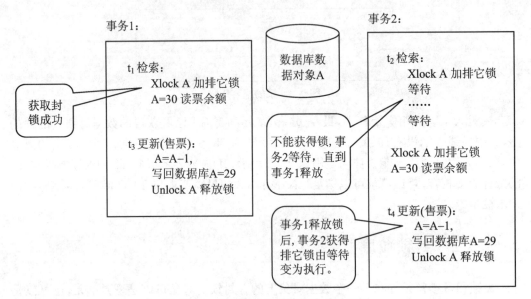

图 9.5 一级封锁协议解决丢失修改问题

一级封锁协议的效果将修改操作串行化。

2. 二级封锁协议

在一级封锁协议的基础上,加上事务 T 在读取数据 R 之前必须先对其加 S 锁,读完后即释放 S 锁。二级封锁协议防止可避免读"脏数据"现象发生。

在二级封锁协议中,不能读取正在更新的数据,即读不到"脏数据"。但不能保证可重复读,例如在两次读取期间可能发生数据的增删改操作。

3. 三级封锁协议

在一级封锁协议的基础上,加上事务 T 在读取 R 之前必须先对其加 S 锁,直到事务结束才释放。

三级封锁协议,除防止丢失修改和不读"脏数据"外,还进一步防止了不可重复读。

4. 两段锁协议

保证并行操作可串行性的封锁协议。其特点是可以保证事务并行执行的正确性;事务中申请的所有锁必须在事务结束后才能释放。这意味着,在一个事务执行中必须把锁的申请与释放分为两个阶段:其中第一个阶段是申请并获得锁,也称为扩展阶段;第二个阶段是释放封锁,也称为收缩阶段。

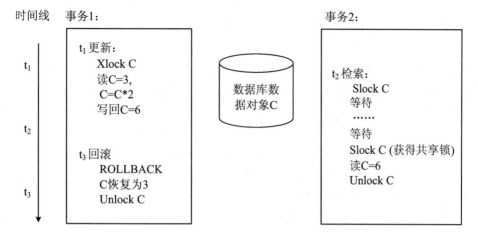

图 9.6　二级封锁协议解决读"脏数据"问题

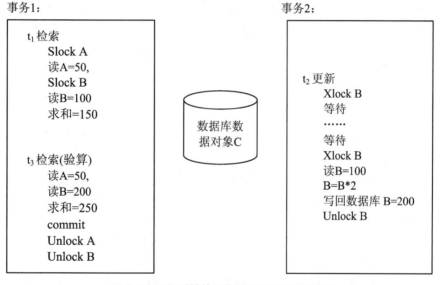

图 9.7　三级封锁协议解决不可重复读问题

　　两段锁协议规定:在对任何数据进行读写操作之前,事务首先要获得对该数据的封锁,而且在释放一个封锁之后,事务不再获得其他封锁。

　　事务 T 的两种封锁情况:

　　遵守两段锁协议事务的封锁序列:

Slock A ··· Slock B ··· Xlock C ··· Unlock A ···Unlock B ··· Unlock C

　　不遵守两段锁协议事务的封锁序列:

Slock A ··· Unlock A··· Slock B ··· Xlock C ···Unlock B ··· Unlock C

　　所有遵守两段锁协议的事务,其并行执行的结果一定是正确的。因为如果所有并发执行的事务均执行两段锁协议,则对这些事务的所有并行调度策略都是可串行化的。事务遵守两段锁协议是可串行化调度的充分条件,而不是必要条件。

9.3.4 活锁和死锁

如果事务 T1 封锁了数据对象 R 后,事务 T2 也请求封锁 R,于是 T2 等待。接着 T3 也请求封锁 R。当 T1 释放了加在 R 上的锁后,系统首先批准了 T3 的请求,T2 只得继续等待。接着 T4 也请求封锁 R,T3 释放 R 上的锁后,系统又批准了 T4 的请求……因此,事务 T2 就有可能这样永远地等待下去。以上这种情况就称为活锁。

避免活锁的简单办法是采用先来先服务的策略。当多个事务请求封锁同一数据对象时,封锁子系统按封锁请求的先后次序对这些事务排队,该数据对象上的锁一旦释放,首先批准申请队列中的第一个事务获得锁。

如果事务 T1 封锁了数据对象 A,T2 封锁了数据对象 B 之后,T1 又申请封锁数据对象 B,且 T2 又申请封锁数据对象 A。因 T2 已封锁了 B,于是 T1 等待 T2 释放加在 B 上的锁。因 T1 已封锁了 A,T2 也只能等待 T1 释放加在 A 上的锁。这样就形成了 T1 在等待 T2 结束,而 T2 又在等待 T1 结束的局面。T1 和 T2 这两个事务永远不能结束,这就是死锁问题。死锁的另一情况是数据库系统有若干个长时间运行的事务在执行并行的操作,当查询分析器处理一种非常复杂的连接查询时,由于不能控制处理的顺序,有可能发生死锁现象。

目前,解决死锁问题的方法主要有两类:

1. 预防法

① 顺序申请法:将封锁对象按顺序编号,事务在申请封锁时按编号顺序申请,这样能避免死锁的发生。

② 一次性申请法:事务在开始执行时将它需要的所有锁一次性申请完成,并在操作完成时一次性归还所有的锁。

2. 死锁解除法

① 定时法:对每个锁设定一个时限,当事务等待此锁超过时限后认为已经产生死锁,此时调用解锁程序以解除死锁。

② 死锁检测法:系统内设定一个死锁检测程序,定时检查系统中是否产生死锁,一旦发现死锁调用死锁解除程序解锁。

9.4 并发操作调度

9.4.1 可串行化调度

可串行化调度:当且仅当某组并发事务的交叉调度产生的结果和这些事务的某一串行调度的结果相同,则称这个交叉调度是可串行化调度。

可串行化是并行事务正确性的准则,一个交叉调度,当且仅当它是可串行化的,它才是正确的。两段锁协议是保证并行事务可串行化的方法。

【例9.4】 现在有3个事务,分别包含下列操作:

事务T1:读A;A=A+2;写回A;

事务T2:读A;A=A*2;写回A;

事务T3:读A;A=A²;写回A;

假设A的初值均为0。这3个事务串行执行的情况有T1T2T3、T1T3T2、T2T1T3、T2T3T1、T3T1T2、T3T2 T1六种情况。对应的执行结果是16、8、4、2、4、2。A的最终结果可能为2、4、8、16。

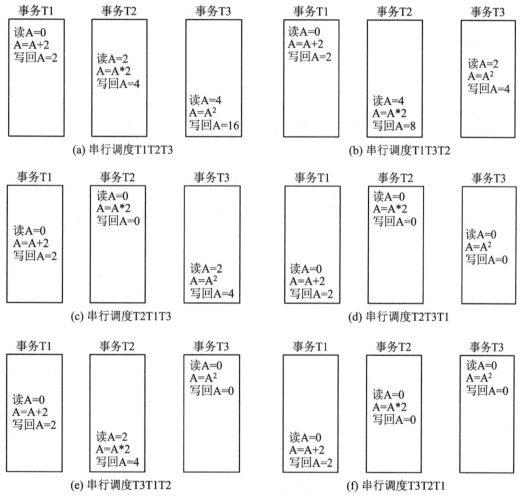

图9.8 事务串行调度图

串行化的调度(即可串行性)是并行事务正确性的唯一准则。可串行化的调度指:几个事务的并行执行是正确的,当且仅当其结果与事务按某一次序串行执行时的结果相同,如图9.9所示;若不能与任务一个串行执行结果相同,则称为不可串行化调度,如图9.10所示。为了保证并行操作的正确性,DBMS的并行控制机制必须提供一定的手段来保证调度是可串行化的。

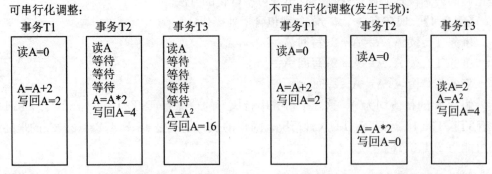

图 9.9　可串行化调度　　　　　　图 9.10　不可串行化调度

【例 9.5】　设某银行存款账户数据如图 9.11 所示。现在要求编写一程序,完成两项功能:存款与取款。每次操作完成后向明细表中插入一行记录并更新账户余额。

账号　　　1

户名　　　张三

序号	金额	账户余额
1	￥ 1,000.00	￥ 1,000.00
2	￥ −500.00	￥ 500.00
3	￥ 200.00	￥ 700.00
4	￥ 400.00	￥ 1,100.00
5	￥ −700.00	￥ 400.00

图 9.11　张三账户信息

(1) 问题似乎很简单

解决办法:

① 读取最后一行记录的账户余额数据;

② 根据存、取款金额计算出新的账户余额;

③ 将新的记录插入表中。

真的这么简单? 在不考虑并发问题的情况下是可行的,如果考虑并发,会导致余额计算错误。

(2) 分析

既然存在并发问题,那么解决并发问题的最好办法就是加锁! 读之前加共享锁? 不行! 读之前加排它锁? 还是不行! 如何读取最后一行记录? 你会发现随着明细记录的增加越来越没效率。

(3) 引入冗余数据(图 9.12)

问题出在哪里呢?

为什么引入冗余数据?

确保账户余额在唯一的地方进行存储,避免了读取账户余额时访问大量数据并排序。

新的问题:无法直接对数据库进行锁操作,必须通过合理的事务隔离级别完成并发控制（ReadUnCommitted、ReadCommitted、RepeatableRead、Serializable），哪一种好呢？

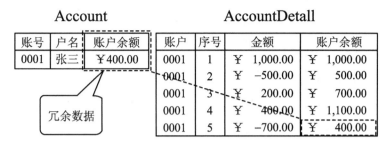

图 9.12　引入冗余数据的张三账户信息

（4）事务隔离级别分析

对各事务隔离级别逐一分析：

① ReadUnCommitted 显然不行，在这个事务隔离级别下连脏数据都可能读到，何况"脏"账户余额数据。

② ReadCommitted 也不行该隔离级别与二级封锁协议相对应。读数据前加共享锁，读完就释放。

③ RepeatableRead 这个隔离级别比较迷惑人，需要仔细分析：RepeatableRead 对应第三级封锁协议：读前加共享锁，事务完成才释放。但会带来死锁。

④ Serializable 该事务隔离级别在执行时可以避免幻影读。

但对于本案例执行效果与 RepeatableRead 一样，效率低下，成功率低，还有死锁。

原因分析：

死锁的原因是因为读前加 S 锁，而写前要将 S 锁提升为 X 锁，由于 S 锁允许共享，导致 X 锁提升失败，产生死锁。

解决办法：

如果在读时就加上 X 锁，就可避免上述问题。其实 SQL Server 允许在一条命令中同时完成读、写操作，这就为我们提供了入手点。在更新账户余额的同时读取账户余额，就等同于在读数据前加 X 锁。命令如下：

```
UPDATE Account
SET @newBalance＝Balance＝Balance＋100 WHERE AccountID＝1
```

上面的命令对账户余额增加 100 元，同时读取更新后的账户余额到变量@newBalance 中。由于读取操作融入写操作中，实现了读时加 X 锁，避免因锁的提升造成死锁。完成存取款的操作可由下面的伪代码实现：

```
@amount＝存取款的金额 BEGIN TRANSACTION Try
{
UPDATE Account
SET @newBalance＝Balance＝Balance ＋ @amount WHERE AccountID＝1
INSERT INTO AccountDetail（AccountID，Amount，Balance）VALUES（1，
@amount，@newBalance）COMMIT
```

```
}
Catch
{
ROLLBACK;
}
```

改造结果：

通过上述改造，事务中只有写操作而没有了读操作，因此甚至将事务隔离级别设置为 ReadUnCommitted 都能确保成功执行 写前加 X 锁，避免了因提升 S 锁造成死锁的可能。

结果：

所有并行执行的事务全部成功账户余额全部正确，程序执行时间同串行执行各事务相同。

 本章小结

本章介绍了数据库并发相关的知识。要求理解事务因并发可能导致的数据不一致现象；了解锁的概念；掌握如何加锁及读写操作加锁的技术；掌握可串行化调度的原理及判断方法；明白为何要遵行两段封锁协议；了解死锁的预防、诊断与解除的相关处理方法。

习 题

1. 什么是封锁？
2. 基本的封锁类型有几种？试述它们的含义。
3. 在数据库中为什么要并发控制？
4. 什么是并发控制的可串行性？
5. 试述两段锁协议的概念。
6. 简述死锁的预防、诊断与解除方法。
7. 并发操作可能会产生哪几类数据不一致？用什么方法能避免各种不一致的情况？
8. 用封锁技术进行并发操作的控制会带来什么问题？如何解决？

第 10 章　数据库技术新进展

随着计算机应用领域的不断扩展和多媒体技术的发展,数据库技术已经是计算机科学技术中发展最快、应用最广泛的重要分支之一。本章主要介绍了数据仓库、数据挖掘及数据库技术的研究热点和发展方向。希望通过本章的学习,使读者了解数据仓库、数据挖掘的基本概念,了解计算机发展的方向和热点,激发研究数据库新技术的热情。

10.1　数 据 仓 库

数据仓库是一个环境,而不是一件产品,提供用户用于决策支持的当前和历史数据,这些数据在传统的操作型数据库中很难或不能得到。数据仓库技术是为了有效地把操作型数据集成到统一的环境中以提供决策型数据访问的各种技术和模块的总称,所做的一切都是为了让用户更快更方便查询所需要的信息,提供决策支持。

10.1.1　数据仓库的概念、特点与组成

William H. Inmon 在 1993 年所写的论著《Building the Data Warehouse》中首先系统地阐述了关于数据仓库的思想、理论,为数据仓库的发展奠定了历史基石。文中他将数据仓库定义为:一个面向主题的、集成的、非易失性的、随时间变化的数据的集合,以用于支持管理层决策过程。

数据仓库具有如下特点:

1. subject - oriented(面向主题性)

面向主题表示了数据仓库中数据组织的基本原则,数据仓库中的所有数据都是围绕着某一主题组织展开的。由于数据仓库的用户大多是企业的管理决策者,这些人所面对的往往是一些比较抽象的、层次较高的管理分析对象,例如,企业中的客户、产品、供应商等都可以作为主题看待。从信息管理的角度看,主题就是在一个较高的管理层次上对信息系统的数据按照某一具体的管理对象进行综合、归类所形成的分析对象。从数据组织的角度看,主题是一些数据集合,这些数据集合对分析对象作了比较完整的、一致的描述,这种描述不仅涉及数据自身,而且涉及数据之间的关系。

235

2. integrated(数据集成性)

数据仓库的集成性是指根据决策分析的要求,将分散于各处的源数据进行抽取、筛选、清理、综合等工作,使数据仓库的数据具有集成性。

数据仓库在从业务处理系统那里获取数据时,并不能将源数据库中的数据直接加载到数据仓库中,而是需要进行一系列的数据预处理,即数据的抽取、筛选、清理、综合等集成工作。

3. time‐variant 数据的时变性

数据仓库的时变性,就是数据应该随着时间的推移而变化。尽管数据仓库中的数据并不像业务数据库那样反映业务处理的实际状况,但是数据也不能长期不变,如果依据十年前的数据进行决策分析,那决策所带来的后果将是十分可怕的。

因此,数据仓库必须能够不断捕捉主题的变化数据,将那些变化的数据追加到数据仓库中去,也就是说在数据仓库中必须不断地生成主题的新快照,以满足决策分析的需要。数据新快照生成的间隔,可以根据快照的生成速度和决策分析的需要而定。例如,如果分析企业近几年的销售情况,那快照可以每隔一个月生成一次;如果分析一个月的畅销产品,那快照生成间隔就需要每天一次。

4. non‐volatile 数据的非易失性

数据仓库的非易失性是指数据仓库的数据不进行更新处理,而是一旦数据进入数据仓库以后,就会保持一个相当长的时间。因为数据仓库中数据大多表示过去某一时刻的数据,主要用于查询、分析,不像业务系统中的数据库那样,要经常进行修改、添加,除非数据仓库中的数据是错误的。

数据仓库主要由数据抽取工具、数据库、元数据、数据集市、数据仓库管理、信息发布系统、访问工具等组成。

(1) 数据抽取工具

把数据从各种各样的存储方式中拿出来,进行必要的转化、整理,再存放到数据仓库内。对各种不同数据存储方式的访问能力是数据抽取工具的关键,应能生成 COBOL 程序、MVS 作业控制语言(JCL)、UNIX 脚本、SQL 语句等,以访问不同的数据。数据转换都包括以下内容:删除对决策应用没有意义的数据段;转换到统一的数据名称和定义;计算统计和衍生数据;把缺值数据赋给缺省值;把不同的数据定义方式统一。

(2) 数据库

是整个数据仓库环境的核心,是数据存放的地方,并提供对数据检索的支持。相对于操纵型数据库来说其突出的特点是对海量数据的支持和快速的检索技术。

(3) 元数据

元数据是描述数据仓库内数据的结构和建立方法的数据。可将其按用途的不同分为两类:技术元数据和商业元数据。

技术元数据是数据仓库的设计和管理人员用于开发和日常管理数据仓库使用的数据。包括:数据源信息、数据转换的描述、数据仓库内对象和数据结构的定义、数据清理和数据更新时用的规则、源数据到目的数据的映射、用户访问权限、数据备份历史记录、数据导入历史记录、信息发布历史记录等。

商业元数据从商业业务的角度描述了数据仓库中的数据。包括:业务主题的描述、包含的数据、查询、报表。

元数据为访问数据仓库提供了一个信息目录（information directory），这个目录全面描述了数据仓库中都有什么数据、这些数据怎么得到的和怎么访问这些数据。是数据仓库运行和维护的中心，数据仓库服务器利用他来存储和更新数据，用户通过他来了解和访问数据。

（4）数据集市

为了特定的应用目的或应用范围，而从数据仓库中独立出来的一部分数据，也可称为部门数据或主题数据（subject area）。在数据仓库的实施过程中往往可以从一个部门的数据集市着手，以后再用几个数据集市组成一个完整的数据仓库。需要注意的就是在实施不同的数据集市时，同一含义的字段定义一定要相容，这样在以后实施数据仓库时才不会造成大麻烦。

国外知名的 Garnter 关于数据集市产品报告中，位于第一象限的敏捷商业智能产品有 Qlik View、Tableau 和 Spot View，都是全内存计算的数据集市产品，在大数据方面对传统商业智能产品巨头形成了挑战。国内 BI 产品起步较晚，知名的敏捷型商业智能产品有 Power BI，永洪科技的 Z‐Suite、Smart BI、Fine BI 商业智能软件等，其中永洪科技的 Z‐Data Mart 是一款热内存计算的数据集市产品。国内的德昂信息也是一家数据集市产品的系统集成商。

（5）数据仓库管理

数据仓库管理主要包括：安全和特权管理；跟踪数据的更新；数据质量检查；管理和更新元数据；审计和报告数据仓库的使用和状态；删除数据；复制、分割和分发数据；备份和恢复；存储管理。

（6）信息发布系统

把数据仓库中的数据或其他相关的数据发送给不同的地点或用户。基于 Web 的信息发布系统是对付多用户访问的最有效方法。

（7）访问工具

访问工具为用户访问数据仓库提供手段。主要包括：数据查询和报表工具；应用开发工具；管理信息系统（EIS）工具；在线分析（OLAP）工具；数据挖掘工具。

10.1.2 数据的技术

从数据库到数据仓库，企业的数据处理大致分为两类：一类是操作型处理，也称为联机事务处理，它是针对具体业务在数据库联机的日常操作，通常对少数记录进行查询、修改。另一类是分析型处理，一般针对某些主题的历史数据进行分析，支持管理决策。

两者具有不同的特征，主要体现在以下几个方面：

（1）处理性能

日常业务涉及频繁、简单的数据存取，因此对操作型处理的性能要求是比较高的，需要数据库能够在很短时间内作出反应。

（2）数据集成

企业的操作型处理通常较为分散，传统数据库面向应用的特性使数据集成困难。

（3）数据更新

操作型处理主要由原子事务组成，数据更新频繁，需要并行控制和恢复机制。

（4）数据时限

操作型处理主要服务于日常的业务操作。

（5）数据综合

操作型处理系统通常只具有简单的统计功能。数据库已经在信息技术领域有了广泛的应用，我们社会生活的各个部门，几乎都有各种各样的数据库保存着与我们的生活息息相关的各种数据。作为数据库的一个分支，数据仓库概念的提出，相对于数据库从时间上就近得多。美国著名信息工程专家 William H. Inmon 博士在 20 世纪 90 年代初提出了数据仓库概念的一个表述，认为：一个数据仓库通常是一个面向主题的、集成的、随时间变化的，但信息本身相对稳定的数据集合，它用于对管理决策过程的支持。

这里的主题是指用户使用数据仓库进行决策时所关心的重点方面，如收入、客户、销售渠道等；所谓面向主题，是指数据仓库内的信息是按主题进行组织的，而不是像业务支撑系统那样是按照业务功能进行组织的。

集成是指数据仓库中的信息不是从各个业务系统中简单抽取出来的，而是经过一系列加工、整理和汇总的过程，因此数据仓库中的信息是关于整个企业的一致的全局信息。

随时间变化是指数据仓库内的信息并不只是反映企业当前的状态，而是记录了从过去某一时点到当前各个阶段的信息。

数据仓库的数据库安全，计算机攻击、内部人员违法行为，以及各种监管要求，正促使组织寻求新的途径来保护其在商业数据库系统中的企业和客户数据。一般可采取 8 个步骤保护数据仓库并实现对关键法规的遵从。

（1）发现

使用发现工具发现敏感数据的变化。

（2）漏洞和配置评估

评估数据库配置，确保它们不存在安全漏洞。这包括验证在操作系统上安装数据库的方式（比如检查数据库配置文件和可执行程序的文件权限），以及验证数据库自身内部的配置选项（比如多少次登录失败之后锁定账户，或者为关键表分配何种权限）。

（3）加强保护

通过漏洞评估，删除不使用的所有功能和选项。

（4）变更审计

通过变更审计工具加强安全保护配置，这些工具能够比较配置的快照（在操作系统和数据库两个级别上），并在发生可能影响数据库安全的变更时，立即发出警告。

（5）数据库活动监控（DAM）

通过及时检测入侵和误用来限制信息暴露，实时监控数据库活动。

（6）审计

必须为影响安全性状态、数据完整性或敏感数据查看的所有数据库活动生成和维护安全、防否认的审计线索。

（7）身份验证、访问控制和授权管理

必须对用户进行身份验证，确保每个用户拥有完整的责任，并通过管理特权来限制对数据的访问。

（8）加密

使用加密来以不可读的方式呈现敏感数据，这样攻击者就无法从数据库外部对数据进行未授权访问。

10.1.3　数据仓库的结构

数据源是数据仓库系统的基础，是整个系统的数据源泉，通常包括企业内部信息和外部信息。内部信息包括存放于 RDBMS 中的各种业务处理数据和各类文档数据。外部信息包括各类法律法规、市场信息和竞争对手的信息等等。

数据的存储与管理是整个数据仓库系统的核心。数据仓库的真正关键是数据的存储和管理。数据仓库的组织管理方式决定了它有别于传统数据库，同时也决定了其对外部数据的表现形式。要决定采用什么产品和技术来建立数据仓库的核心，则需要从数据仓库的技术特点着手分析。针对现有各业务系统的数据，进行抽取、清理，并有效集成，按照主题进行组织。数据仓库按照数据的覆盖范围可以分为企业级数据仓库和部门级数据仓库（通常称为数据集市）。

OLAP 服务器对分析需要的数据进行有效集成，按多维模型予以组织，以便进行多角度、多层次的分析，并发现趋势。其具体实现可以分为：ROLAP（关系型在线分析处理）、MOLAP（多维在线分析处理）和 HOLAP（混合型线上分析处理）。ROLAP 基本数据和聚合数据均存放在 RDBMS 之中；MOLAP 基本数据和聚合数据均存放于多维数据库中；HOLAP 基本数据存放于 RDBMS 之中；聚合数据存放于多维数据库中。

前端工具主要包括各种报表工具、查询工具、数据分析工具、数据挖掘工具以数据挖掘及各种基于数据仓库或数据集市的应用开发工具。其中数据分析工具主要针对 OLAP 服务器，报表工具、数据挖掘工具主要针对数据仓库。

10.1.4　数据仓库的多维数据模型

有别于一般联机交易处理（OLTP）系统，数据模型设计是一个数据仓库设计的地基，当前两大主流理论分别为采用正规方式（normalized approach）或多维方式（dimensional approach）进行数据模型设计。数据模型可以分为逻辑与实体数据模型。逻辑数据模型陈述业务相关数据的关系，基本上是一种与数据库无关的结构设计，通常均会采用正规方式设计，主要精神是从企业业务领域的角度及高度订出 subject area model，再逐步向下深入到 entities、attributes，在设计时不会考虑未来采用的数据库管理系统，也不需考虑分析性能问题。而实体数据模型则与数据库管理系统有关，是建置在该系统上的数据架构，故设计时需考虑数据类型（data type）、空间及性能相关的议题。实体数据模型设计，则较多有采用正规方式或多维方式的讨论，但从实务上来说，不执著于理论，能与业务需要有最好的搭配，才是企业在建置数据仓库时的正确考量。

数据仓库的建制不仅是资讯工具技术面的运用，在规划和执行方面更需对产业知识、行销管理、市场定位、策略规划等相关业务有深入的了解，才能真正发挥数据仓库以及后续分析工具的价值,提升组织竞争力。

10.1.5　数据仓库系统设计

一般按照以下步骤进行系统设计:
① 选择合适的主题(所要解决问题的领域);
② 明确定义事实表;
③ 确定和确认维;
④ 选择事实表;
⑤ 计算并存储 fact 表中的衍生数据段;
⑥ 转换维表;
⑦ 数据库数据采集;
⑧ 根据需求刷新维表。
⑨ 确定查询优先级和查询模式。

硬件平台:数据仓库的硬盘容量通常要是操作数据库硬盘容量的 2～3 倍。通常大型机具有更可靠的性能和稳定性,也容易与历史遗留的系统结合在一起;而 PC 服务器或 UNIX 服务器更加灵活,容易操作和提供动态生成查询请求进行查询的能力。选择硬件平台时要考虑的问题:是否提供并行的 I/O 吞吐? 对多 CPU 的支持能力如何?

数据仓库 DBMS:它的存储大数据量的能力、查询的性能和对并行处理的支持如何。

网络结构:数据仓库的实施在那部分网络段上会产生大量的数据通信,需不需要对网络结构进行改进。

10.1.6　数据仓库的未来

计算机发展的早期,人们已经提出了建立数据仓库的构想。"数据仓库"一词最早是在 1990 年,由 Bill Inmon 先生提出的,其描述如下:数据仓库是为支持企业决策而特别设计和建立的数据集合。

企业建立数据仓库是为了填补现有数据存储形式已经不能满足信息分析的需要。数据仓库理论中的一个核心理念就是:事务型数据和决策支持型数据的处理性能不同。

企业在它们的事务操作收集数据。在企业运作过程中:随着订货、销售记录的进行,这些事务型数据也连续的产生。为了引入数据,我们必须优化事务型数据库。

处理决策支持型数据时,一些问题经常会被提出:哪类客户会购买哪类产品? 促销后销售额会变化多少? 价格变化后或者商店地址变化后销售额又会变化多少呢? 在某一段时间内,相对其他产品来说哪类产品更容易卖呢? 哪些客户增加了他们的购买额? 哪些客户又削减了他们的购买额呢?

事务型数据库可以为这些问题作出解答,但是它所给出的答案往往并不能让人十分满意。在运用有限的计算机资源时常常存在着竞争。在增加新信息的时候我们需要事务型数据库是空闲的。而在解答一系列具体的有关信息分析的问题的时候,系统处理新数据的有效性又会被大大降低。另一个问题就在于事务型数据总是在动态的变化之中。

决策支持型处理需要相对稳定的数据,从而问题都能得到一致连续的解答。

数据仓库的解决方法包括:将决策支持型数据处理从事务型数据处理中分离出来。数据按照一定的周期(通常在每晚或者每周末),从事务型数据库中导入决策支持型数据库——"数据仓库"。数据仓库是按回答企业某方面的问题来分"主题"组织数据的,这是最有效的数据组织方式。

数据仓库为企业带来了一些"以数据为基础的知识",它们主要应用于对市场战略的评价和为企业发现新的市场商机,同时,也用来控制库存、检查生产方法和定义客户群。

通过数据仓库,可以建立企业的数据模型,这对于企业的生产与销售、成本控制与收支分配有着重要的意义,极大地节约了企业的成本,提高了经济效益,同时,用数据仓库可以分析企业人力资源与基础数据之间的关系,可以用于返回分析,保障人力资源的最大化利用,亦可以进行人力资源绩效评估,使得企业管理更加科学合理。数据仓库将企业的数据按照特定的方式组织,从而产生新的商业知识,并为企业的运作带来新的视角。

10.2　数　据　挖　掘

数据挖掘,又译为资料探勘、数据采矿。它是数据库知识发现(Knowledge‐Discovery in Databases,KDD)中的一个步骤。数据挖掘一般是指从大量的数据中通过算法搜索隐藏于其中信息的过程。数据挖掘通常与计算机科学有关,并通过统计、在线分析处理、情报检索、机器学习、专家系统(依靠过去的经验法则)和模式识别等诸多方法来实现上述目标。

10.2.1　支持数据挖掘的基础及技术

1. 统计学

统计学虽然是一门"古老的"学科,但它依然是最基本的数据挖掘技术,特别是多元统计分析,如判别分析、主成分分析、因子分析、相关分析、多元回归分析等。

2. 聚类分析和模式识别

聚类分析主要是根据事物的特征对其进行聚类或分类,即所谓物以类聚,以期从中发现规律和典型模式。这类技术是数据挖掘的最重要的技术之一。除传统的基于多元统计分析的聚类方法外,近些年来模糊聚类和神经网络聚类方法也有了长足的发展。

3. 决策树分类技术

决策树分类是根据不同的重要特征,以树型结构表示分类或决策集合,从而产生规则和发现规律。

4. 人工神经网络和遗传基因算法

人工神经网络是一个迅速发展的前沿研究领域,对计算机科学、人工智能、认知科学以及信息技术等产生了重要而深远的影响,而它在数据挖掘中也扮演着非常重要的角色。人工神经网络可通过示例学习,形成描述复杂非线性系统的非线性函数,这实际上是得到了客观规律的定量描述,有了这个基础,预测的难题就会迎刃而解。目前在数据挖掘中,最常使用的两种神经网络是 BP 网络和 RBF 网络。不过,由于人工神经网络还是一个新兴学科,一些重要的理论问题尚未解决。

5. 规则归纳

规则归纳相对来讲是数据挖掘特有的技术。它指的是在大型数据库或数据仓库中搜索和挖掘以往不知道的规则和规律。

6. 可视化技术

可视化技术是数据挖掘不可忽视的辅助技术。数据挖掘通常会涉及较复杂的数学方法和信息技术,为了方便用户理解和使用这类技术,必须借助图形、图像、动画等手段形象地指导操作、引导挖掘和表达结果等,否则很难推广普及数据挖掘技术。

10.2.2　数据挖掘的分析方法

在大数据时代,数据挖掘是最关键的工作。大数据的挖掘是从海量、不完全的、有噪声的、模糊的、随机的大型数据库中发现隐含在其中有价值的、潜在有用的信息和知识的过程,也是一种决策支持过程。其主要基于人工智能、机器学习、模式学习、统计学等。通过对大数据高度自动化地分析,做出归纳性的推理,从中挖掘出潜在的模式,可以帮助企业、商家、用户调整市场政策、减少风险、理性面对市场,并做出正确的决策。目前,在很多领域尤其是在商业领域如银行、电信、电商等,数据挖掘可以解决很多问题,包括市场营销策略制定、背景分析、企业管理危机等。大数据的挖掘常用的方法有分类、回归分析、聚类、关联规则、神经网络方法、Web 数据挖掘等。这些方法从不同的角度对数据进行挖掘。

1. 分类

分类是找出数据库中的一组数据对象的共同特点并按照分类模式将其划分为不同的类,其目的是通过分类模型,将数据库中的数据项映射到每个给定的类别中。可以应用到涉及应用分类、趋势预测中,如淘宝商铺将用户在一段时间内的购买情况划分成不同的类,根据情况向用户推荐关联类的商品,从而增加商铺的销售量。

2. 回归分析

回归分析反映了数据库中数据的属性值的特性,通过函数表达数据映射的关系来发现属性值之间的依赖关系。它可以应用到对数据序列的预测及相关关系的研究中去。在市场营销中,回归分析可以被应用到各个方面。如通过对本季度销售的回归分析,对下一季度的销售趋势做出预测并作出针对性的营销改变。

3. 聚类

聚类类似于分类,但与分类的目的不同,是针对数据的相似性和差异性将一组数据分为几个类别。属于同一类别的数据间的相似性很大,但不同类别之间数据的相似性很小,跨类的数据关联性很低。

4. 关联规则

关联规则是隐藏在数据项之间的关联或相互关系,即可以根据一个数据项的出现推导出其他数据项的出现。关联规则的挖掘过程主要包括两个阶段:第一阶段为从海量原始数据中找出所有的高频项目组;第二阶段为从这些高频项目组产生关联规则。关联规则挖掘技术已经被广泛应用于金融行业企业中用以预测客户的需求,各银行在自己的ATM 机上通过捆绑客户可能感兴趣的信息供用户了解并获取相应信息来改善自身的营销。

5. 神经网络方法

神经网络作为一种先进的人工智能技术,因其自身自行处理、分布存储和高度容错等特性非常适合处理非线性的以及那些以模糊、不完整、不严密的知识或数据为特征的处理问题,它的这一特点十分适合解决数据挖掘的问题。典型的神经网络模型主要分为三大类:第一类是以用于分类预测和模式识别的前馈式神经网络模型,其主要代表为函数型网络、感知机;第二类是用于联想记忆和优化算法的反馈式神经网络模型,以Hopfield 的离散模型和连续模型为代表;第三类是用于聚类的自组织映射方法,以 ART模型为代表。

虽然神经网络有多种模型及算法,但在特定领域的数据挖掘中使用何种模型及算法并没有统一的规则,而且人们很难理解网络的学习及决策过程。

6. Web 数据挖掘

Web 数据挖掘是一项综合性技术,指 Web 从文档结构和使用的集合 C 中发现隐含的模式 P,如果将 C 看作是输入,P 看作是输出,那么 Web 挖掘过程就可以看作是从输入到输出的一个映射过程。

当前越来越多的 Web 数据都是以数据流的形式出现的,因此对 Web 数据流挖掘就具有很重要的意义。目前常用的 Web 数据挖掘算法有:PageRank 算法、HITS 算法以及LOGSOM 算法。这 3 种算法提到的用户都是笼统的用户,并没有区分用户的个体。目前 Web 数据挖掘面临着一些问题,包括:用户的分类问题、网站内容时效性问题、用户在页面停留时间问题、页面的链入与链出数问题等。在 Web 技术高速发展的今天,这些问题仍值得研究并加以解决。

10.2.3　数据挖掘技术实施的步骤

挖掘过程中各步骤的大体内容如下:

(1) 确定业务对象

清晰地定义出业务问题,认清数据挖掘的目的是数据挖掘的重要一步。挖掘的最后结构是不可预测的,但要探索的问题应是有预见的,为了数据挖掘而数据挖掘则带有盲目性,是不会成功的。

(2) 数据准备

从数据的选择入手,搜索所有与业务对象有关的内部和外部数据信息,并从中选择出适用于数据挖掘应用的数据。然后对数据的预处理,研究数据的质量,为进一步的分析作准备。并确定将要进行的挖掘操作的类型。最后进行数据的转换,将数据转换成一个分析模型。这个分析模型是针对挖掘算法建立的。建立一个真正适合挖掘算法的分析模型是数据挖掘成功的关键。

(3) 数据挖掘

对所得到的经过转换的数据进行挖掘,除了完善从选择合适的挖掘算法外,其余一切工作都能自动地完成。

(4) 结果分析

解释并评估结果。其使用的分析方法一般应作数据挖掘操作而定,通常会用到可视化技术。

(5) 知识的同化

将分析所得到的知识集成到业务信息系统的组织结构中去。

(6) 数据挖掘需要的人员

数据挖掘过程的分步实现,不同的步骤需要有不同专长的人员来实现,他们大体可以分为 3 类。

业务分析人员:要求精通业务,能够解释业务对象,并根据各业务对象分析出用于数据定义和挖掘算法的业务需求。

数据分析人员:精通数据分析技术,并对统计学有较熟练地掌握,有能力把业务需求转化为数据挖掘的各步操作,并为每步操作选择合适的技术。

数据管理人员:精通数据管理技术,并从数据库或数据仓库中收集数据。

从上可见,数据挖掘是一个多种专家合作的过程,是一个在资金上和技术上高投入的过程。这一过程要反复进行,并在反复过程中,不断地趋近事物的本质,不断地优化问题的解决方案。

10.2.4　数据挖掘技术发展

一般而言,数据挖掘的理论技术可分为传统技术与改良技术。传统技术以统计分析为代表,统计学内所含序列统计、概率论、回归分析、类别数据分析等都属于传统数据挖掘技术,尤其数据挖掘对象多为变量繁多且样本数庞大的数据,是以高等统计学里所含括之多变量分析中用来精简变量的因素分析(factor analysis)、用来分类的判别分析(discriminant analysis),以及用来区隔群体的分群分析(cluster analysis)等,在 Data Mining 过程中特别常用。

在改良技术方面,应用较普遍的有决策树理论(decision trees)、类神经网络(neural network)以及规则归纳法(rules induction)等。决策树是一种用树枝状展现数据受各变量的影响情形之预测模型,根据对目标变量产生之效应的不同而建构分类的规则,一般多运用在对客户数据的分析上,例如针对有回函与未回函的邮寄对象找出影响其分类结果的变量组合,常用分类方法为 CART(Classification and Regression Trees)及 CHAID (Chi-Square Automatic Interaction Detector)两种。

数据挖掘在各领域的应用非常广泛,只要该产业具备分析价值与需求的数据仓储或数据库,皆可利用 Mining 工具进行有目的的挖掘分析。一般较常见的应用案例多发生在零售业、直效行销界、制造业、财务金融保险、通信业以及医疗服务等。

在销售数据中发掘顾客的消费习性,并可借由交易纪录找出顾客偏好的产品组合,其他包括找出流失顾客的特征与推出新产品的时机点等等都是零售业常见的实例;直效行销强调的分众概念与数据库行销方式在导入数据挖掘的技术后,使直效行销的发展性更为强大,例如利用数据挖掘分析顾客群之消费行为与交易纪录,结合基本数据,并依其对品牌价值等级的高低来区隔顾客,进而达到差异化行销的目的;制造业对数据挖掘的需求多运用在品质控管方面,由制造过程中找出影响产品品质最重要的因素,以期提高作业流程的效率。

近来电话公司、信用卡公司、保险公司以及股票交易商对于诈欺行为的侦测(fraud detection)都很有兴趣,这些行业每年因为诈欺行为而造成的损失都非常可观,可以从一些信用不良的客户数据中找出相似特征并预测可能的欺诈交易,达到减少损失的目的。财务金融业可以利用数据挖掘来分析市场动向,并预测个别公司的营运以及股价走向。数据挖掘的另一个独特的用法是在医疗业,用来预测手术、用药、诊断或是流程控制的效率。

10.3　数据库技术的研究及发展

10.3.1　数据库技术的研究热点

10.3.1.1　信息集成

信息系统集成技术已经历了 20 多年的发展过程,研究者已提出了很多信息集成的体系结构和实现方案,然而这些方法所研究的主要集成对象是传统的异构数据库系统。随着 Internet 的飞速发展,网络迅速成为一种重要的信息传播和交换的手段,尤其是在 Web 上,有着极其丰富的数据来源。如何获取 Web 上的有用数据并加以综合利用,即构建 Web 信息集成系统,成为一个引起广泛关注的研究领域。

信息集成系统的方法可以分为:数据仓库方法和 Wrapper/Mediator 方法。在数据仓库方法中,各数据源的数据按照需要的全局模式从各数据源抽取并转换,存储在数据仓库中。用户的查询就是对数据仓库中的数据进行查询。对于数据源数目不是很多的单个企业来说,该方法十分有效。但对目前出现的跨企业应用,数据源的数据抽取和转化要复杂得多,数据仓库的方法存在诸多不便。

目前比较流行的建立信息集成系统的方法是 Wrapper/Mediator。该方法并不将各数据源的数据集中存放,而是通过 Wrapper/Mediator 结构满足上层集成应用的需求。这种方法的核心是中介模式(mediated schema)。信息集成系统通过中介模式将各数据源的数据集成起来,而数据仍存储在局部数据源中,通过各数据源的包装器(wrapper)对数据进行转换使之符合中介模式。用户的查询基于中介模式,不必知道每个数据源的特点,中介器(mediator)将基于中介模式的查询转换为基于各局部数据源的模式查询,它的查询执行引擎再通过各数据源的包装器将结果抽取出来,最后由中介器将结果集成并返回给用户。Wrapper/Mediator 方法解决了数据的更新问题,从而弥补了数据仓库方法的不足。但是,由于各个数据源的包装器是要分别建立的,因此,Web 数据源的包装器建立问题又给人们提出了新的挑战。近年来,如何快速、高效地为 Web 数据源建立包装器成为人们研究的热点。

不过,这种框架结构正受到来自 3 个方面的挑战。第一个挑战是如何支持异构数据源之间的互操作性。信息集成必须在多至数百万的信息源上穿梭进行,这些数据源的数据模型、模式、数据表现和查询接口各不相同。数据库界已经对联邦式的数据系统做了多年的研究,其中最早的报告针对这个问题做了广泛的讨论。然而,语义的相异性这个痛苦的问题依然存在。由不同人设计的任何两个模式都不会是相同的。它们会有不同的单位(例如工资,一种以欧元计算,而另一种以美元计算),不同的语义解释(也以工资为例,一种仅指档案工资,而另一种是指包含了各种津贴的总收入),对于相同的事务还会有不同的名字。能够在网络标准上进行配置的语义相异性的解决方案依然是难以捉摸的。我们必须认真和集中地对待这个问题,否则跨企业的信息综合只会停留在幻想上。语义 Web 的上下文方面的研究也存在着相同的问题。吸收相关领域的研究成果对解决这一问题是很重要的。第二个挑战是如何模型化源数据内容和用户查询。目前广泛采用的技术有两种。LAV(Local-As-View)方法利用全局谓词集合描述多个数据源内容视图和用户查询。当给定某用户查询时,中间件系统通过综合不同的数据源视图决定如何回答查询。这种方法可看作利用视图回答查询,目前已有一些研究成果,它亦可应用于数据仓库或查询优化等领域。GAV(Global-As-View)方法假设用户查询直接作用于定义在源数据关系上的全局视图。人们主要关注的是在这种情况下如何提供高效的查询处理。第三个挑战是当数据源的查询能力受限时,如何处理查询和进行优化。例如,Amazon. com 数据源可以被看作是提供书的信息的数据库,但是,我们不能随便下载其上所有的书籍信息。事实上,我们只能填写 Web 搜索表格查询数据源,并返回结果。很少的组织会允许外部实体来抽取自己运行系统中的所有数据,所以这些数据必须留在源端,在查询的时候才会被访问。如何模型化和计算具受限于查询能力的数据源,如何生成查询计划和优化查询的研究工作正在展开。

这里我们给出信息集成中一些需要进一步研究的问题。

其一,早期的中间件系统采用集中式架构。近来,一种数据库应用需求正在显现,它要求支持共享分布的、基于站点的环境下的数据集成。在这种环境中,网络中自主的站点互相连接交换数据和服务。这样,每个站点既是中间件,又是数据源。一些项目已经成立并正在研究这种新的架构下的问题。其二,更多的研究者正在注意如何利用清洁的数据来处理数据源的异构性。一个特殊的问题称为"data linkage",其含义为有效和高效的标示和链接冗余的记录。不同的数据源经常包含表示真实世界同一实体的多个近似但并不相等的冗余的记录或属性。例如"中科院"和"中国科学院",或者"中国北京"和"北京"。不同的表示可能源于排版错误、拼写错误、缩写或者其他原因。当从 Web 页面上自动抽取无结构或者半结构化文档时,这个问题变得特别尖锐。对多数据源的数据集成,我们需要在进一步处理之前首先清洗数据。近来已有一些关于数据清洗和链接的工作。其三,XML 数据的出现给数据集成带来更多需要解决的问题。其四,正如前面提到的那样,传感器网络和新的量子物理学和生物科学将产生巨大的数据集合。这些传感器和数据集合分布在世界各地,这些数据源能够动态地来往,这一点也打破了传统的信息集成范畴。

从体系结构实现的角度出发,信息集成技术经历了如下 3 个发展阶段:单个的联邦系统、基于组件的分布式集成系统和基于 Web Services 的信息集成系统。Internet 的迅速普及和广泛应用对计算机技术的发展产生了深刻的影响，桌面应用正在向网络应用转移，从网上获得的不仅是信息，还包括程序和交互式应用（即服务），操作界面将在浏览器层面上得到统一，兼容性由网络标准技术实现（如 SOAP、UDDI、WSDL 等）。在 Web Services 的框架下，使用一组 Web Services 协议，构建信息集成系统。每个数据源都为其创建一个 Web Service，然后使用 WSDL 向服务中心注册。当要构建一个新的集成应用时，集成端首先向注册中心发送查找请求，收集并选择合适的数据源，然后通过 SOAP 协议从这些数据源获取数据。这种方法克服了上述两种方法的缺陷，具有完好封装、松散耦合、规范协议和高度的集成能力等特性。因此，基于 Web Services 的信息集成方案是构建 Web 数据集成系统较为理想的体系结构。

10.3.1.2　数据流管理

测量和监控复杂的动态的现象，如远程通信、Web 应用、金融事务、大气情况等，产生了大量、不间断的数据流。数据流处理对数据库、系统、算法、网络和其他计算机科学领域的技术挑战已经开始显露。这是数据库界一个活跃的研究领域，包括新的流操作、SQL 扩展、查询优化方法、操作调度技术等。考虑到数据流速（data rate）的情况，数据流查询优化的目的应为获得最大的查询数据流速，即单位时间的数据流量，而不是以往考虑的代价最小的查询计划。基于流速的查询优化的研究工作也是目前数据流研究的热点问题。

商业微传感器设备即将出现，使得新型的 DBMS 的"监视"应用变得可能。数据流的监控应用需要有能够基于数据流间的复杂关系区分正常或反常活动（如网络入侵或电信欺诈监测等）的成熟的实时查询。可以通过传感器给每个重要的对象都加上一个标签，这样就可以实时地报告这个对象的状态或者位置。比如说，人们会在笔记本电脑或者投影仪上附加一个传感器，而不是附上一个财产标签。在这种情况下，如果一个投影仪丢失或者被窃，人们就可以从监视系统中查找其下落。这样的监视系统能不断地接收从传感器发来的"信息流"，信息流给出了系统感兴趣的对象信息。这种信息流在高性能数据输入、时间序列功能、历史消息窗口以及高效率队列处理方面给 DBMS 提出了新的要求。DBMS 产品也将尝试提供对这种监视应用的支持，其方法应该是通过将流处理的功能移植到传统的结构数据框架上。

数据流本身的流速和流量的增长，传感器数据流和 XML 数据流的出现是对传统的数据流处理提出的挑战。部分研究者正致力于将数据流融入数据库管理系统中的工作。另一部分研究者则欲开发普遍适用（如 Niagara CQ、Stanford Stream、Telegraph、Aurora）或者专用的数据流管理系统。

10.3.1.3　传感器数据库技术

随着微电子技术的发展，传感器的应用越来越广泛。可以使小鸟携带传感器，根据传感器在一定的范围内发回的数据定位小鸟的位置，从而进行其他的研究；还可以在汽车等运输工具中安装传感器，从而掌握其位置信息；甚至于微型的无人间谍飞机上也开始携带传感器，在一定的范围内收集有用的信息，并且将其发回到指挥中心。

当有多个传感器在一定的范围内工作时，就组成了传感器网络。传感器网络由携带者所捆绑的传感器及接收和处理传感器发回数据的服务器所组成。传感器网络中的通信方式可以是无线通信,也可以是有线通信。

现在,在研究机构和商业公司中都有对传感器网络的研究。WINS NG 是 Sensoria 公司设计的传感器网络结构。该网络结构包括处理传感器数据的服务器、与服务器直接相连的可以将传感器收集的数据传送到服务器的网关节点和作为传感器网络神经末梢的各个收集信息的传感器。各个收集信息的传感器之间可以相互传递数据。在该网络中,信息是通过无线通信的方式传递的。Smart Dust Motes 是 U. C. Berkley 设计的微型传感器网络结构,该网络结构运行在一个立方毫米级的小盒子里,主要包括收集数据的传感器和处理数据的服务器。各个节点之间通过激光传递信息。

在传感器网络中,传感器数据就是由传感器中的信号处理函数产生的数据。信号处理函数要对传感器探测到的数据进行度量和分类,并且将分类后的数据标记时间戳,然后发送到服务器,再由服务器对其进行处理。传感器数据可以通过无线或者光纤网存取。无线通信网络采用的是多级拓扑结构,最前端的传感器节点收集数据,然后通过多级传感器节点到达与服务器相连接的网关节点,最后通过网关节点,将数据发送到服务器。光纤网络采用的是星型结构,各个传感器直接通过光纤与服务器相连接。

传感器节点上数据的存储和处理方法有两种:第一种类型的处理方法是将传感器数据存储在一个节点的传感器堆栈中,这样的节点必须具有很强的处理能力和较大的缓冲空间;第二种方法适用于一个芯片上的传感器网络,传感器节点的处理能力和缓冲空间是受限制的:在产生数据项的同时就对其进行处理以节省空间,在传感器节点上没有复杂的处理过程,传感器节点上不存储历史数据;对于处理能力介于第一种和第二种传感器网络的网络来说,则采用折中的方案,将传感器数据分层地放在各层的传感器堆栈中进行处理。

传感器网络越来越多地应用于对很多新应用的监测和监控。在这些新的应用中,用户可以查询已经存储的数据或者传感器数据,但是,这些应用大部分建立在集中的系统上收集传感器数据。因为在这样的系统中数据是以预定义的方式抽取的,因此缺乏一定的灵活性。

新的传感器数据库系统需要考虑大量的传感器设备的存在,以及它们的移动和分散性。因此,新的传感器数据库系统需要解决一些新的问题。主要包括:① 传感器数据的表示和传感器查询的表示:Cornell 大学的 COUGAR 模型、Rutgers 大学的 Web Dust 系统、Washington 大学的 Sag res 系统都对这两个问题进行了研究。在 COUGAR 系统中,每一个传感器表示成一个 ADT,每一个信号处理函数与一个 ADT 函数相联系,该 ADT 函数对于传感器收集到的数据输出一个与传感器所在的位置相关联的序列,COUGAR 采用关系数据库的表来存储这些信息。COUGAR 采用主动方式的持续查询,当在查询过程中有新的数据产生时,这种查询方式会自动增加对新产生的数据的查询。Sag res 系统主要包括两部分,第一部分是设备信息管理器,主要存储传感器的设备信息和作为属性的描述性规则等;第二部分是查询翻译器,主要采用 ECA 模型对数据进行查询和更新。② 在传感器节点上处理查询分片:传感器资源的有限性,要求我们必须有效地处理各个节点上的查询。③ 分布查询分片:产生和传输传感器数据都需要花费代价,必须考虑单个节点的查询效率和网络传输代价的平衡。而且,与传统的分布式查询所不同,在传感器数据库中,没有全局的优化信息,传感器是移动的,而且源数据是动态的,这些都是需要考虑的问题。④ 适应网络条件的改变:在传感器网络中,大量的数据查询必须处理传感器之间或者传感器与前端服务器之间的数据流。数据流引擎和数据流操作符是对这种大流量数据进行控制的主要方法。另外,基于传感器数据的本质和网络的可能拥塞,对一个查询分片来说需要决定下一个要执行的数据流操作符,这就是自适应查询处理需要考虑的问题。⑤ 处理站点失败和传输失败的情况:传感器网络中必须考虑站点或者传输失败的情况。⑥ 传感器数据库系统:传感器数据库必须利用系统中的所有传感器,而且可以像传统数据库那样方便、简洁地管理传感器数据库中的数据;建立可以获得和分配源数据的机制;建立可以根据传感器网络调整数据流的机制;可以方便地配置、安装和重新启动传感器数据库中的各个组件等。

10.3.1.4　XML 数据管理

目前,大量的 XML 数据以文本文档的方式存储,难以支持复杂高效的查询。用传统数据库存储 XML 数据的问题在于模式映射带来的效率下降和语义丢失。一些 Native XML 数据库的原型系统已经出现(如 Taminon、Lore、Timber、OrientX 等)。XML 数据是半结构化的,不像关系数据那样是严格的结构化数据,这样就给 Native XML 数据库中的存储系统带来更大的灵活性,同时,也带来了更大的挑战。恰当的记录划分和簇聚,能够减少 I/O 次数,提高查询效率;反之,不恰当的划分和簇聚,则会降低查询效率。研究不同存储粒度对查询的支持也是 XML 存储面临的一个关键性问题。

当用户定义 XML 数据模型时,为了维护数据的一致性和完整性,需要指明数据的类型、标示,属性的类型,数据之间的对应关系(一对多,多对多等)、依赖关系和继承关系等。而目前半结构化和 XML 数据模型形成的一些标准(如 OEM、DTD、XML Schema 等)忽视了对这些语义信息和完整性约束方面的描述。ORA-SS 模型扩展了对象关系模型用于定义 XML 数据。这个模型用类似 E-R 图的方式描述 XML 数据的模式,对对象、联系和属性等不同类型的元素用不同的形状加以区分,并标记函数依赖、关键字和继承等。其应用领域包括指导正确的存储策略,消除潜在的数据冗余,创建和维护视图及查询优化等。

在 XML 数据查询处理研究中,存在下列焦点问题:第一,如何定义完善的查询代数。众所周知,关系数据库统治数据管理领域长盛不衰的法宝就是描述性查询语言 SQL 和其运行基础关系代数。关系代数的目的之一是约束明确的查询语义,之二是用于支持查询优化。关系代数的优势来自简单明确的数据模型——关系,具有完善的数学基础和系统的转换规则。而 XML 数据模型本身具有的半结构化特点是定义完善的代数运算的最大障碍。XML 查询语言中的不确定性是另一个难以克服的困难。目前提出的 Xquery Formal Semantic 标准基于 Function Language 的思想,为查询优化带来了新的困难。第二,复杂路径表达式是 XML 查询语句的核心,必须将复杂、不确定的路径表达式转换为系统可识别的、明确的形式。面向对象数据库中的模式支持的分解方法,不适应处理没有模式或者虽有模式信息但模式本身为半结构化和不确定性的 XML 路径分解的情况。并且,XML 数据的存储和索引方法与面向对象数据库不同,而这正是影响路径分解的重要因素。第三,XML 数据信息统计和代价计算。传统的对值的统计对 XML 查询是不够的。XML 数据本身缺乏模式的支持,使对数据结构信息的统计显得更加重要。XML 数据中的数值分布在类似树状结构的树叶上，即使相同类型的数据，由于半结构化特点，其分布情况也可能完全不同。因此，需要把对结构的统计信息和对值的统计信息结合到一起，才能得到足够精确的统计信息。对 XML 查询代价的计算可以分为两个层次：上层为对查询结果集大小的估计。给定 XPath 路径，忽略方法的不同，只估计返回路径目标结点结果集的大小。这种方法普遍用于路径分解后确定查询片段的执行次序。下层为执行时间的估计。给定查询片断，估计不同的执行算法所需时间代价。这种方法用于确定查询片段的执行方法。

目前，XML 数据索引按照用途可分为 3 种：简单索引、路径索引和连接索引。简单索引包括标记索引、值索引、属性索引等。路径索引抽取 XML 数据的结构，索引具有相同路径或者标记的结点用于导航查询时缩小搜索的范围。连接索引在元素的编码上建立特定的索引结构来辅助跳过不可能发生连接的节点，从而避免对这些节点的处理。可以利用的索引结构包括 B＋树、改进的 B＋树、R 树和 XR 树等。利用索引提高查询效率实际上是空间换时间的做法。如何针对不同的查询需求建立、使用和维护合适的索引是研究者面临的一个问题。另一个问题是，不同的索引，索引目标也不相同，如何在一个查询中综合地使用不同的索引。

随着 XML 数据在电子商务中的广泛应用，XML 数据更新需求迫切，更多的研究者开始关注如何动态地维护索引以适应不断的数据更新的问题。

对于 XML 数据的更新操作，无论在语言，还是在操作方法上都没有一个统一的标准。更新操作逻辑上是指：元素的插入、删除和更新。更新包括模式检查、结点定位、存储空间的分配和其他辅助数据的更新，比如索引、编码等。在 XML 文档中插入数据的问题需要移动所有插入点后面的数据。为了解决这个问题，引入了空间预留方法，在数据存储时，根据模式定义预留一部分空间给可能的插入点。当有数据插入时，如果预留空间足够，则无须数据移动。如果预留空间不够，则在新申请的页面中插入数据，原有数据也不需要移动。与此同时，为以后的数据插入预留了更多的空间。针对不同的存储策略，数据更新的方法也不同，非簇聚存储方法在更新时无须在物理上保持数据的有序性，更新代价较小。簇聚存储方法在更新时需要更多的无关数据移动以维护簇聚性。因此，对更新频繁的数据，不宜采用簇聚存储方法。

XML 数据处理面临的未解决的问题还包括：首先在查询处理上，是导航处理还是基于代数的一次一集合的处理？这一直是 XML 查询优化研究的焦点，而如何在一个系统中把二者有机地结合起来以提高效率的研究还很不充分。目前对 XML 数据查询的各种不同的执行方法之间的孰优孰劣的比较工作还刚刚开始，并未达成共识性的规则。由于 XML 数据本身的灵活性，找到一些普遍适用的规律是很困难的。在今后的一段时间内，相信会有更多的研究工作在这方面展开。其次，实例化视图作为查询优化的一个重要手段并未在 XML 查询优化研究中得到足够的重视。最后，Native XML 数据库是否是合适的 XML 数据处理解决方案？如果是的话，如何做到 XML 数据与传统数据库数据的互操作？这些都是有待进一步研究的问题。

10.3.1.5 网格数据管理

简单地讲，网格是把整个网络整合成一个虚拟的巨大的超级计算环境，实现计算资源、存储资源、数据资源、信息资源、知识资源和专家资源的全面共享。目的是解决多机构虚拟组织中的资源共享和协同工作问题。

在网格环境中，不论用户工作在何种"客户端"上，系统均能根据用户的实际需求，利用开发工具和调度服务机制，向用户提供优化整合后的协同计算资源，并按用户的个性提供及时的服务。按照应用层次的不同可以把网格分为 3 种：计算网格，提供高性能计算机系统的共享存取；数据网格，提供数据库和文件系统的共享存取；信息服务网格，支持应用软件和信息资源的共享存取。

高性能计算的应用需求使计算能力不可能在单一计算机上获得，因此，必须通过构建"网络虚拟超级计算机"或"元计算机"获得超强的计算能力，这种计算方式称为网格计算。它通过网络连接地理上分布的各类计算机(包括机群)、数据库、各类设备和存储设备等，形成对用户相对透明的虚拟的高性能计算环境，应用包括了分布式计算、高吞吐量计算、协同工程和数据查询等诸多功能。网格计算被定义为一个广域范围的"无缝的集成和协同计算环境"。网格计算模式已经发展为连接和统一各类不同远程资源的一种基础结构。网格计算有两个优势：一个是数据处理能力超强；另一个是能充分利用网上的闲置处理能力。为实现网格计算的目标，必须重点解决 3 个问题：其一，异构性。由于网格由分布在广域网上不同管理域的各种计算资源组成，怎样实现异构资源间的协作和转换是首要问题。其二，可扩展性。网格资源规模和应用规模可以动态扩展，并能不降低性能。其三，动态自适应性。在网格计算中，某一资源出现故障或失败的可能性较高，资源管理必须能够动态监视和管理网格资源，从可利用的资源中选取最佳资源服务。

数据网格保证用户在存取数据时无须知道数据的存储类型(数据库、文档、XML)和位置。涉及的问题包括：如何联合不同的物理数据源，抽取源数据构成逻辑数据源集合；如何制定统一的异构数据访问的接口标准；如何虚拟化分布的数据源等。目前，数据网格研究的问题之一是：如何在网格环境下存取数据库，提供数据库层次的服务，因为数据库显然应该是网格中十分宝贵且巨大的数据资源。数据库网格服务不同于通常的数据库查询，也不同于传统的信息检索，需要将数据库提升为网格服务，把数据库查询技术和信息检索技术有机结合，提供统一的基于内容的 TOP - K 数据库检索机制和软件。

信息网格是利用现有的网络基础设施、协议规范、Web 和数据库技术，为用户提供一体化的智能信息平台，其目标是创建一种架构在 OS 和 Web 之上的基于 Internet 的新一代信息平台和软件基础设施。在这个平台上，信息的处理是分布式、协作和智能化的，用户可以通过单一入口访问所有信息。信息网格追求的最终目标是能够做到按需服务和一步到位的服务。信息网格的体系结构、信息表示和元信息、信息连通和一致性、安全技术等是目前信息网格研究的重点。

目前，信息网格研究中未解决的问题包括：个性化服务、信息安全性和语义 Web。对同一个请求，给一个领域专家与一个初学者的应答应该是不一样的。请求应答应该依赖于提交请求者的背景，也应该根据提交请求者以及环境的不同，反馈相应的意见。为了达到个性化，需要为之建立一个框架以概括和发掘适当的源数据。一个值得注意的问题是信息的个性化和不确定性需要人们核实信息系统所提供的答案是否"正确"。例如，如果信息系统出错，提供了不合适的个性化结果，那该怎么办呢？

Internet 的普遍应用使得个体信息的可获得性发生了巨大的变化。对于一般性的数据，如一个人在哪些地方居住过，是很容易得到的。另外，如果查找一个在给定的地方居住的每个人的信息是容易的,那么据此推断一个给定人的室友也就很容易了。站点的集中可以查出哪些人坐过同一架飞机这样的信息,在这样的情况下,不难拿到一个死去的人的私人信息,并用这些信息来冒名申请信用卡,这种身份盗窃问题已成为一个国际问题。数据库的安全性问题在 20 世纪 80 年代进行了许多研究。现在我们需要从一个新的角度来重新研究这个问题,解决数据关联、安全策略、支持多个个体的安全机制以及由第三方把持的信息控制等问题。这些问题与以前单一的防止不合法用户访问以保护数据的情形大为不同,是用于建立一个面向 Web 的安全模型。

未来由"语义 Web"引发的研究机会会非常引人瞩目。尽管这个概念所要表达的真正含义并不清楚,然而目前的大多数工作已经集中在"本体"上。一个本体刻画了一个论题的领域和范围,这通常用一种形式语言来识别它们的概念及其之间的关系。在这方面,基本的问题是不能把那些在同一个深层次上用不同的术语讨论的同一个问题的数据库综合在一起。关于本体的研究同样也可以让使用数据库和其他资源的用户用语音或者是自然语言来查询他们自己的术语。

10.3.1.6 DBMS 的自适应管理

随着 DBMS 复杂性增强以及新功能的增加,使对数据库管理人员的技术需求和熟练数据库管理人员支付的薪水都在大幅度增长,导致企业人力成本支出也在迅速增加。随着关系数据库规模和复杂性的增加,系统调整和管理的复杂性相应增加。今天,一个 DBA 必须了解磁盘分区,并行查询执行,线程池和用户定义的数据类型。基于上述原因,数据库系统自调优和自管理工具的需求增加,对数据库自调优和自管理的研究也逐渐成为热点。

这类项目至少包含两个部分。首先,目前的 DBMS 有大量"调节按钮",这允许专家从可操作的系统上获得最佳的性能。通常,生产商要花费巨大的代价来完成这些调优。事实上,大多数的系统工程师在做这样的调整时,并不非常了解这些调整的意义。只是他们以前看过很多系统的配置和工作情况,将那些使系统达到最优的调整参数记录在一张表格中。当处于新的环境时,他们在表格中找到最接近眼前配置的参数,并使用那些设置。

这就是所谓的数据库调优技术。它其实给数据库系统的用户带来极大的负担和成本开销,而且 DBMS 的调优工作并不是仅依靠使用者的能力就能完成的。其实,把基于规则的系统和可调控的数据库联系起来是可以实现数据库自动调优的。目前,广大的用户其实已经在数据库调优方面积累了大量的经验,诸如:动态资源分配、物理结构选择以及某种程度上的视图实例化等。我们认为,数据库系统的最终目标是"没有可调部分",即所有的调整均由 DBMS 自动完成。它可以依据缺省的规则,如响应时间和吞吐率的相对重要性做出选择;也可以依据用户的需要制定规则。因此,建立能够清楚地描述用户行为和工作负载的更完善的模型是这一领域取得进展的先决条件。除了不需要手工调整,DBMS 还需要一种能力以发现系统组件内部及组件之间的故障,辨别数据冲突,侦查应用失败,并且做出相应的处理。这些能力要求 DBMS 具有更强的适应性。

学术界与工业界都在努力,有的数据库厂商已将部分研究成果转化到产品中去。我们相信,达到实质意义上的"无可调部分",即开发出无须 DBA 的 DBMS 是可能的。

10.3.2 数据库技术的发展方向

10.3.2.1 移动数据管理

目前,蜂窝通信、无线局域网以及卫星数据服务等技术的迅速发展,使得人们可以随时随地访问信息的愿望成为可能。在不久的将来,越来越多的人将会拥有一台掌上型或笔记本电脑,或者个人数字助理(PDA)甚至智能手机,这些移动计算机都将装配无线联网设备,从而能够与固定网络甚至其他的移动计算机相联。用户不再需要固定地联接在某一个网络中不变,而是可以携带移动计算机自由地移动,这样的计算环境,我们称之为移动计算。

研究移动计算环境中的数据管理技术,已成为目前分布式数据库研究的一个新的方向,即移动数据库技术。

与基于固定网络的传统分布计算环境相比,移动计算环境具有以下特点:移动性、频繁断接性、带宽多样性、网络通信的非对称性、移动计算机的电源能力、可靠性要求较低和可伸缩性等。移动计算环境的出现,使人们看到了能够随时随地访问任意所需信息的希望。但是,移动计算以及它所具有的独特特点,对传统的数据库技术,如分布式数据库技术和客户/服务器数据库技术,提出了新的要求和挑战。移动数据库系统要求支持移动用户在多种网络条件下都能够有效地访问所需数据,完成数据查询和事务处理。通过移动数据库的复制/缓存技术或者数据广播技术,移动用户即使在断接的情况下也可以继续访问所需的数据,从而继续自己的工作,这使得移动数据库系统具有高度的可用性。此外,移动数据库系统能够尽可能地提高无线网络中数据访问的效率和性能。

目前,移动数据管理的研究主要集中在以下几个方面:首先是数据同步与发布的管理。数据发布主要是指在移动计算环境下,如何将服务器上的信息根据用户的需求有效地传播到移动客户机上。数据同步则是指在移动计算环境下,如何将移动客户机的数据更新同步到中央服务器上,使之达到数据的一致性。目前面临的一个主要问题是持续查询(continuous query)。持续查询是指用户只需向服务器提交一次查询请求(在实际系统中经常是以 user profile 的形式出现),当用户查询所涉及的信息内容发生变化时,服务器自动将新的查询结果发布给用户。

从根本上讲,持续查询采用的是发布/预订(publish/subscribe)的发布方法,但这里我们需要着重关注的问题是:因为我们要在众多的信息文件中进行挑选,把不同的信息发布给不同的用户,因此如何快速、准确地完成这项任务就变得非常重要。持续查询同样引发一系列的研究问题,比如持续查询格式的组织,在移动环境下持续查询结果的传送等,这些都是今后移动计算领域在数据库方面有待研究和解决的具体问题。

其次是移动对象管理技术。移动对象/用户是移动计算环境下的运行主体,因而如何实施对移动对象/用户的有效管理便成为这一领域的研究热点,即移动对象数据库(Moving Objects Databases,MOD)技术。移动对象数据库是指对移动对象(如车辆、飞机、移动用户等)及其位置进行管理的数据库。移动对象管理技术在许多领域展现了广阔的应用前景。在军事上,移动对象数据库可以回答常规数据库所无法回答的查询;在民用领域,利用移动对象数据库技术可以实现智能运输系统、出租车/警员自动派遣系统、智能社会保障系统以及高智能的物流配送系统。此外,移动对象管理技术还在电子商务领域有着广泛的应用前景。目前,移动对象管理主要研究问题包括:

① 位置的表示与建模:为了对移动对象的位置进行行之有效的管理,移动对象数据库系统必须能够准确地获取移动对象的当前位置信息(位置信息的获取),并建立有效的位置管理模型(位置信息的表示)。

② 移动对象索引技术:在移动对象数据库中,通常管理着数量非常庞大的移动对象。在查询处理时,如果逐个扫描所有的移动对象显然会极大地影响系统的性能。为了减小搜索空间,就必须对移动对象进行索引。移动对象的索引技术是一个充满挑战性的研究领域。到目前为止,这方面的研究还比较初步,尚待进一步地深入。

③ 移动对象及静态空间对象的查询处理:移动对象数据库中的查询目标分为两种:一种是移动对象(如汽车、移动用户等),另一种是静态空间对象(如旅馆、医院等),对这两类数据的查询各自需要相应的索引结构的支持。移动对象数据库中的查询具有位置相关的特性,即查询结果依赖于移动对象当前位置,同一个查询请求,其提交的时间、地点不同,返回的结果也将不同。典型的查询包括区域查询(查询某个时间段处于某个地理区域的移动对象)、KNN 查询(查询离某一点最近的 K 个移动对象)以及连接查询(查询满足条件的移动对象组合)等。

④ 位置相关的持续查询及环境感知的查询处理:在移动对象数据库中,另一类重要的查询是位置相关的持续查询(Location-Dependent Continuous Query,LDCQ)。位置相关的持续查询是指在某个时间区间内持续有效的查询,在该时间区间内,由于移动对象位置的改变,查询的结果也在不断变化,系统需要随时将查询结果的变化信息传递给查询用户,使用户能够实时监控最新的查询结果。例如,在高速公路上行进的救护车可以提交一个持续查询:"请在未来 20 分钟之内随时告诉我离我最近的医院"。用户将在未来 20 分钟的行程中不断地收到离救护车最近的医院的查询结果。

10.3.2.2 微小型数据库技术

数据库技术一直随着计算的发展而不断进步,随着移动计算时代的到来,嵌入式操作系统对微小型数据库系统的需求为数据库技术开辟了新的发展空间。微小型数据库技术目前已经从研究领域逐步走向应用领域。随着智能移动终端的普及,人们对移动数据实时处理和管理要求也不断提高,嵌入式移动数据库越来越体现出其优越性,从而被学界和业界所重视。

一般说来,微小型数据库系统(a small-footprint DBMS)可以定义为:一个只需很小的内存来支持的数据库系统内核。微小型数据库系统针对便携式设备其占用的内存空间大约为 2 MB,而对于掌上设备和其他手持设备,它占用的内存空间只有 50 KB 左右。内存限制是决定微小型数据库系统特征的重要因素。微小型数据库系统根据占用内存的大小又可以进一步分为:超微 DBMS(pico - DBMS)、微小 DBMS(micro - DBMS)和嵌入式 DBMS 3 种。

随着电子银行、电子政府以及移动商务应用的增加,需要处理的移动数据也迅速地增大。应用中对移动数据的管理要求也越来越高,开始涉及一些复杂的查询如连接和聚集,并且为了保证数据的一致性,提出了原子性和持久性的要求,同时对移动设备上数据访问的安全性也提出了较高的要求,如视图和聚集函数等复杂访问权限的管理。因此,为满足日益增长的数据处理需求及方便应用的开发,对移动设备上的微小型数据库管理系统的需求也越来越大。

移动设备所具有的计算能力小、存储资源不多、带宽有限以及 Flash 存储上写操作速度慢等特性,影响了微小型数据库系统的设计。要考虑诸如压缩性、RAM 的使用、读写规则、存取规则、基本操作系统和硬件的支持及稳定存储等因素。

微小型数据库技术目前已经从研究领域向广泛的应用领域发展,各种微小型数据库产品纷纷涌现。尤其是对移动数据处理和管理需求的不断提高,紧密结合各种智能设备的嵌入式移动数据库技术已经得到了学术界、工业界、军事领域和民用部门等各方面的重视并不断实用化。

10.3.2.3　数据库用户界面

一直以来,一个普遍的遗憾是数据库学术界在用户界面方面做的工作太少了。目前,计算机已经有足够的能力在桌面上运行很复杂的可视化系统。然而,对于一个 DBMS 给定的信息类型,如何使它在可视化上达到最优还不清楚。20 世纪 80 年代,人们提出了少数优秀的可视化系统,尤其是 QBE 和 Visi Cal c。但至今仍没有更优秀的系统出现,因此人们迫切需要在这方面有所创新。

XML 数据的出现使人们提出了新的查询语言 XQuery,但这至多只是从一种描述语言转到另一种差不多有相同表示程度的描述语言。从本质上讲,普通用户使用这样的语言还是有一定难度的。

随着数据库应用及信息检索系统的广泛普及,越来越多的非专业用户需要一种易于掌握的界面去访问所需的信息。数据库自然语言界面(NLIDB)显然最符合这类用户的要求。它提供了用户直接以人类语言(而不是人工语言或机器语言)的方式向数据库系统发问以获得所需的信息,从而大大改善了人机交互的容易程度。国外早在 20 世纪七八十年代就开始了这方面的大量研究工作,并研制了若干数据库自然语言界面系统。

数据库界面的研究在我国一直未引起足够的重视,因此缺乏适合我国用户的数据库界面。开展数据库中文自然语言界面的研究十分有意义。中文自然语言查询系统 NChiql 在这方面做了有益的尝试。特别在今天,计算机的汉语语音识别已初步达到实用的阶段,中文语言查询界面若与汉音识别系统配套,前景将十分广阔。

本章小结

本章主要介绍数据库发展的一些新技术。首先介绍数据仓库的概念、特点与组成;然后从处理性能、数据集成、数据更新、数据时限、数据综合等方面了解新技术,介绍数据仓库的结构、多维数据模型;其次,从数据挖掘角度讨论数据仓库的应用;最后从信息集成、数据流管理、传感器数据库技术、XML 数据管理谈谈新技术的发展。

习　题

1. 简述数据仓库的定义。

2. 数据库与数据仓库的本质差别是什么？

3. 简述数据挖掘的定义。

4. 简述数据挖掘的常用方法。

5. 说明数据仓库与数据挖掘的不同之处。

6. 试述数据库的研究热点及可能的解决方法。

参 考 文 献

［1］ 王珊,萨师煊. 数据库系统概论[M]. 4 版. 北京:高等教育出版社,2006.

［2］ 何玉洁,刘福刚. 数据库原理及应用[M]. 2 版. 北京:人民邮电出版社,2012.

［3］ 陈志泊. 数据库原理及应用教程[M]. 3 版. 北京:人民邮电出版社,2015.

［4］ 王珊,李盛恩. 数据库基础与应用[M]. 2 版. 北京:人民邮电出版社,2009.

［5］ Abraham S,Henry F K,Sudarshan S. 数据库系统概念[M]. 杨冬青,李红燕,唐世渭,等译. 北京:机械工业出版社,2012.

［6］ Singh S K. 数据库系统:概念、设计及应用[M]. 何玉洁,王小波,车蕾,等译. 北京:机械工业出版社,2009.

［7］ 施伯乐,丁宝康,汪卫. 数据库系统教程[M]. 2 版. 北京:高等教育出版社,2003.

［8］ 熊燕群,李进京. 适用于实时数据库系统的并发控制协议[J]. 计算机工程与设计,2009(3).

［9］ 李婧. 实时数据库系统结构设计[J]. 电脑编程技巧与维护,2009(6).

［10］ 吴海,陈巍,卢炎生. 一种嵌入式移动实时数据库的并发控制策略[J]. 计算机科学,2009(2).

［11］ 柳佳刚,吴超. 实时数据库的并发控制调度及系统设计[J]. 计算机与信息技术,2009(4).

［12］ 徐彩云. 移动事务并发控制技术的研究[D]. 武汉:湖北工业大学,2010.

［13］ 陈巍. 一种嵌入式移动实时事务的并发控制策略[D]. 武汉:华中科技大学,2007.

［14］ 宝塔娜. 一种改进的多副本分布式并发控制的研究[D]. 长春:长春理工大学,2008.

［15］ 孙杰. 基于主存的数据库并发控制技术研究[D]. 南京:南京航空航天大学,2009.

［16］ 王立峰. 实时数据库数据采集处理系统的设计与实现[D]. 西安:西安工业大学,2012.

［17］ 西尔伯沙茨. 数据库系统概念[M]. 北京:机械工业出版社,2013.

［18］ 魏红涛. 经济数据管理的未来所向:数据库技术[J]. 江苏科技信息,2016(23).

［19］ 李录兵. 数据库技术在数字化油田中的应用[J]. 信息系统工程,2014(2).

［20］ 陈翔. 数据库技术课程教学的问题与对策研究[J]. 福建电脑,2013(12).

［21］ 杨正明. 用数据库技术管理储备粮帐[J]. 粮食流通技术,2013(6).

［22］ 郭京,唐珂馨. 刍议数据库技术现状与发展趋势[J]. 计算机光盘软件与应用,2013(14).

［23］ 胥林. 浅析全文数据库使用中存在的问题及对策[J]. 中国石油和化工标准与质量,2012(1).

[24] 龚伏廷.浅谈数据库技术的应用与发展[J].电脑编程技巧与维护,2012(12).

[25] 盛海召,向辉,熊燕妮.论电子商务技术的新发展[J].信息与电脑:理论版,2015(5).

[26] 李倩.搜索引擎技术分析与研究[J].信息与电脑:理论版,2015(21).

[27] 金澈清,钱卫宁,周敏奇,等.数据管理系统评测基准:从传统数据库到新兴大数据[J].计算机学报,2015(1).

[28] 李青松.数据库技术及其发展趋势浅谈[J].数字技术与应用,2015(2).

[29] 韩倩倩.传统搜索引擎与语义搜索引擎检索服务比较研究:以雅虎和 Kngine 为例[J].信息通信,2015(4).

[30] 张巍巍.信息时代三大搜索引擎的特点分析[J].科技情报开发与经济,2015(14).

[31] 王龙.数据库技术实现与人工智能融合的方法[J].电子技术与软件工程,2014(3).

[32] 黄泽栋.数据库技术发展综述[J].黑龙江科学,2014(6).